"煤炭清洁转化技术丛书"

丛 书 主 编：谢克昌

丛书副主编：任相坤

各分册主要执笔者：

《煤炭清洁转化总论》	谢克昌	王永刚	田亚峻
《煤炭气化技术：理论与工程》	王辅臣	龚 欣	于广锁
《气体净化与分离技术》	上官炬	毛松柏	
《煤炭转化过程污染控制与治理》	亢万忠	周彦波	
《煤炭热解与焦化》	尚建选	郑明东	胡浩权
《煤炭直接液化技术与工程》	舒歌平	吴春来	任相坤
《煤炭间接液化理论与实践》	孙启文		
《煤基化学品合成技术》	应卫勇		
《煤基含氧燃料》	李 忠	付廷俊	
《煤制烯烃和芳烃》	魏 飞	叶 茂	刘中民
《煤基功能材料》	张功多	张德祥	王守凯
《煤制乙二醇技术与工程》	姚元根	吴越峰	诸 慎
《煤化工碳捕集利用与封存》	马新宾	李小春	任相坤
《煤基多联产系统技术》	李文英		
《煤化工设计技术与工程》	施福富	亢万忠	李晓黎

煤炭清洁转化技术丛书

丛书主编　　谢克昌　　　丛书副主编　　任相坤

煤基多联产系统技术

李文英　等编著

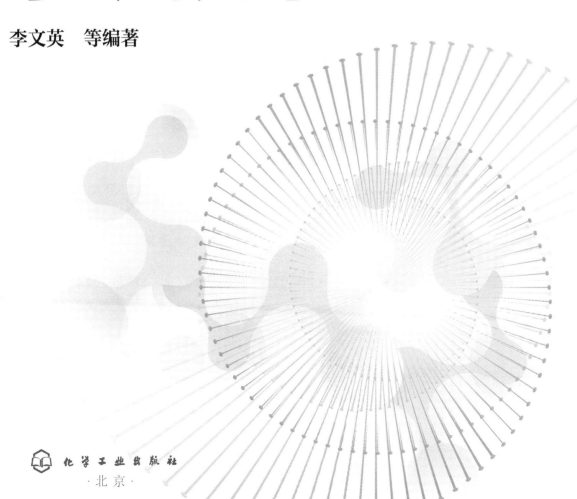

化学工业出版社

·北京·

内 容 简 介

本书聚焦煤基多联产系统技术概念设计与经济性评价，提供了在运行的煤基多联产系统工程实例。从煤基多联产的概念、多联产系统的发展变迁和多联产系统所涉及关键技术和主要工艺单元技术的介绍，到煤基多联产系统理论基础研究，对多联产系统建设过程中工艺的配置、产品的选择及相关的系统特性进行了优化与评价分析，对我国多联产系统技术发展中存在的问题、面临的机遇和挑战进行了分析与总结，提出在当前能源环境条件下适于我国社会经济发展的多联产系统技术解决方案。

本书可供煤炭清洁转化和能源化工研究方向的生产单位、相关科研部门、高等院校研究人员和师生参考。

图书在版编目（CIP）数据

煤基多联产系统技术 / 李文英等编著． —北京：化学工业出版社，2021.12
（煤炭清洁转化技术丛书）
ISBN 978-7-122-39981-6

Ⅰ.①煤… Ⅱ.①李… Ⅲ.①煤炭资源–综合利用
Ⅳ.①TD849

中国版本图书馆 CIP 数据核字（2021）第 198904 号

责任编辑：傅聪智 仇志刚   文字编辑：王云霞
责任校对：刘 颖   装帧设计：王晓宇

出版发行：化学工业出版社（北京市东城区青年湖南街 13 号 邮政编码 100011）
印   装：中煤（北京）印务有限公司
787mm×1092mm 1/16 印张 13½ 字数 261 千字 2024 年 1 月北京第 1 版第 1 次印刷

购书咨询：010-64518888   售后服务：010-64518899
网   址：http://www.cip.com.cn

凡购买本书，如有缺损质量问题，本社销售中心负责调换。

定   价：98.00 元

"煤炭清洁转化技术丛书"编委会

主　任：
谢克昌　中国工程院院士，太原理工大学教授

副主任：
刘中民　中国工程院院士，中国科学院大连化学物理研究所研究员
任相坤　中国矿业大学教授
周伟斌　化学工业出版社编审
石岩峰　中国炼焦行业协会高级工程师

委　员（以姓氏汉语拼音排序）：
陈　健　西南化工研究设计院有限公司教授级高级工程师
方向晨　中国化工学会教授级高级工程师
房鼎业　华东理工大学教授
傅向升　中国石油和化学工业联合会教授级高级工程师
高晋生　华东理工大学教授
胡浩权　大连理工大学教授
金　涌　中国工程院院士，清华大学教授
亢万忠　中国石化宁波工程有限公司教授级高级工程师
李君发　中国石油和化学工业规划院教授级高级工程师
李庆生　山东省冶金设计院股份有限公司高级工程师
李文英　太原理工大学教授
李小春　中国科学院武汉岩土力学研究所研究员
李永旺　中科合成油技术有限公司研究员
李　忠　太原理工大学教授
林彬彬　中国天辰工程有限公司教授级高级工程师
刘中民　中国工程院院士，中国科学院大连化学物理研究所研究员

马连湘　青岛科技大学教授

马新宾　天津大学教授

毛松柏　中石化南京化工研究院有限公司教授级高级工程师

倪维斗　中国工程院院士，清华大学教授

任相坤　中国矿业大学教授

上官炬　太原理工大学教授

尚建选　陕西煤业化工集团有限责任公司教授级高级工程师

施福富　赛鼎工程有限公司教授级高级工程师

石岩峰　中国炼焦行业协会高级工程师

舒歌平　中国神华煤制油化工有限公司研究员

孙启文　上海兖矿能源科技研发有限公司研究员

田亚峻　中国科学院青岛生物能源与过程所研究员

王辅臣　华东理工大学教授

房倚天　中国科学院山西煤炭化学研究所研究员

王永刚　中国矿业大学教授

魏　飞　清华大学教授

吴越峰　东华工程科技股份有限公司教授级高级工程师

谢克昌　中国工程院院士，太原理工大学教授

谢在库　中国科学院院士，中国石油化工股份有限公司教授级高级工程师

杨卫胜　中国石油天然气股份有限公司石油化工研究院教授级高级工程师

姚元根　中国科学院福建物质结构研究所研究员

应卫勇　华东理工大学教授

张功多　中钢集团鞍山热能研究院教授级高级工程师

张庆庚　赛鼎工程有限公司教授级高级工程师

张　勇　陕西省化工学会教授级高级工程师

郑明东　安徽理工大学教授

周国庆　化学工业出版社编审

周伟斌　化学工业出版社编审

诸　慎　上海浦景化工技术股份有限公司

丛书序

　　2021年中央经济工作会议强调指出："要立足以煤为主的基本国情，抓好煤炭清洁高效利用。"事实上，2019年到2021年的《政府工作报告》就先后提出"推进煤炭清洁化利用"和"推动煤炭清洁高效利用"，而2022年和2023年的《政府工作报告》更是强调要"加强煤炭清洁高效利用"和"发挥煤炭主体能源作用"。由此可见，煤炭清洁高效利用已成为保障我国能源安全的重大需求。中国工程院作为中国工程科学技术界的最高荣誉性、咨询性学术机构，立足于我国的基本国情和发展阶段，早在2011年2月就启动了由笔者负责的《中国煤炭清洁高效可持续开发利用战略研究》这一重大咨询项目，组织了煤炭及相关领域的30位院士和400多位专家，历时两年多，通过对有关煤的清洁高效利用全局性、系统性和基础性问题的深入研究，提出了科学性、时效性和操作性强的煤炭清洁高效可持续开发利用战略方案，为中央的科学决策提供了有力的科学支撑。研究成果形成并出版一套12卷的同名丛书，包括煤炭的资源、开发、提质、输配、燃烧、发电、转化、多联产、节能降污减排等全产业链，对推动煤炭清洁高效可持续开发利用发挥了重要的工程科技指导作用。

　　煤炭具有燃料和原料的双重属性，前者主要用于发电和供热（约占2022年煤炭消费量的57%），后者主要用作化工和炼焦原料（约占2022年煤炭消费量的23%）。近年来，由于我国持续推进煤电机组与燃料锅炉淘汰落后产能和节能减排升级改造，已建成全球最大的清洁高效煤电供应体系，燃煤发电已不再是我国大气污染物的主要来源，可以说2022年，占煤炭消费总量约57%的发电用煤已基本实现了煤炭作为能源的清洁高效利用。如果作为化工和炼焦原料约10亿吨的煤炭也能实现清洁高效转化，在确保能源供应、保障能源安全的前提下，实现煤炭清洁高效利用便指日可待。

　　虽然2022年化工原料用煤3.2亿吨仅占包括炼焦用煤在内转化原料用煤总量的32%左右，但以煤炭清洁转化为前提的现代煤化工却是煤炭清洁高效利用的重要途径，它可以提高煤炭综合利用效能，并通过高端化、多元化、低碳化的发展，使该产业具有巨大的潜力和可期望的前途。至2022年底，我国现代煤化工的代表性产品煤制油、煤制甲烷气、煤制烯烃和煤制乙二醇产能已初具规模，产量也稳步上升，特别是煤直接液化、低温间接液化、煤制烯烃、煤制乙二醇技术已处于国际领先水平，煤制乙醇已经实现工业化运行，煤制芳烃等技术也正在突破。内蒙古鄂尔多斯、陕西榆林、宁夏宁东和新疆准东4个现代煤化工产业示范区和生产基地产业集聚加快、园区化格局基本形成，为现代煤化工产业延伸产业链，最终实现高端化、多元化和低碳化奠定了雄厚基础。由笔者担任主编、化学工业出版社2012年出版发行的"现代煤化工技术丛书"对推动我国现代煤化工的技术进步和产业发展发挥了重要作用，做出了积极贡献。

现代煤化工产业发展的基础和前提是煤的清洁高效转化。这里煤的转化主要指煤经过化学反应获得气、液、固产物的基础过程和以这三态产物进行再合成、再加工的工艺过程，而通过科技创新使这些过程实现清洁高效不仅是助力国家能源安全和构建"清洁低碳、安全高效"能源体系的必然选择，而且也是现代煤化工产业本身高端化、多元化和低碳化的重要保证。为顺应国家"推动煤炭清洁高效利用"的战略需求，化学工业出版社决定在"现代煤化工技术丛书"的基础上重新编撰"煤炭清洁转化技术丛书"（以下简称丛书），仍邀请笔者担任丛书主编和编委会主任，组织我国煤炭清洁高效转化领域教学、科研、工程设计、工程建设和工厂企业具有雄厚基础理论和丰富实践经验的一线专家学者共同编著。在丛书编写过程中，笔者要求各分册坚持"新、特、深、精"四原则。新，是要有新思路、新结构、新内容、新成果；特，是有特色，与同类著作相比，你无我有，你有我特；深，是要有深度，基础研究要深入，数据案例要充分；精，是分析到位、阐述精准，使丛书成为指导行业发展的案头精品。

针对煤炭清洁转化的利用方式、技术分类、产品特征、材料属性，从清洁低碳、节能高效和环境友好的可持续发展理念等本质认识，丛书共设置了15个分册，全面反映了作者团队在这些方面的基础研究、应用研究、工程开发、重大装备制造、工业示范、产业化行动的最新进展和创新成果，基本体现了作者团队在煤炭清洁转化利用领域追求共性关键技术、前沿引领技术、现代工程技术和颠覆性技术突破的主动与实践。

1.《煤炭清洁转化总论》（谢克昌　王永刚　田亚峻　编著）

以"现代煤化工技术丛书"之分册《煤化工概论》为基础，将视野拓宽至煤炭清洁转化全领域，但仍以煤的转化反应、催化原理与催化剂为主线，概述了煤炭清洁转化的主要过程和技术。该分册一个显著的特点是针对中国煤炭清洁转化的现状和问题，在深入分析和论证的基础上，提出了中国煤炭清洁转化技术和产业"清洁、低碳、安全、高效"的量化指标和发展战略。

2.《煤炭气化技术：理论与工程》（王辅臣　龚欣　于广锁　等编著）

该分册通过对煤气化过程的全面分析，从煤气化过程的物理化学、流体力学基础出发，深入阐述了气化炉内射流与湍流多相流动、湍流混合与气化反应、气化原料制备与输送、熔渣流动与沉积、不同相态原料的气流床气化过程放大与集成、不同床型气化炉与气化系统模拟以及成套技术的工程应用。作者团队对其开发的多喷嘴气化技术从理论研究、工程开发到大规模工业化应用的全面论述和实践，是对煤气化这一煤炭清洁转化核心技术的重大贡献。专述煤与气态烃的共气化是该分册的另一特点。

3.《气体净化与分离技术》（上官炬　毛松柏　等编著）

煤基工业气体净化与分离是煤炭清洁转化的前提与基础。作者基于团队几十年在这一领域的应用基础研究和技术开发实践，不仅系统介绍了广泛应用的干法和湿法净化技术以及变压吸附与膜分离技术，而且对气体净化后硫资源回收与一体化利用进行了论述，系统阐述了不同净化分离工艺技术的应用特征和解决方案。

4.《煤炭转化过程污染控制与治理》（亢万忠　周彦波　等编著）

传统煤炭转化利用过程中产生的"三废"如果通过技术创新、工艺进步、装置优化、全程管理等手段，完全有可能实现源头减排，从而使煤炭转化利用过程达到清洁化。该分册在介绍煤炭转化过程中硫、氮等微量和有害元素的迁移与控制的理论基础上，系统论述了主要煤炭转化技术工艺过程和装置生产中典型污染物的控制与治理，以及实现源头减排、过程控制、综合治理、利用清洁化的技术创新成果。对煤炭转化全过程中产生的"三废"、噪声等典型污染物治理技术、处置途径的具体阐述和对典型煤炭转化项目排放与控制技术集成案例的成果介绍是该分册的显著特点。

5.《煤炭热解与焦化》（尚建选　郑明东　胡浩权　等编著）

热解是所有煤炭热化学转化过程的基础，中低温热解是低阶煤分级分质转化利用的最佳途径，高温热解即焦化过程以制取焦炭和高温煤焦油为主要目的。该分册介绍了热解与焦化过程的特征和技术进程，在阐述技术原理的基础上，对这两个过程的原料特性要求、工艺技术、装备设施、产物分质利用、系统集成等详细论述的同时，对中低温煤焦油和高温煤焦油的深加工技术、典型工艺、组分利用、分离精制、发展前沿等也做了全面介绍。展现最新的研究成果、工程进展及发展方向是该分册的特色。

6.《煤炭直接液化技术与工程》（舒歌平　吴春来　任相坤　编著）

通过改变煤的分子结构和氢碳原子比并脱除其中的氧、氮、硫等杂原子，使固体煤转化成液体油的煤炭直接液化不仅是煤炭清洁转化的重要途径，而且是缓解我国石油对外依存度不断升高的重要选择。该分册对煤炭直接液化的基本原理、用煤选择、液化反应与影响因素、液化工艺、产品加工进行了全面论述，特别是世界首套百万吨级煤直接液化示范工程的工艺、装备、工厂运行等技术创新过程和开发成果的详尽总结和梳理是其亮点。

7.《煤炭间接液化理论与实践》（孙启文　编著）

煤炭间接液化制取汽油、柴油等油品的实质是煤先要气化制得合成气，再经费-托催化反应转化为合成油，最后经深加工成为合格的汽油、柴油等油品。与直接液化一样，间接液化是煤炭清洁转化的重要方式，对保障我国能源安全具有重要意义。费-托合成是煤炭间接液化的关键技术。该分册在阐述煤基合成气经费-托合成转化为液体燃料的煤炭间接液化反应原理基础上，详尽介绍了费-托合成反应催化剂、反应器和产物深加工，深入介绍了作者在费-托合成领域的研发成果与应用实践，分析了大规模高、低温费-托合成多联产工艺过程，费-托合成产物深加工的精细化以及与石油化工耦合的发展方向和解决方案。

8.《煤基化学品合成技术》（应卫勇　编著）

广义上讲，凡是以煤基合成气为原料制得的产品都属于煤基合成化学品，含通过间接液化合成的燃料油等。该分册重点介绍以煤基合成气及中间产物甲醇、甲醛等为原料合成的系列有机化工产品，包括醛类、胺类、有机酸类、酯类、醚类、醇类、烯烃、芳烃化学品，介绍了煤基化学品的性质、用途、合成工艺、市场需求等，对最新基础研究、技术开发和实际应用等的梳理是该书的亮点。

9.《煤基含氧燃料》（李忠　付廷俊　等编著）

作为煤基燃料的重要组成之一，与直接液化和间接液化制得的煤基碳氢燃料相比，煤基含氧燃料合成反应条件相对温和、组成简单、元素利用充分、收率高、环保性能好，具有明显的技术和经济优势，与间接液化类似，对煤种的适用性强。甲醇是主要的、基础的煤基含氧燃料，既可以直接用作车船用替代燃料，亦可作为中间平台产物制取醚类、酯类等含氧燃料。该分册概述了醇、醚、酯三类主要的煤基含氧燃料发展现状及应用趋势，对煤基含氧燃料的合成原料、催化反应机理、催化剂、制造工艺过程、工业化进程、根据其特性的应用推广等进行了深入分析和总结。

10.《煤制烯烃和芳烃》（魏飞　叶茂　刘中民　等编著）

烯烃（特别是乙烯和丙烯）和芳烃（尤其是苯、甲苯和二甲苯）是有机化工最基本的基础原料，市场规模分别居第一位和第二位。以煤为原料经气化制合成气、合成气制甲醇，甲醇转化制烯烃、芳烃是区别于石油化工的煤炭清洁转化制有机化工原料的生产路线。该分册详细论述了煤制烯烃（主要是乙烯和丙烯）、芳烃（主要是苯、甲苯、二甲苯）的反应机理和理论基础，系统介绍了甲醇制烯烃技术、甲醇制丙烯技术、煤制烯烃和芳烃的前瞻性技术，包括工艺、催化剂、反应器及系统技术。特别是对作者团队在该领域的重大突破性技术以及大规模工业应用的创新成果做了重点描述，体现了理论与实践的有机结合。

11.《煤基功能材料》（张功多 张德祥 王守凯 等编著）

碳元素是自然界分布最广泛的一种基础元素，具有多种电子轨道特性，以碳元素作为唯一组成的炭材料有多样的结构和性质。煤炭含碳量高，以煤为主要原料制取的煤基炭材料是煤炭材料属性的重要表现形式。该分册详细介绍了煤基有机功能材料（光波导材料、光电显示材料、光电信息存储材料、工程塑料、精细化学品）和煤基炭功能材料（针状焦、各向同性焦、石墨电极、炭纤维、储能材料、吸附材料、热管理炭材料）的结构、性质、生产工艺和发展趋势。对作者团队重要科技成果的系统总结是该分册的特点。

12.《煤制乙二醇技术与工程》（姚元根 吴越峰 诸慎 主编）

以煤基合成气为原料通过羰化偶联加氢制取乙二醇技术在中国进入到大规模工业化阶段。该分册详细阐述了煤制乙二醇的技术研究、工程开发、工业示范和产业化推广的实践，针对乙二醇制备过程中的亚硝酸甲酯合成、草酸二甲酯合成、草酸酯加氢、中间体分离和产品提纯等主要单元过程，系统分析了反应机理、工艺流程、催化剂、反应器及相关装备等；全面介绍了煤基乙二醇的工艺系统设计及工程化技术。对典型煤制乙二醇工程案例的分析、技术发展方向展望、关联产品和技术说明是该分册的亮点。

13.《煤化工碳捕集利用与封存》（马新宾 李小春 任相坤 等编著）

煤化工生产化学品主要是以煤基合成气为原料气，调节碳氢比脱除 CO_2 是其不可或缺的工艺属性，也因此成为煤化工发展的制约因素之一。为促进煤炭清洁低碳转化，该分册阐述了煤化工碳排放概况、碳捕集利用和封存技术在煤化工中的应用潜力，总结了与煤化工相关的 CO_2 捕集技术、利用技术和地质封存技术的发展进程及应用现状，对 CO_2 捕集、利用和封存技术工程实践案例进行了分析。全面阐述 CO_2 为原料的各类利用技术是该分册的亮点。

14.《煤基多联产系统技术》（李文英 等编著）

煤基多联产技术是指将燃煤发电和煤清洁高效转化所涉及的主要工艺单元过程以及化工-动力-热能一体化理念，通过系统间的能量流与物质流的科学分配达到节能、提效、减排和降低成本的目的，是一项系统整体资源、能源、环境等综合效益颇优的煤清洁高效综合利用技术。该分册紧密结合近年来该领域的技术进步和工程需求，聚焦多联产技术的概念设计与经济性评价，在介绍关键技术和主要工艺的基础上，对已运行和在建的系统进行了优化与评价分析，并指出该技术发展中的问题和面临的机遇，提出适合我国国情和发展阶段的多联产系统技术方案。

15.《煤化工设计技术与工程》（施福富　亢万忠　李晓黎　等编著）

煤化工设计与工程技术进步是我国煤化工产业高质量发展的基础。该分册全面梳理和总结了近年来我国煤化工设计技术与工程管理的最新成果，阐明了煤化工产业高端化、多元化、低碳化发展的路径，解析了煤化工工程设计、工程采购、工程施工、项目管理在不同阶段的目标、任务和关键要素，阐述了最新的工程技术理念、手段、方法。详尽剖析煤化工工程技术相关专业、专项技术的定位、工程思想、技术现状、工程实践案例及发展趋势是该分册的亮点。

丛书15个分册的作者，都十分重视理论性与实用性、系统性与新颖性的有机结合，从而保障了丛书整体的"新、特、深、精"，体现了丛书对我国煤炭清洁高效利用技术发展的历史见证和支撑助力。"惟创新者进，惟创新者强，惟创新者胜。"坚持创新，科技进步；坚持创新，国家强盛；坚持创新，竞争取胜。"古之立大事者，不惟有超世之才，亦必有坚韧不拔之志"，只要我们坚持科技创新，加快关键核心技术攻关，在中国实现煤炭清洁高效利用一定会指日可待。诚愿这套丛书在煤炭清洁高效利用不断迈上新水平的进程中发挥科学求实的推动作用。

谢克昌

2023 年 6 月 9 日

前言

广义上讲，煤炭清洁高效利用包括煤的安全、高效、绿色开采，煤炭利用前的洗选，煤炭利用中的污染控制与净化，新型清洁煤燃烧与先进煤发电，先进输电，煤清洁高效转化为化学、化工产品，煤基多联产生产化、动、热一体化技术等主要内容。而煤基多联产系统技术是指将煤发电和煤清洁高效转化所涉及的主要工艺单元过程集成优化，通过系统间能量流、物质流的科学分配以实现提高效率、降低成本、节能减排的目的，达到系统整体资源、能源、环境等综合效益最优的煤炭清洁高效综合利用技术。

据国民经济和社会发展统计公报，2022 年我国一次能源生产总量为 46.6 亿吨标准煤，其中原煤占一次能源生产总量的比重为 67.4%；能源消费总量为 54.1 亿吨标准煤，其中煤炭占 56.2%。根据中国工程院发布的《中国能源中长期（2030，2050）发展战略研究报告》，到 2050 年，煤炭在能源结构中的理想占比将降为 35%，但总量仍有 27.3 亿吨标准煤。因此，中国以煤为主的能源结构在未来较长时期内难以根本改变。与此同时，由于技术水平所限，煤作为燃料和原料的转化利用，2018 年产生的碳排放增速达到了自 2010 至 2011 年度以来的最高水平。2022 年中国碳排放同比增加 9.1%，这与《巴黎协定》设定的加快转型的目标背道而驰。所以，推进传统能源清洁高效利用，特别是"加强煤炭清洁高效利用"，就成为保障国家能源供给安全、推动我国经济社会发展的引擎。

近 15 年，煤基多联产系统技术与工业实践得到了快速发展，体现在以中低变质程度煤为主，以热解反应或者气化反应为龙头技术，联合生产化学品、电力、高性能燃料和能源产品的多联产系统工程蓬勃发展。分别有"低阶煤热解多联产与混合发电系统""醇氨动力联产系统""劣质煤热解燃烧分级转化系统技术""热电联产与风电机组联合系统""钢铁制造流程系统""钢铁-化工-燃气-电力-供热-供冷多联产系统""煤基液体燃料-动力多联产系统""多能互补综合能源系统""规模风电并网下多区域互联系统""煤热解分级转化热电油天然气多联产系统技术""煤热解制油和油页岩制油耦合技术""热电化联产联合污染物一体化脱除系统技术"等，这些多联产系统技术的运用和实施，不仅提高了原料能源利用效率、有效元素转化率，而且提升了产品价值，并降低了产品制造成本以及对生态环境的影响程度。但是，煤基多联产系统因为其工艺流程长，技术难度大，能量和物质转化过程复杂，对单元过程的技术要求严格，所以存在多联产系统工程中不同工艺单元优化集成的诸多难题。

根据上述考虑，《煤基多联产系统技术》作为"煤炭清洁转化技术丛书"的一个分册，结合近年来煤基多联产领域的技术进步和工程需要，聚焦于煤基多联产系统技术概念设计与经济性评价，从煤基多联产的概念、多联产系统的发展变迁和多联产系统所涉及关键技术和主要工艺单元技术的介绍，到煤基多联产系统理论基础研究，对已运行的、在建的多联产系统中工艺的配置、产品的选择及相关的系统特性进行了优化与评价分析，对我国多联产系统技术发展中存在的问题、面临的机遇和挑战进行了分析与总结，提出在当前能源环境条件下适于我国社会经济发展的多联产系统技术方案。由于"煤炭清洁转化技术丛书"中已有专门的煤气化、液化、热解、化学品合成等分册，所以本书中的相关内容以概述为主。

本书第 1 章由冯杰主笔，对煤基多联产进行了概述；第 2 章煤基多联产的单元和共性技术，由李文英、范鸿霞、李方舟、李旺、薛怡凡编写；第 3 章是以太原理工大学谢克昌团队开发的"双气头煤基多联产系统"为例，在多联产系统技术理论基础上，详细分析并优化关键单元；第 4 章重点介绍煤基多联产系统技术及工程，从能量、元素的利用率方面分析多联产系统技术的经济性和环境效益，由易群、黄毅、李方舟、魏国强等编写；第 5 章是煤基多联产系统技术的拓展，由荆洁颖、宋云彩、叶翠平等编写。全书由谢克昌院士和任相坤教授审定。

本书内容中涉及的研究结果得到了如下项目资助：中国工程院（学部）重大战略咨询项目（2011-ZD-7-9、2011-XZ-22、2013-ZD-14-5-2、2013-ZD-14-7-2、2016-ZD-07-04-02）、863 计划课题（2011AA05A20403、2011AA05A202、2013AA065404）、国家自然科学基金煤炭联合基金重点支持项目（U1361202）、国家自然科学基金项目（51276120）、高等学校博士学科点专项科研基金（博导类，20121402110016）、973 计划课题（2011CB201303）。

本书是太原理工大学碳基能源高效清洁利用课题组多年工作和集体努力的成果。随着社会的进步，多种因素的制约，煤基多联产系统技术仍在不断发展中，作者们虽然力求本书高质量面世，但由于知识水平所限，书中定会有不妥之处，真诚希望读者不吝指正，作者将不胜感激。

诚挚感谢科技部、教育部、国家自然科学基金委员会、中国工程院等部委计划项目资助；感谢化学工业出版社对本书出版的支持和付出。

编著者
2023 年 10 月
于太原理工大学

目录

1 煤基多联产概述   001

3　煤基多联产系统理论分析　　096

5　煤炭资源低碳化利用技术　　179

1

煤基多联产概述

1.1 煤基多联产的定义

广义上讲,将煤炭进行初级加工,并经过不同的化学工艺转化、生产多种高附加值化学品或燃料的技术均可称为煤基多联产系统技术。目前公认或有工业化示范的煤基多联产工艺系统指的是,以煤为源头,通过热化学过程,如气化、燃烧、热解等将煤转化为热(冷)、电、高附加值化工产品、液体燃料及能源产品[如甲醇、二甲醚、费-托(F-T)合成燃料、氢气、城市煤气等]的多工艺结合、多产品组合以及多能互补的系统工程。在这个过程中包括:a. 以煤气化为基础,通过将煤气化产生的合成气进行化学品合成、合成气发电/供热的一体化技术;b. 以煤气化为基础,通过合成气燃烧供热、发电,以实现煤的热/电过程联产(IGCC);c. 以热解工艺为基础,通过对热解煤气提质,将热解固体产物半焦进一步加工利用的煤化工过程一体化技术。

随着能源技术的发展和对煤化工工艺的认识,更新的概念出现,诸如煤化工与石油化工的融合、煤化工与可再生能源的融合、煤化工与核能的结合均可称为煤基多联产技术。而且,随着技术的进步和认识的提高,煤基多联产的概念将会更加开放、包容,成为能源革命中一个重要的组成环节。

1.2 煤基热电多联产的发展

煤基多联产的发展与其他能源技术一样,也是伴随着能源利用方式的进步而逐渐发展的,19世纪70年代末期,欧洲开始出现了由往复式蒸汽机带动的发电机,并对蒸汽机的乏汽(指新蒸汽做功后排放的、高温凝结水闪蒸的、物料浓缩蒸发出的各种低温低压蒸汽,焓值接近新蒸汽的焓值)加以利用,这是最早期的热电联产(combined heat and power,CHP)系统[1]。1905年英国制造了世界上第一台热电联产汽轮发电机组,开始了汽轮机既发电又供热(供汽)的历史。以后在欧洲和美国的工业企业中都相继出现了各种热电联产汽轮发电机组,1907年美国的WH公司制成了可以调节排汽压力的抽汽式热电联产汽轮发电机组。随着汽轮发电机组容量越来越大,中心电站离城市也越来越远,使利用电站废热进行区域供热的费用增加,加上当时燃料便宜,电价相对较低,单纯发电就可以产生显著的规模效益,因此,热电联产系统没有得到重视和发展[2]。第二次世界大战以后,区域供热在北欧、苏联以及一些东欧国家得到普遍应用,并带动了热电联产的发展。

20世纪70年代,石油危机给世界带来巨大冲击,促使人们考虑如何更有效地利用现有能源,如煤炭、石油和天然气。其后,各国政府都把节约资源能源、提高能源利用率作为本国的能源战略,西方国家也不例外,热电联产开始引起人们的重视。特别是欧洲部分国家、俄罗斯、美国等,以及亚洲的日本对多联产系统技术都很重视。

荷兰的能源以天然气为主,1945年在鹿特丹市建设安装了第一个集中供热项目,20世纪70年代石油危机后,热电联产开始快速发展,荷兰的热电装机容量占总装机容量的40%,其中30%~31%的装机提供工业用热,区域建筑物集中供热只占到总数的4%[3]。丹麦积极鼓励发展热电联产,实行了严格的能源环保税,通过制定高能效标准来遏制发展单纯的火力发电机组。2000年丹麦热电联产发电量占全国发电总量的61.6%,供热量占区域供热的60%。20年间国内生产总值增长了43%,而能源消耗实现零增长,关键就在于大力发展热电联产[1]。欧盟在20世纪90年代支持了45项热电联产项目工程,由于2000年欧洲热电联产电厂所发出的电力只占总发电量的9%,随后欧盟颁布了关于促进热电联产并消除制约其发展障碍的一系列政策,制定的目标是,到2010年热电联产发出的电力占总电量的比例要达到18%,即热电联产发电量要翻一番以上。整体而言,欧洲国家热电联产的比例参差不齐,有的国家比例高,如丹麦早已超过18%,甚至达到50%,有的国家还远低于目标规定的比例,如爱尔兰、法国、比利时等,都不到5%的比例[3]。

俄罗斯对热电联产集中供热一向很重视,其热电联产基本上采用80~250MW的高压和超临界蒸汽压力机组,供热燃料耗量占40%,其燃料的构成中70%为石油和天然气。在20世纪90年代,其发电的额定平均煤耗为325~326g/(kW·h),其中凝汽式电厂的发电量占总发电量的64%~66%,其单位发电量平均燃料消耗量(净重)为356g/(kW·h);而热电厂的发电量占总发电量的34%~36%,其单位发电量平均煤耗为269g/(kW·h)。凝汽式电厂与热电厂的额定煤耗相差大约86~88g/(kW·h)。至1993年,俄罗斯热电装机已达$6.53×10^4$MW。热电厂的发电量占总发电量的33%以上,1993年热电机组的平均发电标准煤耗仅为268.5g/(kW·h)[1,3,4]。

美国1978年为加快热电联产发展以节约能源资源,联邦政府专门制定了《公用电力公司管理政策法案》(the Public Utility Regulatory Policies Act,PURPA;P. L. 95-

617)，要求公用电力公司从独立的电力供应商购买电力，从而极大地刺激了热电联产和可再生能源的发展。这些独立电力供应商通过可再生能源、高效资源或热电联产工厂生产电能。PURPA的有关规定使独立电力供应商获得了很大的利润，从而更强地激励着独立供应商加速发展热电联产事业[3]。1980～1995年，热电联产装机容量由$1.2×10^4$ MW增加至$4.5×10^4$ MW，到2001年美国热电联产装机容量已经达到$5.6×10^4$ MW，年发电量达到$3.1×10^{11}$ kW·h，占美国总发电量的9%，热电联产装置设备年利用时间达到5536h。

日本能源供应主要以热电联产系统为主，区域供热（冷）系统是仅次于燃气、电力的第三大公益事业，1996年共有132个区域供热（冷）系统[1]，而且，以天然气热电联产为主。截至2004年末，天然气热电联产累计已近2000项，装机总容量已达$3.07×10^3$ MW。总体上日本天然气热电联产发展趋势为：数量上以非工业领域居多，容量上以工业应用为多。自20世纪80年代后期以来，热电联产容量和数量始终平稳增长，而非工业领域年发展数量相对于容量而言增长快速，自20世纪90年代以来，随着天然气价格走低，无论从数量还是容量上看，天然气热电联产（NGCHP）都有稳定攀升的趋势。

从1952年开始，中国积极发展热电联产。自第一家25MW高温高压热电厂投入运行以来，热电联产电厂得到较快发展。"一五"期间相继建成了富拉尔基、哈尔滨等一批高中参数的热电厂，并对其附近工厂需要的工业用热进行热电联产，取得了一定的节能和环保效益，为我国发展热电联产事业奠定了基础[3]。1953～1967年间，我国热电联产共建成6MW以上供热机组总容量达$2.95×10^3$ MW，占火电机组总容量的20%，其中公用电厂装机容量为$2.45×10^3$ MW，占80%以上[5]。这一阶段由于以工业为主，绝大多数热电厂选择了抽汽机组，以保证供汽供电。北方的热电厂除了供工业用热外，同时也向企业自管的新建生活区住宅供应采暖用热[3]。特别是1958年9月20日在北京热电总厂建成投产了我国第一台25MW高温高压汽轮发电供热机组。

"六五"和"七五"期间国家能源投资公司节能公司共参与节能基建热电项目291个，总容量6.88GW（其中小热电2.21GW），总投资91.6亿元，其中节约基建投资52.6亿元[2]。到1999年底全国6MW及以上供热机组装机已达1402台，总容量28.153GW，占火电装机容量的12.6%，年节约标准煤2700万吨，减排二氧化碳7000万吨、二氧化硫50万吨。到2004年底全国6MW及以上供热机组装机已达2302台，总容量48.13GW，占全国火电同容量机组容量的15.62%，占全国总装机容量的12.26%，超过了核电机组的装机容量，年生产蒸汽量占总供热量的81.96%，热水量占26.72%，比分产年节约标准煤4800万吨，减排二氧化碳12480万吨、二氧化硫76万吨、灰渣2064万吨。到2005年底全国6MW及以上供热机组装机总容量69.81GW，占全国火电同容量机组容量的18.31%，占全国总装机容量的13.5%，年供热量$9.2550×10^8$ GJ，一年新增供热机组装机容量21.68GW，200MW、300MW凝汽采暖两用机成为热电联产主力机组。截至2007年底，全国6MW及以上供热机组装机总容量 100.91GW，占全国火电机组容量的 18.15%，年供热量 2.59651×10⁹GJ。2009 年，我国热电联产装机规模约为 145GW，到 2016 年热电联产装机规模已达 356GW，2017 年达到了 435GW。根据《城市建设统计年鉴》数据，2022 年全国蒸汽供热总量为 7.7938×10⁸GJ，同比增长 0.27%；全国热水供热总量为 4.50961×10⁹GJ，同比增长 1.3%[6]。从中长期看，我国未来工业和居民采暖热力需求、电力需求仍将保持稳定增长态势，有效促进热电联产装机发展，未来 5 年，预计我国热电联产装机容量规模将以 10% 的年均复合增长率增长，到 2026 年，我国热电联产装机容量规模将突破 800GW。

我国政府制定了一系列政策鼓励发展热电联产，比如，1994 年制定的《中国 21 世纪议程》和 1997 年制定的《中华人民共和国节约能源法》，1987 年制定、后分别于 2015 年和 2018 年修订的《中华人民共和国大气污染防治法》等法规，都明确鼓励发展热电联产。2000 年国家计委、国家经贸委、国家环保总局、建设部制定《关于发展热电联产的规定》，加入燃气-蒸汽联合循环热电联产和有关方针政策性内容。2004 年 11 月国家发展和改革委员会在制定的《节能中长期专项规划》中提出："发展热电联产、热电冷联产和热电煤气多联供。"2016 年国家发展和改革委员会颁布实施《热电联产管理办法》（发改能源〔2016〕617 号），为我国的多联产事业指明了发展方向。2020 年各地方出台了《热电联产规划（2020～2030）环境影响报告书》，进一步明确了多联产环保方面的政策规定。2022 年国家发改委和能源局印发《"十四五"现代能源体系规划》（发改能源〔2022〕210 号），国家能源局和科学技术部印发《"十四五"能源领域科技创新规划》（国能发科技〔2021〕58 号），为多联产技术和产业确立了目标方向。

1.3 煤基热电多联产的分类

按照煤基多联产的定义，热电联产在形式上已经不仅仅局限于传统的燃煤热电厂和供热式汽轮机这两种方式。由于天然气的大规模应用，使得燃气轮机发电技术日益成熟，以燃气轮机、内燃机、汽轮机为动力机械，以天然气、工业废热、生物沼气、木柴等为能源的小型联产系统越来越受到人们的重视。目前，以燃气轮机为主要动力设备的燃气轮机热电联产及燃气-蒸汽联合循环热电联产，内燃机的热电联产，核能热电联产及低温核供热，分布式热（冷）电联产（包括以小型燃气轮机、微型燃气轮机、燃料电池为动力设备的热电联产）均得到迅速发展。

1.3.1 蒸汽轮机热电联产

蒸汽轮机具有高效率以及低成本的特点，是电能生产的主要动力设备，其容量范围可以从千瓦级到大型发电厂的百兆瓦级甚至千兆瓦级。蒸汽轮机广泛应用于热电联产系统，也是联产集中供热的主要形式[2,3]。蒸汽轮机热电联产系统如图 1-1 所示[7]，燃料首先在锅炉中燃烧产生高压蒸汽，蒸汽在透平中膨胀做功，将部分热能转化成机械能，电机将机械能转化成电能外供。对外同时供热和发电的蒸汽轮机称为供热式汽轮机，装有供热式汽轮机的发电厂称为热电厂。供热式汽轮机的类型有背压式汽轮机、抽汽式汽轮机、凝汽采暖两用机、低真空供热的凝汽机组[2]。中国能源结构的特点是富煤、贫油、少气，由于天然气和石油价格较高，因此，我国锅炉-蒸汽轮机热电联产所用燃料基本以煤为主，燃煤锅炉装置简单，技术成熟并能满足经济性和可靠性的要求[8]。

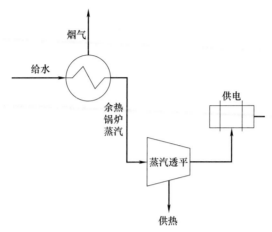

图 1-1　蒸汽轮机热电联产系统示意图

1.3.2　燃气轮机热电联产

燃气轮机产生于 20 世纪初期，20 世纪 30 年代末，燃气轮机开始用于发电。单纯发电情况下，燃气轮机效率可达 40%［低位发热量（LHV）］；当有热量回收器时，如余热锅炉（heat recovery steam generator，HRSG）、燃气轮机可用于热电联产，换热器从燃气轮机的排气中回收热量，既可以供给系统通过蒸汽轮机联合循环发电，也可以直接向外供热[3]。燃气轮机热电联产系统如图 1-2 所示[7]，空气经压力透平压缩后，升温升压，进入燃烧室后和燃料混合燃烧，产生约 1000℃的高温烟气，再进入燃气透平膨胀做功，一部分用于发电，一部分用于压力透平（约 65%）压缩空气，末端烟气（大约 400～600℃）进入余热锅炉产生蒸汽，蒸汽可直接作为产品或者给居民供热。当热负荷要求较大时，系统中可以增设补燃系统[7]。

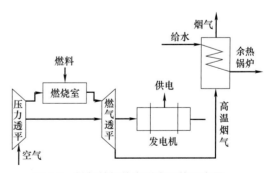

图 1-2　燃气轮机热电联产系统示意图

燃气轮机热电联产系统具有结构紧凑、启动快等优点，主要用于发电容量在 1～

50MW 范围内的工业企业和建筑物等中小型热电联产用户，排烟温度多为 350～550℃，发电效率为 24%～34%，冷电比（热电比）通常为 1.5～2.5，综合效率可达 70%～80%。为了适应热负荷的特性，许多系统都设置补燃装置或另设调峰锅炉[7]。与简单循环燃气轮机-烟气吸收式分布式联产系统相比，系统增加了一套空气预热器，利用排气给空气预热。发电效率相对于简单循环燃机要高，达 38%，冷电比（热电比）多为 1.0～1.5。内燃机-余热吸收型分布式联产系统中，内燃机排气温度 350～450℃，缸套水温度大于 90℃，其余热量占输入燃料能量的 30%～40%，可直接用于供热，如果在烟气型机组尾部增加一级换热器，回收 170℃以下的余热用于生产热水，冷电比（热电比）通常为 1.0～1.5。

燃气轮机对燃料适应性较强，天然气、轻柴油、重油、煤层气或者钢厂的低热值高炉煤气均可作为原料。

1.3.3 燃气轮机-蒸汽轮机联合循环热电联产

燃气轮机-蒸汽轮机联合循环热电联产是目前最具前途的热电联产类型，其工艺是燃料在燃气轮机中充分燃烧后，产生的燃气热膨胀做功推动透平发电，高温烟气（500～600℃）通过余热锅炉产生中高压蒸汽推动蒸汽透平做功发电，压力降至 0.8～1.2MPa 左右的蒸汽可用作单元用热或民用。进入汽轮机蒸汽的热能，是由燃气轮机发电后送入余热锅炉产生的，所以它的热化发电率比锅炉-蒸汽轮机供热机组高。燃气-蒸汽联合循环效率可以达到 70%～85%。联合循环热电联产系统如图 1-3 所示[7]。

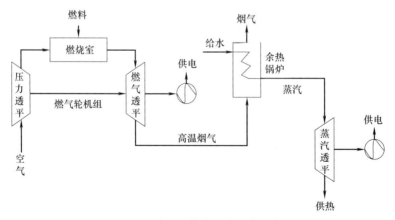

图 1-3 联合循环热电联产系统示意图

在燃气轮机-蒸汽轮机联合循环热电联产系统中，热电比较低，即系统供热量小于供电量，燃气轮机做功占主导地位，所以这种类型的发电系统适合于大型用电场合。但背压式蒸汽轮机受制约比较大，不利于电网、热网和天然气管网的调节，一般用于企业在用汽、用电方面稳定的自备热电厂，国际上较少采用[8]。余热锅炉（HRSG）是燃气轮机发电系统中另一个重要的设备，燃气轮机的排烟温度为 500～600℃，烟气在

HRSG 中将热量传递给水，产生中压水蒸气，HRSG 排出的烟气温度约为 150℃，高于烟气的露点，若排烟温度过低，则烟气中的 SO_x、NO_x 有可能酸化腐蚀 HRSG[2]。燃气轮机-蒸汽轮机联合循环热电厂通常采用两套以上的燃气轮机和余热锅炉附带 1～2 台抽汽式汽轮机，或使用余热锅炉补燃以及双燃料系统来提高对电网、热网和天然气管网的调节能力及供能可靠性。

图 1-4 是生产工业用蒸汽为主的联合循环热电联产的实例[2]。它选用有补燃设备的余热锅炉，生产的蒸汽供给蒸汽轮机使用。背压蒸汽的凝结放热全部用来加热可变温度的热网给水。蒸汽轮机背压为 0.35MPa，通过蒸汽管道直接向工业用户供汽。蒸汽的凝结水返回到动力站除氧器中去参与汽水循环过程。该联合循环热电联产的主要技术参数如表 1-1 所示。由于采用了补燃设备的余热锅炉，热、电可独立调节，系统运行配置的灵活性较高。

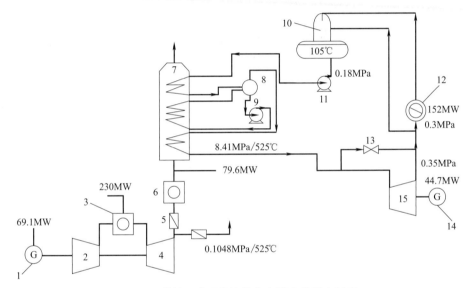

图 1-4　供给工业用蒸汽的热电联产的联合循环

1，14—发电机；2—压气机；3—燃烧室；4—燃气透平；5—烟气旁通阀；6—余热锅炉的补室；7—余热锅炉；
8—汽包；9—水泵；10—除氧器；11—给水泵；12—蒸汽用户；13—蒸汽旁路阀；15—背压式蒸汽轮机

表 1-1　天然气联合循环热电联产的主要技术参数

项目	参数	项目	参数
燃料	天然气	工业用汽流量/(kg/s)	65.3
燃气轮机功率/MW	69.1	工业用汽压力/MPa	0.35
背压式汽轮机功率/MW	44.7	工业用汽热功率/MW	152
厂用电率/%	1.23	燃料的利用率/%	85.4
机组净功率输出/MW	112.4	功率系数	0.74
燃气轮机输入热能(LHV)/MW	230	发电效率/%	36.8
余热锅炉补燃输入热能/MW	79.6	总能量转化效率/%	79.9

若将燃气轮机与余热锅炉组合，就成为燃气轮机余热回收热电联产系统[2,8]，此系统省略了蒸汽轮机，因此也称为前置循环。燃气轮机发电后的排气进入余热锅炉产生蒸汽，蒸汽直接作为供热热源，由于余热锅炉不需要生产高品位蒸汽，工艺投资较低。该系统的特点是燃料利用系数很高，热电比较燃气-蒸汽联合循环系统略高，但较低的发电效率导致烟气的利用率明显降低，因此，系统的整体能源利用率和经济效益不及燃气-蒸汽联合循环系统。

1.3.4 核电-热电耦合联产

核电站有着常规化石燃料电厂无法比拟的优势，既无 SO_x、NO_x、CO_x 排放，也无烟尘排放，清洁、高效、经济使得核能发电成为全球最具竞争力的重要能源选择之一，并一直处在飞速发展之中。20 世纪 60 年代至 70 年代，新建核电机组主要位于欧洲和北美地区。20 世纪 80 年代后期起，亚洲、中东欧成为新建核电机组的主要地区。截至 2022 年底，全球在运核电机组 411 台，总装机容量超过 3.71 亿千瓦，全球在建核电机组 58 台，总装机容量 5930 万千瓦。中国是全球在建机组装机容量最大的国家，超越日本，位列全球第 3 位，占世界在建核电装机容量的 22.71%。根据国际原子能机构估计，核电使用量将于未来 20 年内继续增长，且未来大部分核电装机容量增长来自中国、俄罗斯、印度等国家。

1994～2022 年，我国核电发电量持续增长，从 1994 年的 140.43 亿千瓦时增长至 2022 年的 4177.86 亿千瓦时，年均复合增长率达到 11.97%。截至 2022 年底，我国共有在运核电机组 55 台，总装机容量为 5689.4 万千瓦，在建核电机组 24 台，大部分分布在广东、福建、浙江、广西等东南沿海地区。根据国家统计局及中国核能行业协会的相关数据，2022 年全国累计发电量为 83886.3 亿千瓦时，其中商运核电机组总发电量（包含上网电量及厂用电量）为 3863.26 亿千瓦时，同比增加 18.47%，约占全国总发电量的 4.6%。根据能源发展、核工业发展、电力发展等"十三五"规划，按目前已形成的核电发展条件预测，2021～2035 年每年核准建设 6～8 台核电机组，2035 年达到 1.5 亿～1.8 亿千瓦（在运 1.5 亿千瓦，在建 3000 万千瓦），同时中国将形成比较完整的自主化核电工业体系，不仅具备批量化建设先进核电站的能力，而且会出台完善的核电法规和标准。

尽管核能热电联产动力站的安全性、可靠性和经济性目前都达到一个较高的水平，但核能电厂存在着诸如供热蒸汽中不能完全避免核污染、远距离供热造成能量损失和增加管网投资、需要大规模的热需求用户以弥补能耗等问题。此外，核废料的处置、处理技术尚待解决，截至 2020 年，作为世界上最早建成人工可控核反应堆和试爆原子弹的国家，美国是目前世界上最大的核废料生产国，拥有接近 10 万吨核废料。其国内上百个核电站每年产生约 2000t 核废料，其中高放射性核废料分布在全国 39 个州的 131 个暂存地点。由德国海因西里伯尔基金会 2019 年 11 月发布的《世界核废料报告

2019》显示，全球范围内，核废料的数量正在增多。即便全球进入核时代已经 70 多年，世界上仍没有一个国家找到处理核电废料的真正办法。核废料处置向全球各国政府提出了巨大挑战。核废料的处置问题属于世界级难题，将是最棘手的问题[9]。尽管如此，与火电等常规能源相比，核电站因燃料生产成本低廉且不易受能源价格波动影响，以基本负荷运行的核电站比化石燃料发电更具成本效益。此外，核电是极为高效的发电方式，根据欧洲核能协会公布的统计数据，1000g 标准煤、矿物油及铀分别产生约 8kW•h、12kW•h 及 24MW•h 的电力。核热电厂在废热利用和减少热污染方面也有巨大的优势，因此仍然是一种具有很大发展潜力的新能源动力装置。随着中国经济的高速发展以及所伴随的资源和能源等一系列问题，能源结构的合理布局已成为经济可持续发展的客观需要，积极发展核热电是缓解我国电力短缺、节约资源和保护环境的一项重要举措，核能热电联产必将成为热电联产的一个主要组成部分。

1.3.5 燃料电池热电联产系统

燃料电池热电联产系统是在燃料电池装置的基础上耦合了一个余热回收系统，在发电的同时，将热量充分回收利用，以提高整个系统的能量效率。燃料电池可以利用的余热主要包括：废气（包括水）的冷凝、电池堆冷却、阳极气体的燃烧和处理器的散热。热量主要是以热水和低压蒸汽（<0.21MPa）的形式进行回收，热量的品质由燃料电池的种类和工作温度决定。通常，从热电联产回收来的热量适合于某些低温过程的需要，例如供暖、加热饮用水等。对于固体氧化物燃料电池（solid oxide fuel cell，SOFC）和熔融碳酸盐燃料电池（molten carbonate fuel cell，MCFC）来说，可以产生中压蒸汽，压力可达 1.03MPa[3]。高温排气也可用来与燃气轮机或蒸汽轮机组成联合循环，从而提高热电站综合效率，是区域性三联供电站的优选方式。

目前，MCFC 发电效率可达 50%～60%，利用高温余热组成燃气-蒸汽联合循环时，发电效率可达 60%～70%，热电联产时综合效率可达 80%，故适用于规模较大的区域性热电联产系统；SOFC 电输出占很大比重，冷电比（热电比）仅为 0.2～0.5，发电效率约为 60%，联合循环发电效率可达 70%～80%，热电联产时总效率可达 85%，适用于联合循环发电、区域性热电厂和洁净煤热电联产工程[3]。除了供热以外，燃料电池也常用于冷热电联产系统（combined cooling heating and power，CCHP）通常由以下几部分组成：燃料预处理部分、燃料电池本体、直流交流转换器和热量管理部分。如图 1-5 所示为该系统的基本构成及流程[3]。

燃料电池 CCHP 系统的能量转化效率高，理论上可达到 90%，以低位发热量（LHV）定义的实际发电效率为 40%～55%，能量总利用率可达 80% 以上，发电效率比上述其他的分布式发电装置（如内燃机、燃气轮机等）高 1/6～1/3[3]。CCHP 系统的燃料电池装置，可以根据季节变化实现供冷、供热的灵活变化，目前主要用于需要较多热量的宾馆、医院、学校和工厂等。

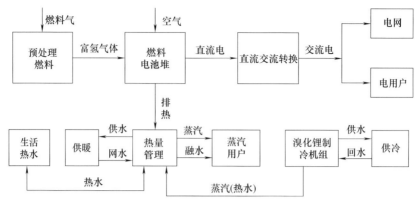

图 1-5　燃料电池热电联产系统的基本构成及流程

燃料电池热电联产具有以下特点[3,10-12]：a.发电效率高：燃料电池直接将化学能转化为电能，没有中间环节的转换损失，也不受热力学卡诺循环理论的限制，理论发电效率可达 85%~90%。尽管目前燃料电池的发电效率只有 40% 以上，但是如果进行热电联产，充分利用余热，则可达到 80% 以上。b.环境污染小：当燃料电池以天然气等富氢气体为燃料时，由于有高的能量转换效率，二氧化碳的排放量比热机过程减少40% 以上。除此以外，由于燃料电池的燃料气在反应前必须脱硫，而且按电化学原理发电，没有高温燃烧过程，所以几乎不排放硫化物和氮氧化物，减轻了对大气的污染，运行时噪声极小。c.负荷调节灵活、燃料来源广泛：由于燃料电池发电装置是模块结构，容量及布置方式灵活，安装简单，维修方便。另外，当燃料电池的负载有变动时，它会很快响应，故无论处于额定功率以上过载运行或低于额定功率运行，它都能承受且效率变化不大。燃料应用非常广泛，几乎所有含氢的物质都可采用，如甲醇、煤气、沼气、天然气、轻油、柴油等多种燃料。

2020 年以来，从发布燃料电池重卡技术路线图，到斥资近 2 亿美元支持产业链重点技术研发和商业化，美国能源部（DOE）在推动氢能及燃料电池产业方面显著提速。美国能源部副部长 M. W. Menezes 指出，氢能和燃料电池技术有潜力实现多个部门的脱碳、灵活性、能源安全和经济增长。2020 年 7 月 1 日，美国能源部发布了 H_2@Scale研究与开发项目的提案，旨在通过投资与美国能源部国家实验室的合作研究开发协议（CRADA）项目来增加工业界和利益相关者对 H_2@Scale 的参与度。根据国家可再生能源实验室（NREL）的建议，能源部氢能和燃料电池技术办公室提出以下两个重要优先领域：推进中型和重型燃料电池汽车加氢技术；解决天然气掺氢的技术障碍。拟在五年内，支持两个由美国能源部国家实验室牵头建立的联盟。联盟Ⅰ将聚焦大规模、长寿命、低成本的电解槽装备技术。该类电解槽能够利用多种电力来源（天然气、可再生能源、核能等）将水高效分解成氢气与氧气，以显著降低氢能制备成本，推进规模化工业部署。联盟Ⅱ将聚焦加快重型车辆（包括长途卡车）燃料电池技术研发。开发与传统燃油发动机经济竞争力相当的燃料电池重卡，满足卡车运输行业对耐用性、成本、性能的所有要求，减少卡车的尾气排放。此外，提供 3000 万美元的联邦资金用于小规模固体氧化物的投资，以分担燃料电池系统和混合能源系统的研发成本，旨在推动使用固态氧化物电解（SOEC）技术的小型固态氧化物燃料电池（SOFC）混合系统发展到商业化的制氢和发电水平。通过这些雄心勃勃的新举措，美国政府继续致力于所有上述能源解决方案的推行，为发电和运输提供多种清洁能源选择。近 5 年来，我国氢能领域发展迅速。2022 年，国家发改委发布《氢能产业发展中长期规划（2021—2035 年）》，对燃料电池及氢能全产业链的技术创新和产业发展做了系统部署。

1.3.6　煤气-燃气轮机-蒸汽轮机整体联合循环发电

火力发电是我国电力来源的基础，然而以煤炭为主要原料的常规火力发电技术不仅效率低，而且不可避免地产生气体、固体和液体等污染物，并占用土地，消耗水资源，严重影响了煤电/煤化工的发展。在这样的背景下，发展高效洁净发电技术成为一个重要的任务。20 世纪中期，联合循环发电（integrated gasification combined cycle，IGCC）的出现为能源的高效利用提供了新的方向。IGCC 发电技术既发挥了 Brayton 循环（燃气轮机）高温热源的高温优势，又保留了 Rankine 循环（汽轮机）低温热源的好处，较好地实现了矿石燃料的化学能洁净与高效梯级利用，克服了煤直接燃烧产生的环境污染问题，被认为是世界上最清洁的燃煤发电技术[13]。图 1-6 为 IGCC 电站工程示意图。

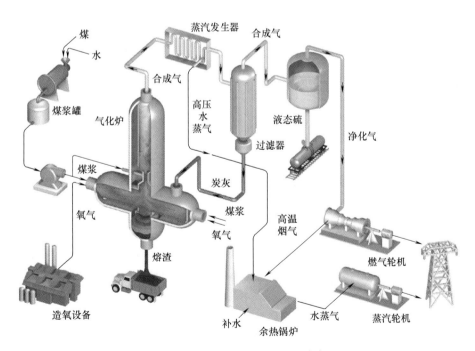

图 1-6　IGCC 电站工程示意图[14]

IGCC 发电系统是将煤气化技术和高效联合循环发电技术相结合，其由两大部分组成：气化岛（煤的气化与净化）和动力岛（燃气-蒸汽联合循环发电），如图 1-7 所示。气化岛的主要设备有气化炉、废热锅炉、空分装置、煤气净化设备，动力岛的主要设备有燃气轮机发电系统、余热锅炉、蒸汽轮机发电系统。IGCC 的工艺过程如下：备煤后的原料经气化成为中低热值煤气，经过净化除去煤气中的硫化物、氮化物、粉尘等污染物，变为清洁的气体燃料，然后送入燃气轮机的燃烧室燃烧，加热气体工质以驱动燃气透平做功，燃气轮机排气进入余热锅炉加热给水，产生过热蒸汽驱动蒸汽轮机做功[14,15]。

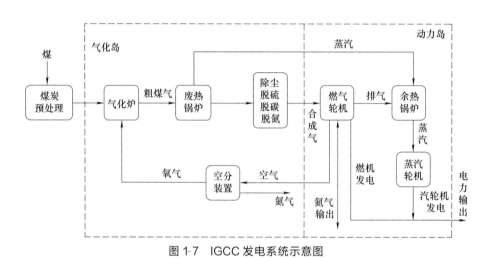

图 1-7　IGCC 发电系统示意图

IGCC 具有效率高、污染少的特点，是未来发电方向之一，正逐步从商业示范向商业应用阶段过渡，到 2009 年，据不完全统计，当时世界上已投入运行、正在规划和建设的 IGCC 电站近 116 个，其中美国占了一半以上，有 68 个，装机容量超过 2000 万千瓦。目前世界上已建成的典型 IGCC 电站概况见表 1-2。随着煤气化技术和燃气轮机技术的不断发展和进步，容量更大（400～600MW）、效率更高（55％以上）、造价更低（1000 美元/kW）、环保性能更好（接近零排放）的新一代 IGCC 也有望在不久的将来投入运行[15]。

表 1-2　目前世界上已建成的典型 IGCC 电站概况[16,17]

电站名称	国别	投资/(美元/kW)	供料	供料系统	合成气能量/(kJ/m³)	燃气轮机
Demkolee	荷兰	2400	煤、生物质（<30％）	干式输送		V94.2
Wabash River	美国	1672	石油焦、煤	水煤浆	8224	7001FA
EI Dorado	美国		废油、石油焦	水煤浆	9528	MS6541B
Tempa Electric	美国	2024	煤	水煤浆	9962	MS7001FA
Puertollano	西班牙	2900	煤（含灰 50％）、石油焦 50％	干式输送	9940	V94.3
勿来电厂	日本		煤	干式输送		M701DA
华能绿色煤电	中国		煤	干式输送		SGT2000E

电站名称	发电效率（LHV）	可用率	NO_x排放（折算到15%O_2干式）/(mg/m^3)	SO_x排放（折算到15%O_2干式）/(mg/m^3)	投运（合成气）时间	
Demkolee	40.30%	85.00%	<25	25.2	1994年7月	
Wabash River	39.70%	85.00%	14	18.2	1995年11月	
EI Dorado		85.00%	17.5		1996年9月	
Tempa Electric	39.00%	84.00%	17.5	38.5	1996年9月	
Puertollano	40.00%		51.1	5.6	1998年3月	
勿来电厂			3.5		2007年9月	
华能绿色煤电	41.00%		<25	<1	2012年9月	

中国一次能源的结构特点决定了一段时期内电力工业以燃煤发电为主的基本格局。火力发电一直是中国社会可持续发展和物质进步的动力保障，就目前国情来看，在碳达峰及之后一段时间内，火力发电仍然是主要的发电模式。但火力发电带来的一系列资源、生态、环境问题使得我国必须发展一种节约能源资源和保护环境的发电技术。国家颁布了相关政策和文件，将IGCC发电技术作为我国中长期能源优先发展的技术之一[17]。中国目前燃煤发电（静电除尘＋烟道气脱硫）的平均效率为33%，SO_2、颗粒物、NO_x和CO_2的平均排放系数分别为4.5g/(kW·h)、3.0g/(kW·h)、0.15g/(kW·h)和1.41g/(kW·h)；而煤气化联合循环（蒸汽冷却＋燃气轮机）的热效率为46.5%，SO_2、颗粒物、NO_x和CO_2的平均排放系数分别为0.075g/(kW·h)、0.082g/(kW·h)、0.0025g/(kW·h)和1.00g/(kW·h)。

我国在20世纪70年代末开始了对IGCC的研究，拟在苏州电厂筹建1座10MW级的IGCC试验电站，主要任务是进行IGCC技术的原理概念验证，并提供攻克技术关键的研发试验平台。但此后由于多种原因，这一工程停止建设。1996年由当时的国家科学技术委员会和美国能源部组织了中美IGCC专家报告，报告中明确提出与联产结合发展IGCC的思路。1998年，中国科学院工程热物理研究所等开始了以IGCC为基础的多联产系统的研究探索，并取得较大的进展和较多成果。1999年，中国在《中国21世纪议程》中向世界宣布，2000年将建成装机容量为300～400MW的山东烟台IGCC示范电站，但随后由于项目关键技术全部引进、工程造价较高等诸多原因，使得此项目的进展并不顺利，至今未能开工建设[18]。

"十一五"期间，国家863计划在洁净煤技术议题决策中对IGCC和联产研发及工业示范给予了支持肯定。在气化技术方面，华东理工大学、兖矿集团和天辰化学工程公司合作研发并示范了日处理量为1150t煤的新型水煤浆气化技术，西安热工研究院建成了日处理量为36t的干煤粉加压气化中试装置[18]。2006年4月，我国首座60MW级IGCC发电和24万吨级甲醇示范工程正式投入商业示范运行，这是世界上第6座煤基IGCC电站，实现了我国IGCC和联产系统示范零的突破。2009年6月国家发改委核准华能天津IGCC电站示范工程项目，建设内容包括1台25万千瓦级整体煤气化燃气-蒸汽联合循环（IGCC）发电机组，该工程的建设对于推动我国洁净煤技术发展，促进煤炭清洁高效利用和电源结构优化，增强自主创新能力，促进 IGCC 发电设备国产化等具有重要意义。2015 年 11 月 27 日，环境保护部正式受理了 IGCC 联产煤制烯烃的工程项目。该项目全面布局，合理利用转化资源。第一，从全厂设计的角度，该工程项目统筹了节能减耗的措施，深入考虑整体热量的回收与利用，提高了循环水的质量与回收效率。第二，从环保的角度，该项目采用了先进的生产工艺，最大限度地减少各项污染物排放，满足严格的环保要求。第三，从能源转化的角度，该项目采用余热回收利用、燃料气回收和高效烯烃分离工艺等节能转化措施，有效地提高了能源转化效率。第四，从产品的角度，该项目的主要产品为聚乙烯和聚丙烯，这些产品目前在国内生产严重不足，主要依靠进口，因此，该项目充分考虑到国内外市场的发展趋势，既解决内需，也冲击着国际市场。可见，IGCC 联产煤制烯烃整个产业链的意义重大。

与常规燃煤发电技术相比，IGCC 发电技术主要有以下优点[14,19]：a. 供电效率较高，耗水量较少，比常规蒸汽轮机电站少耗水 30%～50%，单机容量适合经济规模。目前 IGCC 系统的供电效率已达到 42%～45%（LHV），单机容量已能达到 300～400MW。在提高供电效率的同时，既节约煤炭和水资源，又能减少 CO_2 的排放，实现了资源、经济、环境协调发展，对于以煤为主的中国来说，具有重要的意义。b. 煤气化所产生的煤气，除了可以发电以外，还能生产化肥、甲醇、二甲醚、天然气等其他化学产品，有利于实现煤炭的综合利用，降低生产成本，提高经济效益。c. 技术已趋于成熟，能够保证 IGCC 煤发电系统运行的可靠性。目前，世界上已有成功运行的 IGCC 电站 6 座，其中美国 2 座，日本 1 座，欧盟 2 座，中国 1 座。d. 污染物的排放量仅为常规燃煤电站的 1/10，脱硫效率可达 99%，SO_2 排放在 $25mg/m^3$ 左右。NO_x 排放只有常规电站的 15%～20%，可以较好地解决煤发电过程中的污染问题，特别适宜于使用硫含量大于 3% 的高硫煤（我国的煤种大部分都属于高硫煤）。煤气脱硫后产生的单质硫或硫酸等可作为副产品出售，CO_2 可以固定用作他用，有利于降低 IGCC 系统的发电成本。灰渣熔融冷却后形成玻璃状的渣粒，可以用作建筑材料或水泥工业的原料。因此，整个过程是资源化、无害化的生产过程，基本满足日益严格的环保要求。表 1-3 给出了 IGCC 发电技术与其他发电技术在环保性能方面的比较。从表中数据可以看出：IGCC 与其他传统燃煤机组相比具有优越的环保性能，在 SO_2、NO_x 和 CO_2 排放上都远远低于其他燃煤发电技术[13]。e. 有利于促进我国主要相关工业和技术的发展，如空分制氧、煤气化、煤气净化、燃气轮机、高温高压换热器及蒸汽轮机制造业等。

表 1-3 IGCC 发电技术与其他发电技术污染物排放比较[13]

发电技术	容量 /MW	供电效率 /%	SO_2 排放量比例/%	NO_x 排放量比例/%	粉尘排放量比例/%	固态废料排放量比例/%	CO_2 排放量比例/%
常规 PC	300～1300	36～38	100	100	100	100	100
PC+FGD	300～1300	34.5～36.5	6～12	18～90	2～5	120～200	107
PFBC	80～350	36～39	5～10	17～48	2～4	95～600	98
IGCC	200～600	40～46	1～5	17～32	2	50～95	95

注：常规 PC 指常规火力发电技术；PC+FGD 指烟气脱硫发电技术；PFBC 指增压流化床联合循环发电技术。

IGCC 发电技术把高效的燃气-蒸汽联合循环发电系统与洁净的煤气化技术有机结合起来，既提高了发电效率，又具有较好的环保性能，是一种极具发展前景的洁净煤发电技术，并将成为中远期中国燃煤发电的主要手段之一。

1.3.7　我国热电联产存在的问题

我国的热电联产电厂经过 50 多年热电建设的经验积累，目前已形成了一条中国式的热电联产发展道路，但仍存在以下问题。

（1）热电发展不平衡

我国热电联产发展是不平衡的，有的省份重视热电的发展，例如山东省淄博市，当地热电装机容量已达电力系统装机总容量的 70％以上，已经超过世界上热电发展最好的丹麦。但是，有的省份却仍然是空白的状态，应该逐步提高对热电联产在节能降耗方面的认识，以便我国的热电联产均衡发展。

（2）热电联产集中供热管理体制仍需完善

在热电联产发展过程中，完善的体制建设是热电联产集中供热健全发展的基础内容[20]。第一，我国许多企业在改革过程中出现头重脚轻的现象，前期大力发展，但后劲不足；第二，对于热电联产集中供热中能源价格体系应考虑多方面因素，制定出合理的价格区间，并逐渐完善[21]。

（3）热电联产产品市场化进程较慢

热电联产生产中所需要的动力资源水、燃烧材料等均已经逐步进入市场中，但是热电联产所产生的电和热尚未完全进入市场[21]。

（4）热电规划布局不科学，热电供需矛盾

供热能力与实际供热量不匹配，布局的不合理造成源头性浪费，增加了消耗和生产成本，导致行业性亏损的局面，对此政府仍需进行项目布局的优化。热电联产项目的规划和设计指导需要适应中国国情，提高项目的科学化和规范化水平[22]。

（5）热电联产本身的复杂性，新型热电联产技术发展水平不高

一些清洁高效的可再生能源与热力循环热电联产技术在我国的发展水平还较低，如燃气轮机热电联产、燃气-蒸汽联合循环热电联产、柴油机热电联产、先进的垃圾焚烧热电联产、核能热电联产、燃料电池热电联产、光伏热电联产等。

（6）核心设备依赖进口，技术服务滞后

核心技术缺失，引进大于自主研发。在这种情形下，国产设备的宣传和推广使用显得十分关键。

（7）对小型供热机组的重视程度不足

小型供热机不仅节能效益优于大型供热机的性能，而且适应热负荷的能力强，单位千瓦造价低，可以根据实际的热负荷需求逐步改装扩建，具有更广阔的发展空间[23]。

（8）大型凝汽机组改造供热管理工作明显不足

虽然基层单位积极响应国家能源局的号召，但是上层的技术改造建设能力远远不足。比如，对供热量的考验标准模糊不清；火力发电厂热电机组的总装机容量标准不明；迫切需要将城市现代化建设与热电联产集中供热相结合，加强规划，通盘考虑。

（9）集中供热的环保成本影响了工业区的盈利效果

虽然热电联产集中供热能够有效改善工业区环境规划，但是由于各企业对环保成本的估算不足，使得各企业从热电联产中得到的经济回报低于预估效益[24]。

（10）非采暖期热负荷需求少，影响供热企业经济效益

我国热电联产的热负荷主要是工业生产用汽与民用采暖负荷，生活热水用热负荷与夏季制冷热负荷很少或根本没有，每年的采暖期以后，热负荷减少很多，热电厂的经济效益大受影响，因此非采暖期发展季节性用户已显得非常必要。

以上所提出的我国热电联产发展中存在的问题有待依托技术的进步与管理的进一步科学规范来得以解决，使我国的热电联产事业走上科学、规范、合理、快速的发展道路。

1.3.8 热电联产发展前景与展望

我国热电联产建设的经验以及《2010 年热电联产发展规划及 2020 年远景发展目标》充分表明，热电联产集中供热在节约能源、保护环境方面的优越性是任何其他方式都代替不了的。近年来在《煤电节能减排升级与改造行动计划（2014—2020 年）》《西部地区鼓励类产业目录（2020 年本）》《大气污染防治行动计划》《热电联产管理办法》《电力发展"十三五"规划（2016—2020 年）》《开展全国煤电机组改造升级的通知（2021 年）》《加快建设全国统一电力市场体系的指导意见（2022 年）》等国家政策鼓励下，我国热电联产保持较快的发展。在城市建设中发展热电联产集中供热，是以燃煤为主的国家的最佳供热方案。此外，工业用热也出现了新的领域，热水、制冷负荷的增长也十分迅猛，如海水淡化等新兴工业领域[25]。具体技术措施包括如下方面。

① 采用洁净煤燃烧技术的循环流化床（CFB）锅炉热电联产方式会有大的发展，汽轮机热电联产仍为主要形式。CFB 锅炉在我国的发展很快，目前 300MW CFB 锅炉已经成熟，世界上单机容量最大、参数最高的四川白马 600MW 超临界 CFB 锅炉项目已于 2013 年 3 月成功满负荷运行。该项目为目前世界上最大容量、最高参数的超临界 CFB 机组建设的依托工程，也是具有完全自主知识产权、技术水平世界领先的示范工程。这标志着，我国生产大型 CFB 锅炉的技术又上了一个新台阶。大型 CFB 锅炉配套高容量等级蒸汽轮机热电机组为更清洁高效的热电联产提供了必要的保证。

② 燃用清洁燃料（油、气）燃气轮机热电联产将越来越多地参与市场竞争。近年来燃气轮机发展迅速，增压比已由 6 提高到 35 以上[26]，涡轮进口温度由 600℃提高到 1200℃以上，简单循环效率由 18％提高到 40％，联合循环效率已经达到 58％以上[26,27]。联合循环发电最大功率已发展到 500MW 以上。燃气轮机热电联产的能源利

用率可高达 80%～90%。燃用油、气燃料，不仅对环境影响极小，而且具有单位投资小、建设周期短、耗水量少、占地面积小、起停性能好等优点。我国已于 2019 年成功研制出 F 级 50MW 重型燃气轮机。因此，随着燃气轮机技术的发展和我国"西气东输"的开展，燃气轮机联合循环热电厂必然会越来越多地参与市场竞争[25]。

③ 分布式能源系统将成为热电联产系统的重要成员。美国是全球发展分布式能源系统的先锋，1978 年开始提倡发展小型热电联产。我国上海、北京、广东、河南、四川等省、市已建设或已运行多项分布式能源热电联产和热电冷联产工程。从 2000 年开始，全国每年会有 10 个左右的新建燃气分布式能源示范项目。2012 年，国家发展改革委提出要加快我国分布式能源的发展步伐，明确要求在较大的城市使用分布式能源系统，较快实现分布式能源装备的产业化和规模化[28]。但是，截至 2020 年底，全国天然气分布式能源装机规模离《关于发展天然气分布式能源的指导意见》中所提到的 5000万千瓦的发展目标还相距甚远。

④ 热电联产机组的建设为大、中、小并举。热电联产建设的前提是"热负荷"的大小和特性，热电联产的规模视热负荷而定，结合实际应大、中、小并举[10]。

热负荷集中量大的地区，选用大容量机组，因为大容量热电联产机组更节能，更容易应用先进的环保技术。热负荷小的区域，相对选用小机组，如分布式能源燃气（内燃）发电供热机组，由于不用长距离传输，几乎没有输能损耗，能源利用率很高，可达到 80%～90%，而且还可以参与电力调峰。

⑤ 使用清洁能源的热电联产将得到大力发展。2013 年，《国务院关于印发大气污染防治行动计划的通知》要求加快调整能源结构，增加清洁能源供应。我国《能源发展战略行动计划（2014—2020 年）》提出绿色低碳战略，着力优化能源结构，以清洁低碳能源作为新的能源结构的主攻方向。要求 2020 年非化石能源占一次能源消费比重能达到 15%[29]。2020 年 12 月 12 日，国家主席习近平在"气候雄心峰会"上提出，到 2030 年我国非化石能源占一次能源消费比重将达到 25%左右。

太阳能：太阳能的主要利用形式是光热利用和光伏发电利用。2016 年，《太阳能发展"十三五"规划》中，设定目标到 2020 年底，太阳能光伏发电装机达 1.05 亿千瓦以上。并且，国家发展改革委发布《关于完善光伏发电价格政策通知》，组织实施光伏扶贫工程。截至 2018 年 9 月，中国光伏发电累计装机为 1.65 亿千瓦，远超"十三五"规划目标。2021 年五部门印发《智能光伏产业创新发展行动计划（2021—2025 年）》的通知。2023 年 7 月国家能源局公布数据，截至 2023 年 6 月底，光伏发电累计装机达到 4.7 亿千瓦，相信近 30 年内，太阳能光伏发电仍是"热电联产"的一种补充[25]。

地热能：地球距地表 2000m 内储藏的地热能为 2500 亿吨标准煤（1 吨标准煤＝29.31GJ），主要利用模式有：地热供暖、地热发电和地热农业。2013 年我国发布的《关于促进地热能开发利用的指导意见》指出，到 2020 年，我国地热能年利用量将达到 5000 万吨标准煤[30]。2014 年我国直接利用地热能总量达到了 17870MW，居世界第一[31]。2017 年 2 月，国家发展改革委、国家能源局和国土资源部下发《关于印发〈地热能开发利用"十三五"规划〉的通知》，指出到 2020 年，地热发电装机容量约 530MW。主要包括中高温地热发电、中低温地热发电以及干热岩发电等重大建设项目。2018 年 10 月，海拔最高、国内单机容量最大的地热电站工程 1×16MW 发电机组顺利投产发电。我国地源热泵装机容量连续多年位列世界第一，2020 年我国地源热泵装机容量 26450MW，占全球的 34.11%，预计 2025 年中国地源热泵装机容量有望超过 40000MW。地热发电技术与一般火电厂类似，因此，地热发电可方便地改进为地热热电联产，实现集中或分布式热电联产。2022 年地热发电量已达 27000MW。

燃料电池：随着燃料电池生产成本与使用成本的降低，燃料电池将逐步进入家庭，为分布式供能提供便利，今后将会与大型动力装置相竞争。

其他如利用垃圾焚烧发电供热、核能供热，农村秸秆、林木废弃物燃烧发电供热等也会有所发展。

⑥ 电热泵作为采暖空调用热的补充。当前，我国一些地区利用电热泵供暖制冷得到大力宣扬，但有研究表明：将电热泵用于采暖（空调），只有热泵性能系数大于 1.8 时，其一次能源效率才能与热电联产全厂热效率 45% 相当[25]，但电热泵（或电制冷）在特定条件下，作为热电联产采暖的一种补充是合理的，特别是在热负荷分散、不均衡、波动大、远离热电厂、环境要求特别高、不易铺设热网管道的省份，如我国西南部水电多的省份，由于水电价格相对低，利用电负荷低谷电做热泵蓄热，再利用蓄热制冷是一种十分有利的节能和"削峰填谷"的措施。

⑦ 全面开展热电联产节能技术的研究。热电联产系统是包含热源、热网、热用户的有机整体。系统的节能环保效果如何，不仅与热源有关，也与供热管网、用户处的节能水平相关。因此，围绕热源开发应用节能技术，同时要重视建筑节能，提高用户主动节能意识。

⑧ 全面实施热能消费计量。集中供热是城市公用基础设施，供热企业的生存发展主要取决于国家的优惠政策，供热的盈利是微弱的，甚至是负收入。只有当供热企业按当地情况收取消耗费用，使固定费用和消耗费用呈现合适的比例，供热企业在集中供热才会有盈利，这也就促进了城市集中供热的发展。

《中华人民共和国节约能源法》《建筑节能与绿色建筑发展"十三五"规划》《关于发展热电联产的规定》等法规的出台有力地促进了我国按热量收费工作的开展。《"十三五"节能减排综合工作方案》提出鼓励热电联产机组替代燃煤小锅炉，推进城市集中供热。目前集中供热分户热计量的政策逐渐实行，北京、天津、青岛、烟台、沈阳等城市在集中供热中按热量收费工作走在了全国的前列，也收到了良好的经济环境效益。截至 2018 年底，62.15% 的城市建设了供热设施，但部分地区的管理系统仍有待继续完善[32]。

⑨ 推进热电联产投资、经营市场化。为提高效率、降低价格、改善服务、合理配置资源，西方国家已经实现了供热反垄断，并扩大国际开放[4]。近些年我国的发电供热市场也已经出现了多种形式资本参与竞争的局面，有些私营企业家看好热电联产市场，开

始投资建设热电厂[33]。21世纪初的几十年，我国将会推进热电联产的市场化进程。

⑩ 推进城市发展供电、供气、供热、制冷的多联产。以煤气化为核心，同时生产煤气、热力、电力和化工产品的多联产工艺，具有能源利用率更高、资源利用更合理的特点。2004年11月国家发展改革委发布的《节能中长期专项规划》中就明确提出：发展热电联产、热电冷联产和热电煤气多联供[34]。在建立示范工程取得经验后会得到逐步推广。

⑪ 参照煤电排放，依据各行业的特点制定严格污染物排放标准，全面降低非电行业污染排放，推进全社会节能减排。建立污染物排放交易市场机制，以此推广减排技术并优化资源配置。

2016年，国家发展改革委、国家能源局、财政部、住房和城乡建设部、环境保护部发布《关于印发〈热电联产管理办法〉的通知》，对热电联产项目从规划建设、机组选型、网源协调、环境保护、政策措施和监督管理方面重新做出规定，进一步科学、合理、高效、经济地发展热电联产[35]。

总之，21世纪我国热电联产必然会走多元化的道路，但大型洁净煤CFB燃煤锅炉汽轮机组热电厂和天然气燃机联合循环热电厂仍是主流。随着相关技术的进步、设备装备制造的成熟，分布式能源联产系统、清洁能源热电联产和以煤气化为主的多联产系统将得到广泛的应用，甚至会与大型集中热电联产相抗衡。

此外，热电联产的发展不仅有赖于热源技术的进步，也与热网、热用户的节能技术水平密切相关，开展全面的节能技术研究、培训，配套落实相关的政策，也是未来热电联产事业发展的重要方面。

1.4 煤基热电化多联产系统

1.4.1 热电化多联产系统的技术特点

广义多联产定义为：以煤气化技术（包括煤完全气化、部分气化、热解气化等）为"龙头"，从产生的合成气来进行跨行业、跨部门的联合生产，同时获得多种高附加值的化工产品（包括脂肪烃和芳香烃）和多种洁净的二次能源（气体燃料、液体燃料、电力等）的优化集成能源系统[36]。煤基热电化多联产系统的原料通常是煤，也可以与石油焦、生物质、生活垃圾等联用，与空分系统来的高纯度氧气一起进入气化炉，转化为合成气。合成气经除尘、脱硫净化后，一部分直接进入燃气轮机发电，从燃气轮机排出的烟气回收热后再进入蒸汽轮机发电，回收的热量可以供给系统本身或者向外输送给居民用户；另一部分经变换反应将合成气中大部分的CO和水蒸气转化为CO_2和H_2，这部分气体可以将其中的H_2和CO_2分离，分离出的H_2并入合成气去发电系统或去燃料电池发电。

在拥有热电联产的概念和知识背景下，对于热电化多联产的理解应该是：以煤气化技术为"龙头"，从产生的合成气来进行跨行业、跨部门的联合生产，以得到多种具有高附加值的化工产品（如甲醇、乙酸、乙酸乙烯酯等）、液体和气体燃料（如 F-T 合成燃料、城市煤气、人工天然气等）、其他工业气体（如 CO_2、H_2、CO 等），以及充分利用剩余气体和工艺过程产生的余热进行发电，同时向外提供热能的多种煤炭转化技术的优化集成能源系统（以下简称多联产系统），系统将煤的气化技术、煤气的净化技术、化学品合成技术、高性能的燃气轮机和汽轮机联合循环以及系统整体化技术等多种煤炭转化技术集成优化于一体，这种优化耦合后的系统具有不同于分产系统的新特点。

多联产系统从系统集成出发，综合各种生产技术路线的优点，将生产过程耦合，实现了资源分级转化和能量梯级利用。原料煤气化后产生的粗煤气经过除尘净化后获得硫黄和净煤气，净煤气作为热、电、气、化联合生产的原料，进一步生产包括液体燃料（甲醇、二甲醚、F-T 合成油等）在内的多种高附加值化学品（如合成氨、尿素等），然后再利用各生产环节产生的残渣、尾气以及余热等低品位的能源发电、供热。这种资源分级转化和能量梯级利用的生产过程，使系统副产蒸汽得以充分利用，同等规模情况下，联产系统的总效率比各分产系统的效率要高[26]，单位产品的原料煤炭消耗量有可能降低 22.6%[28]。同时，优化耦合后的生产流程可共用大量公用设施，减少基本建设投资和运行费用，而且联产高附加值的化工产品、电力等可以有效地降低产品成本，实现煤炭利用过程的经济效益最大化。

除了以上的特点外，多联产系统在污染物处理和环保方面也有独特的优势。通过对合成气的集中净化处理，致使尾气中的 SO_2、NO_x、粉尘等污染物的含量大大降低，也使温室气体 CO_2 排放量大为下降。

1.4.2 热电化多联产系统的基本类型

热电化多联产系统通过系统集成把化工生产过程和动力系统中的热力过程有机地整合在一起，在完成发电、供热等热转化利用功能的同时，还利用各种能源资源生产出清洁燃料（氢气、合成气与液体燃料等）和化工产品（甲醇、二甲醚等），使能源动力系统既实现合理利用能源和低污染排放，又使化工产品或清洁燃料的生产过程变得低能耗与低成本，从而协调兼顾了动力与化工两个领域的问题，是一个实现跨领域功能需求和能源资源增值目标的可持续发展能源利用系统。

1.4.2.1 热电化多联产系统的结构分类

（1）并联型多联产系统

简单并联型多联产系统是指化工流程与动力系统以并联的方式连接在一起，合成气平行地供给化工生产过程和动力系统，它没有突破分产流程各自独立、以提高原料转化率与能量利用效率为目的的本质，基本上保持原来分产流程的固有结构，系统优化整合侧重于物理能范畴。系统整合的主要体现是回收化工过程弛放气用作动力系统燃料。在简单并联型多联产系统基础上综合优化整合两个用能系统，使得物理能综合梯级利用（热整合）更合理，形成了综合并联型多联产系统。与简单并联型多联产系统相比，综合并联型多联产系统更加强调化工侧与动力侧的综合优化，既满足了两个过程系统匹配，又兼顾了两个系统的热整合，所有化工工艺过程的能量需求均由动力系统对口的热能来供给，取消了化工流程的自备电厂，在更大的范畴内按照"温度对口、梯级利用"的原则实现热能的综合利用。在回收弛放气的基础上，采用废热锅炉回收混合气余热，甲醇合成反应副产蒸汽送往动力系统做功发电及利用低温抽气满足精馏单元热耗等措施，实现系统更完善的热整合，进一步提升系统性能[37,38]。

一般来说，并联型多联产系统由于采用了废锅冷却、弛放气作为燃料回收、合成反应热送往蒸汽系统做功、流程中所需功与热由联合循环动力系统而非燃煤蒸汽循环提供等措施，它可以避免蒸汽循环燃烧过程的高㶲损失，其节能率有较大幅度提升（接近7%）。

（2）串联型多联产系统

简单串联型多联产系统是指化工流程与动力系统以串联的方式连接在一起，合成气首先经历化工生产流程，部分组分转化为化工产品，没有转化的剩余组分再作为燃料送往热力循环系统。与并联型系统相比，串联型系统最突出的特征在于打破了分产流程的基本结构[37,38]。进入化工流程的原料气不全部转化为化工产品，而且取消了在分产流程中被认为是必需的合成气成分调整单元。类似于化动比对并联系统的影响，单程转化率将决定系统燃料、电力的产量分配。综合串联型多联产系统是在简单串联型基础上通过综合优化整合发展而来，其主要特征是无成分调整的净化气与未反应气通过适度循环利用方式综合优化整合，组分转化与能量转换利用的有机耦合，更好地体现了多联产系统的集成原则思路。

（3）串并联综合型多联产系统

图1-8为串并联综合型多联产系统示意图，它包含了合成气串并联分配、组分合理调整、适度循环以及能量综合梯级利用等系统集成优化整合手段，从而保留并联与串联型系统的优点，弥补它们的不足，具有更好的多目标综合性能。

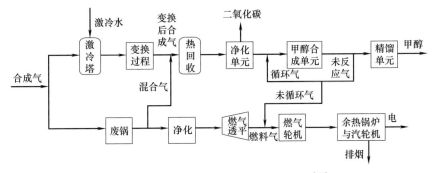

图1-8　串并联综合型多联产系统示意图[39]

由图 1-8 可见，由气化炉产生的合成气分别进入化工流程与动力系统，进入化工流程的合成气采用一次通过或部分循环等合成方式，并不全部转化为化工产品，未反应气或未循环气送往动力系统作为燃料。此时，动力系统燃料既有来自气化炉的合成气，也有来自化工流程的未转化气。这种方式的优势在于既在一定程度上保留了串联型系统节能效果明显的优势，又具有并联型系统变工况性能好、运行灵活等长处[37,38]。

1.4.2.2　原料结构形式不同的多联产分类及特性

我国煤炭资源丰富，拥有从褐煤到无烟煤不同变质程度的各类煤种，但由于煤种储量不均衡，区域分布差别较大，而且不同煤种的组成和物理化学性质差异很大，导致煤炭资源利用率低。对煤进行依样制宜，实施分级分质转化，使不同地区、不同煤种采用合适的多联产生产方式，可以大幅度提高煤炭资源的转化效率。煤分质分级转化利用是国家"十三五"期间大力倡导的煤炭清洁高效利用方向。立足煤的结构与反应性特点，煤基多联产系统可分为以煤气化技术为基础的多联产系统、以煤低温热解技术为基础的多联产系统、以煤高温热解（焦化）技术为基础的多联产系统、气化煤气-焦炉煤气多联产系统和以煤直接液化技术为基础的多联产系统。

（1）以煤气化技术为基础的多联产系统

煤气化反应过程与原料煤的性质密切相关，直接影响着煤气化的产物组成与气化工艺选择。以煤气化为基础的多联产系统主要由气化单元、煤气净化与变换单元、化工合成单元和热电生产单元组成。它是将煤在气化炉中完全气化转变为合成气，根据产业链的需要，通过水煤气变换反应，调整合成气的组成，分别用于煤气燃料、联合循环发电及供热冷及下游化学品合成等。在气化和净化变换工艺中，灰渣和煤气中的污染物被最大限度地资源化利用或集中有控处置。化工合成单元可采用一种或几种合成工艺进行甲醇、二甲醚、乙酸、烯烃等煤化工产品的生产，也可以通过 F-T 合成或甲醇转化制汽油（MTG）等间接液化工艺制取液体燃料。发电部分可采用煤气或化工合成排放的尾气为燃料气，并充分利用气化、变换及合成等工艺单元的废热或蒸汽一并进行燃气-蒸汽联合循环发电，在变换工艺中分离的氢气也可以通过燃料电池发电。该系统中各产品（电、热、冷、化工产品）的生产过程不是简单的叠加而是有机的耦合和集成，并具有以下特点和优势。

① 煤种适应性较强。煤气化多联产系统对原料煤的适应性较广，除了炼焦煤以外的所有煤种几乎都能用于煤气化。通过对煤质的适当调配，可满足不同气化炉的要求，我国 70% 以上的普通烟煤都能利用。

② 能量利用效率高。单独采用 IGCC 发电热效率最高达到 46% 左右，而 IGCC 联产化学品可达到 80% 左右，显著提高了煤炭资源的利用率。

③ 产品多样化，生产灵活。从气化炉出来的粗煤气经净化后，可以分成几个部分，供应给发电、化工合成、城市煤气等不同的生产过程。由于各部分的比例可以根据需要灵活地进行调整，因而可以达成各方面的协调生产。

④ 环保性能好。原料煤经气化后,得到的合成气可以达到很高的除尘率、脱硫率和氮氧脱除率,其污染物的排放指数将大大降低。此外,CO_2 可以分离出来进行综合利用或埋存,从而减少温室气体排放或实现近零排放。

⑤ 抗市场风险能力较强。以合成气为原料可以生产包括化工产品、电力产品、动力燃料、气体燃料和人工天然气在内的多种产品。由于其产品涉及的行业较多、领域较广,因此该系统具有较强的抗市场风险能力。

(2) 以煤低温热解技术为基础的多联产系统

我国已探明的煤炭资源中,低阶煤所占比例高达 55% 以上,其中褐煤占 12.7%,低变质烟煤占 42.5%。这些低阶煤煤化程度低、挥发分含量高、水含量高,直接燃烧或气化效率较低,但在热解时具有较高的煤气或焦油产率,因而最适合用作热解用煤。在热解过程中,低阶煤中的活性挥发组分在较低温度下即可以煤气、焦油形式析出,而残留下的以碳骨架结构为主的惰性组分活性较低,若要在单一的转化单元内实现完全转化,则需要采用高温、高压或延长反应时间,从而增加了技术难度和生产成本。

以煤低温热解技术为基础的分级转化多联产系统正是针对煤中活性组分和惰性组分在化学性质上的差异,分阶段实施煤的热解、燃烧和合成工艺的分级转化,以实现煤的高效利用。低阶煤分级提质关键技术是在一定的温度下对煤炭进行热分解转化,生成半焦、焦油和煤气等产品的过程。根据热解温度和目标产品选择的不同,一般又分为低温热解、中温热解和高温热解。低温热解工艺的反应条件相对温和(温度在 600℃ 以下),产品中焦油的产率最高,煤气热值最大,半焦的活性也最强,最适合进行分质分级多联产,是目前工业开发的主要方向。

煤低温热解多联产系统通过耦合煤热解、燃烧和合成等工艺过程,在热解炉中将煤中反应活性高的有机组分提取转化为煤气和焦油,煤气可用作燃气、合成液体燃料或生产化学品,所产生的焦油可用于燃烧、提取化学品或加氢提质制取燃料油,反应活性差的富碳半焦可用于炼钢厂、制取活性炭或燃烧供热发电。例如,通过对焦油进行分离、精制,可以获得苯、萘、酚、蒽、菲等多种高附加值的化学品原料。还可以在以上联产基础上利用热解气进一步合成甲醇等下游化学品。煤热解与热解产品利用工艺的有机结合,提高了系统的能量和物质集成度,降低了单位投资运行成本。通过改变系统参数,对多联产系统产品结构进行有效调控可获得最优的能量转化效率、最低的污染排放和最强的市场竞争力,从而实现煤的低成本高效利用。

以煤低温热解为基础的多联产系统具有以下特性和特点。a.低阶煤的结构特点决定了可以用最小的能耗和物耗。热解过程反应条件温和,无须高温、高压及空分制氧,节能效果明显。b.通过热解转化方式,充分利用煤炭中具有经济价值的元素成分,同步获得所需要的化学品和目标能源,最大限度地实现了煤炭的高效利用。c.可以通过优化组合,将煤燃烧和热解进行巧妙的耦合,是实现煤炭资源综合利用的有效途径之一。d.煤炭中硫、氮等污染物绝大部分在煤的热解过程中就以 H_2S、NH_3 的形式析出,与直接燃烧产生的 SO_x、NO_x 等相比,脱除煤气中的 H_2S、NH_3 要容易得多,从而能够有效地解决环保问题。

目前，煤低温热解多联产已成为提高煤炭资源综合利用率的高新技术，是未来洁净煤技术的主要发展方向之一。通过煤热解多联产技术可有效地将煤炭化工和电力工业结合起来，不仅解决了煤炭利用率低下、化工产品制造成本高等问题，而且对我国的能源安全和环境保护有着重要影响。该技术特别适合应用于以低阶煤为原料的大型煤化工项目，对我国煤炭高效清洁转化以及中长期能源发展战略具有重要意义。

（3）以煤高温热解（焦化）技术为基础的多联产系统

煤的高温热解俗称高温焦化，常在冶金工业中用于生产焦炭。如前所述，热解是以褐煤、低变质烟煤为原料通过低温干馏提高煤质为目的，煤气产率低，焦油产量较高。而焦化是以适宜炼焦的煤种为原料进行高温热解（温度高于 800℃），主要终端产品是高质量的焦炭，因而与以煤低温热解为基础的多联产相比，少了半焦燃烧这一单元环节。焦化过程得到的裂解气组成以 CH_4、H_2 为主，发热量大且产量高，而焦油产量较低，由于热解煤气的成分与天然气相比处于劣势，因而目前国内也有一些企业将焦化热解气通过重整进行甲醇等下游化学品的合成。

根据国家统计局数据，2018 年我国焦炭产量 4.38 亿吨，由此副产焦炉煤气约1752 亿立方米，其中 40％～50％供焦炉自身加热，剩余可供利用焦炉煤气达 876～1051 亿立方米。焦炉煤气（COG）中富含 H_2（57％～63％）、CH_4（18％～27％），H_2和 CH_4 是优质的清洁能源和化工原料，除部分回炉燃烧利用外，大多数净化后的 COG 直接燃烧后就排空了，将近 1/3 的焦炉煤气资源没有得到充分利用，不仅严重污染了空气，甚至还浪费了优质的碳氢资源。因此，如何做好钢铁企业富余煤气的回收利用，提高煤气回收利用率，减少放散，降低能耗，是摆在各钢铁企业面前的一个现实课题。代表性的多联产系统技术有南钢集团"钢铁-甲醇-电力多联产"、基于 COREX 熔融还原工艺的冶金-化工-电力复合多联产系统。2007 年 11 月 24 日，世界最大的 COREX 熔融还原清洁冶炼系统在宝钢集团浦钢公司罗泾工程基地建成出铁，2021 年 11 月，大规模的高炉清洁冶炼在山西晋南钢铁集团开始工业化试验和示范，这都标志着中国钢铁行业高炉清洁冶炼的开始。

（4）气化煤气-焦炉煤气多联产系统

以煤为原料的电、燃料及其他化学品的多联产技术是 21 世纪洁净煤技术的最重要发展方向。2005 年，太原理工大学煤科学与技术教育部和山西省重点实验室在完成973 计划项目"煤的热解、气化和高温净化过程的基础性研究"和"以煤洁净焦化为源头的多联产工业园构思"基础上，提出了"气化煤气与热解煤气共制合成气的多联产新模式"（简称"双气头"多联产），总体框架如图 1-9 所示。

"双气头"多联产系统具有以下特点。a. 将燃料合成和电力生产有机的耦合、集成，工艺流程更简化，降低了基本投资和运行费用。另外可实现能量的梯级利用，提高能量利用效率。b. 可实现产品灵活生产。c. 将煤气化产物精制转化为合成气，可实现在燃气燃烧前污染物脱除。d. 利用了排空的焦炉煤气，将焦炉煤气和气化煤气进行

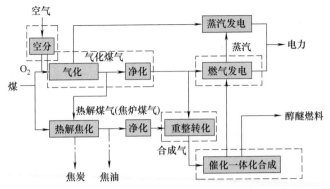

图 1-9　气化煤气、热解煤气"双气头"为核心的多联产框架图[40]

催化重整，提高原料气中的有效成分含量，实现温室气体 CH_4 和 CO_2 的减排。

"双气头"多联产系统选择了现有的有可能形成自主知识产权的大规模煤气化技术，将气化煤气（GG）富碳、焦炉煤气（热解煤气）富氢的特点相结合，采用创新的气化煤气与焦炉煤气共重整技术，进一步使气化煤气中的 CO_2 和焦炉煤气中的 CH_4 转化成合成气，并通过催化一体化实现醇醚燃料与电力的联产。该项目以我国传统煤化工的发展现状为出发点，充分考虑了我国焦化行业的现状，旨在开发一条焦炉气综合利用的新技术途径[40,41]。

（5）以煤直接液化技术为基础的多联产系统

煤直接液化技术是将煤制成油煤浆，在 450℃ 左右和 10~30MPa 压力下催化加氢，获得液化油品，并进一步加工成汽油、柴油及其他化工产品。煤直接液化对煤质的要求是：煤的固有液化反应性好，碳含量不宜过高或氢/碳比高，氧和氮含量低，含一定的黄铁矿硫，水分含量低，稳定组和镜质组含量高，等等。国能集团（原神华集团）所用的不黏煤、长焰煤和云南先锋的褐煤都是较好的直接液化煤种。其中，褐煤挥发分含量高、碳含量低、氢含量高，含有较多的羟基、羧基、醚键、羰基和亚甲基等官能团，因而具有较好的反应活性，适用于直接液化过程。褐煤直接液化过程中，煤中不论是活性高的挥发分还是活性差的固定碳，都被转化为液体燃料。但由于固定碳的活性差，不易液化，通常需在不低于 10MPa 的高压环境中才能获得较高的固定碳转化率。

2008 年底，世界上首套 100 万吨/年煤直接液化示范工程由神华集团在内蒙古鄂尔多斯市建成并投入示范运行，核心技术采用神华集团和煤炭科学研究总院联合开发的煤直接液化技术。2011 年，该技术正式投入商业运行，并取得较好的经济效益，标志着我国在煤直接液化领域已取得世界领先地位。该示范工程的突出特点是液化过程中催化剂的活性较高，运行成本较低，生产流程简便，操作灵活，投资小。

以煤直接液化为基础的多联产系统具有以下特点。a.原料适应性广，煤消耗量小，操作灵活；b.油产率高，如采用 HTI 工艺，神东煤的油产率可高达 63%~68%；c.馏分油以汽柴油为主，目标产品选择性高，质量稳定；d.油煤浆进料，设备体积小，投资低，运行费用低。

对于独立的煤直接液化系统，循环溶剂油不易平衡，常需要外购煤焦油作为补充；液化残渣含油率较高，直接用于燃烧发电，没有得到综合利用。能源系统耦合是当前我国能源产业发展趋势之一。煤低温热解与直接液化之间具有很多的耦合要素。门卓武等[42]将两者集成形成联产系统，如图 1-10 所示，用煤气制氢替代煤气化制氢来降低成本，用煤焦油作补充溶剂油实现提质加工，将液化残渣与煤共热解提取高附加值油品，实现各副产物综合利用，达到系统价值最大化。基础实验研究表明，神东长焰煤与液化残渣（煤渣质量比为 95：5）共热解焦油干基产率约为 8.0%，煤气有效成分大于 85%；为使共热解过程不结块，液化残渣掺入量应小于 30%。模拟计算表明，百万吨级煤直接液化与千万吨级煤低温热解联产，可以省去煤气化制氢及空分装置，系统能量转化效率达到 75% 以上，协同效应显著。煤低温热解与直接液化联产系统的协同效应主要体现在：a. 煤低温热解副产的焦油供给直接液化做溶剂油，既解决了直接液化补充溶剂油来源问题，又解决了煤焦油规模化加工提质问题；b. 煤低温热解过程副产的煤气是很好的制氢原料，可以替代煤气化制氢，降低煤直接液化过程制氢成本；c. 液化残渣供给煤低温热解过程共热解，提取其中高附加值的油品，解决了液化残渣的综合利用问题。

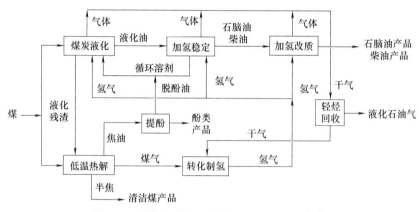

图 1-10　煤低温热解和直接液化联产系统[42]

综上，在以上五类多联产系统中，以煤完全气化为基础的多联产系统由于其气体产物以合成气为主，热值相对低，所以除了大规模的热-电-气三联产的 IGCC 系统以外，在目前化工合成单元中发挥的作用越来越重要。以低变质煤热解为基础的多联产系统部分热解多以空气为气化剂，热解气产量低，且煤气中 N_2 等惰性气体比例高，不利于化工合成，所以一般以简单的热-电-气三联产为主。以煤高温热解为基础的多联产系统煤气产量较大，热值高，从能量效率上讲以焦-气-电-热的形式进行联产比较合理。这两种联产中的化工合成单元技术应以焦油的深加工为主，但由于焦油产量不高，因此可进行跨企业（行业）集中加工处理。以煤直接液化为基础的多联产系统保留了煤的芳香结构基本单元，适用来生产富含芳烃的油品。

1.4.2.3 产品结构形式不同的多联产分类及特性

煤基多联产系统的主要产品有四种形式：洁净燃料、化学品、电力、热能。其中，洁净燃料可以是由气化或热解得到的洁净燃料气（包括城市煤气、氢气）以及由煤气、焦油加工合成得到的液体燃料（汽柴油等）。同时，气化或热解煤气以及其他工业系统的废气（如高炉排放气）可并入制气合成系统，一部分煤气可以发电、供暖，另一部分煤气则进一步合成化肥、乙酸、甲醇、二甲醚、烯烃等多种化学品，在加工过程中还有硫、稀有气体、特种气体以及石蜡类副产品。煤基多联产工艺具有产品结构灵活、生产成本低、能源转化效率高和环境友好等特点，可以最大限度地处理或资源化利用煤炭中的污染物，体现了循环经济的理念。

煤的多联产不是一个简单的产品链，而是一个经过优化组合的产品网。多联产可以互补、延伸产业链，建立示范性超大型、循环经济型、多联产综合产业群，综合能效大幅度提高，资源也将得到充分利用。根据实际情况，可以灵活调整煤基多联产的产品，如在使用煤气进行发电时，发电机组经常会遇到调峰问题，在不需要发电的时候，可以把多余部分的合成气用来生产其他的产品，如甲醇、二甲醚等，使能量以化学能的形式加以保存。而在用电高峰期，减少生产化学品，就可以解决由于发电机组调峰造成的能量损失和浪费。按照产品结构形式的不同，可以将多联产系统分为煤基化学品-电力多联产系统、煤基燃料-电力多联产系统和煤基化学品-燃料-电力多联产系统。

(1) 煤基化学品-电力多联产系统

我国煤基多联产以 IGCC 发电联产化学品为技术代表。在采用 IGCC 技术进行多联产发电时，既保留了 IGCC 环保、高效、清洁等特性，又可向下游用户提供甲醇、二甲醚、氨、乙二醇等化工产品，实现了煤炭清洁、高效综合利用发电并联产化学品，这正是该系统的优势所在。化学品与电力联产，系统更具经济性、实用性；而且由于多系统整合，同时涉及多种技术的集成优化而更具创新性、示范性和高端性。

(2) 煤基燃料-电力多联产系统

煤基燃料是指以煤炭为主要原料，通过物理、化学方法进行加工转化，生产汽油、煤油、柴油、航煤、石脑油、成品油调和组分、液化石油气、天然气等液体或气体燃料的行业。煤制油、煤制天然气以及联产多种燃料的煤炭综合利用项目均是煤制燃料行业的组成部分。截至 2014 年底，国内拟建在建的煤制气项目有 50 个左右，主要分布在西部煤炭资源丰富的省份。2017 年初，国家发展改革委、国家能源局在《能源发展"十三五"规划》中明确提出，"十三五"期间，煤制油、煤制天然气生产能力达到 1300 万吨和 170 亿立方米左右。近年来，煤制氢-电力多联产系统得到了极大关注。氢作为一种高能量密度、高效率和清洁的优质能源载体，在未来能源结构中将可能占有重要的位置。用氢气或液化氢气作为燃料，热值高，燃烧后的产物是水，污染物排放是零。从长远来看，氢气作为载能体，可作为分布式热、电、冷联供的燃料，实现当地污染物和温室气体的净零排放。

目前主流的制氢方法中，煤气化制氢的成本最低。以煤制氢、燃料电池与 IGCC 复合发电、液体燃料生产、CO_2 分离等过程集成的能源多联产系统是"绿色煤电"发展的重要方向。2018 年我国 H_2 产量已居世界第一，将近达到 2000 万吨，其中大部分由煤作为原料。其主要工艺路线是：空气经过深冷分离，产生 O_2 和 N_2。O_2 与煤及水蒸气在气化炉中发生反应，产品气为合成气。合成气再与水发生变换反应，产生 CO_2 和 H_2，最后通过 CO_2 和 H_2 的分离制备出纯氢。我国近年来氢产业所提供的 H_2 主要用作中间化工产品合成或氢燃料电池的原料。

（3）煤基化学品-燃料-电力多联产系统

以煤油电化为产品的煤基化学品-燃料-电力多联产系统是将煤气化产生的合成气经过处理后，用于联合循环发电和用于化工产品的生产，其比例可以调节，并且生产化工产品的驰放气可以进入燃气轮机发电。与 IGCC 比较，煤油电化联合生产的资源利用效率更高，更易于实现能量的梯级利用，而且通过多联产得到的液体燃料和化工产品可以解决 IGCC 系统经济效益不佳的问题，因而具有更好的经济性、更加灵活的运行操作性。它是煤气化、气体处理、气体分离、化工品的合成与精制和联合循环发电五部分有机耦合的一种技术，其各部分都具有比较成熟的技术，并且在不同的领域得到应用验证，该多联产系统的发展基本上不存在大的技术上的障碍。随着节能和环保要求的日益严格，将IGCC 发电与煤化工结合，联产化工产品，势必成为未来能源化工基地发展的重要方向。

1.4.2.4　能源耦合形式不同的多联产分类及特性

图 1-11 是煤炭和其他能源耦合的多联产系统技术路线图。太阳能和核能以热与电的形式作为系统能量输入，通过高温电解或低温电解，将 H_2 和 O_2 提供给高含碳系统，O_2 作为煤炭和生物质气化过程的氧化剂，用于制备粗合成气。H_2 作为低碳能源的载体为合成单元提供输入原料，一部分直接用于调节粗合成气的氢碳比，替代水煤气变换系统，减少系统 CO_2 的排放；一部分 H_2 与来自生物质/煤炭利用过程中产生的 CO_2 进行加氢催化反应制备甲醇，实现 CO_2 的资源化利用。此外，系统产生的 CO_2 可通过逆水煤气变换或干法重整技术，制备合成气实现 CO_2 的资源化利用。通过甲醇制烯烃（MTO）或甲醇制汽油（MTG）等技术，将 CO_2 加氢合成的甲醇转化为相应的燃料及化学品。最终燃料及化学品利用过程中产生的 CO_2 由生物质系统通过光合作用实现 CO_2 的固定，整个系统实现了全生命周期的碳循环。包括：a.煤-油-气共转化类多联产；b.煤-太阳能共转化类多联产；c.煤-生物质共转化类多联产；d.煤-核能共转化类多联产。

上述多种能源耦合的多联产系统具有以下优势。a.在低碳情况下大规模生产液体燃料和化学品等，能够作为国内能源需求的有力保障，并降低石油的对外依存度；b.实现 CO_2 的减排与资源化，有助于提高过程的"碳效率"；c.提高核能及可再生能源等低碳能源的能效，并且降低系统投资与产品单位生产成本。该多联产系统充分发挥煤炭和核能及可再生能源的特点，通过多能源系统的能量流和物质流的梯级利用与系

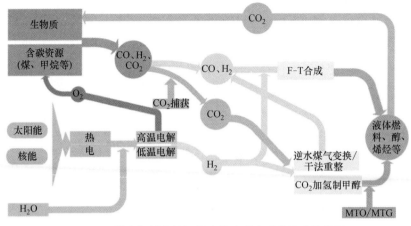

图 1-11 煤炭与其他能源耦合的多联产系统技术路线图

统集成，提高系统的能效和碳转化率。此外，如果考虑未来征收碳税等因素，多种能源耦合的多联产系统将更具竞争力。

1.4.3 热电化多联产系统存在的问题

热电化多联产系统的优越性十分明显，但现阶段仍存在如中低热值、变组成的燃气轮机发电问题，大型化、变负荷、单程通过或低倍率循环、过程耦合的合成技术不成熟问题，装备材质要求高、系统分配优化等的工程问题，科研、示范和建设的投资问题，等等，这些都严重阻碍了煤基热电化多联产系统的发展。

我国从 20 世纪 70 年代末开始 IGCC 的研究，20 世纪 90 年代末提出"以煤气化为基础的多联产"能源战略，2006 年 4 月山东兖矿集团煤气化多联产系统的投产，使我国成为全球第一个真正实现煤基多联产的国家[43]。经过近 50 年的努力，我国的煤基多联产系统研究取得了一系列的研究成果，煤基多联产事业得到了长足发展，但目前仍存在以下问题。

① 我国煤基多联产系统总体上已经进入工业示范早期，但尚未得到大规模的工业应用[44]，国家有关部门发布了一些鼓励支持煤基多联产的文件，但目前还主要停留在支持关键技术的研发与系统集成的示范阶段[45]。

② 我国多联产系统发展仍面临缺乏主导设计、难以打破行业分割以及缺乏相关政策和法规支持等挑战。

③ 系统集成优化过程中存在技术问题[46-50]。多联产系统是一个跨行业、跨学科的巨大复杂系统，由于各个生产过程在物质流、能量流、信息流、价值流的相互交叉与耦合，其复杂程度远远超过单个产品的生产。现代化电厂、化工厂本身已是一个巨大的复杂系统，对于煤基多联产系统而言，这样一个集化工与电力为一体的多联产系统的复杂程度不得而知。一些已经成熟的单项技术，当把它用于多联产系统时，要使整

个联产系统达到灵活、稳定、高效、洁净、经济等要求，实现资源、经济、环境的最优耦合，就会出现原有技术操作条件改变和最终目标的变化，从而导致新的技术性问题，如：如何从系统工程角度实施多联产系统的合理组合、系统集成与优化，燃烧中低热值、变组成的合成气的燃气轮机发电技术，大型化、变负荷、单程通过或低倍率循环、过程耦合的化工合成技术，高温高压、宽负荷气体分离等。只有解决了这些系统集成优化过程中出现的技术问题，才能使煤基多联产系统最大限度地实现煤炭清洁高效利用，体现循环经济的理念。

④ 燃气轮机的技术水平需要进一步研究[43;46]。燃气轮机是煤基多联产系统的关键设备，最近，国内首台自主研发的 F 级 50MW 重型燃气轮机整机点火试验一次成功，该机器由中国东方电气集团有限公司自主研发，并于 2019 年 9 月 27 日上午在东方电气集团东方汽轮机有限公司燃机试车台正式开始，重型燃气轮机 8 个燃烧筒同时点火燃烧并稳定运行。这表明我国在燃气轮机这一大国重器方面实现了自主研发制造的技术突破。如果不能尽快实现燃气轮机的技术水平的进一步研究，我国煤基多联产的发展就会因燃气轮机造价太高而受到阻碍。

⑤ 我国尚未实现合成煤气的高温除尘脱硫[47;50]。为了充分利用来自粗合成气的显热，不宜采用水激冷的方法，因此在高温条件下合成气净化是一个关键。目前我国已完全掌握了合成煤气常温除尘脱硫设备的设计、制造和运行技术，并具有相当程度的实践经验，只是在设备的容量上需要适当放大一些。高温除尘脱硫技术可以简化 IGCC 的煤气处理系统，并有望使 IGCC 的净效率提高 0.7% ~ 2%[51]。

⑥ 煤转化过程中排放的 CO_2 的捕集和储存（CCS）项目尚处于研发阶段。CO_2 捕获与储存被认为是最具潜力的洁净煤发电方向，若能解决技术和工程问题，尽快实现与煤化工的多联产，将进一步提升 IGCC 项目的经济性。

对于我国这样一个长期以煤为主要一次能源的国家，发展以煤气化为核心的多联产能源系统符合我国实际，以上所提出的我国在发展煤基多联产中存在的问题有待依托政策的引导、技术的进步与管理的进一步科学规范来得以解决，使我国的多联产事业走上科学、规范、合理、快速的发展道路。

1.4.4 热电化多联产发展前景与展望

1.4.4.1 世界热电化多联产主要发展趋势

① 应用范围日益增大。作为推广 IGCC 发电的有效形式，世界各国尤其是以煤为主要一次能源的国家，以及燃气/蒸汽联合循环发电机组所占比例大的国家，都在大力发展热电化多联产，热电化多联产在能源化工领域所占的比重越来越大。

② 规模更大、参数更高、技术水平日益提高。气化炉、燃气轮机、蒸汽轮机、空分设备等都向大型化发展，为热电化多联产走向大规模奠定了基础。同时为了使联产

系统更高效运转，系统的温度水平也在提高，如除尘脱硫设备、燃气轮机等的入口温度都在提高。发达国家经过30多年的示范与发展，具有高温除尘且更大容量的气化炉、更大容量的燃机（F级）、更高效的IGCC系统已走向工程建设阶段。2013年6月，SCS能源加州公司投资的氢能源加州项目（HECA），石油焦和煤以1∶3比例组成混合物，IGCC和氢气多联产发电，同时产生300MW电力，其中多于80%的CO_2捕集用于驱油，13%可用来生产尿素。

③技术整体化程度提高。目前，随着IGCC需求的快速增长，设备制造商与工程公司联合，形成IGCC电站的单一供应商，提供工程总承包合同，保证项目的总体性能，提交交钥匙工程。如通用、西门子、三菱等垄断的燃气轮机制造商就与气化炉制造商、工程公司联合实现了IGCC电站的交钥匙工程[32]。

1.4.4.2 我国热电化多联产主要发展趋势

我国的煤化工从20世纪20年代第一座机械化焦炉建设算起，也已接近百年历史。现代煤化工的核心——洁净煤气化，其典型技术之一的德士古（Texaco）水煤浆气化技术已投入工业生产40年。目前中国的水煤浆气化炉技术和干粉煤气化技术已步入世界先进行列。我国从20世纪70年代末开始IGCC的研究，至今也已有40余年的历史。诸如已进入工业规模示范阶段的天津250MW示范项目，是中国首个自主创新的IGCC电站，采用华能2000t/d气化炉，E级燃机，2012年4月完成试车任务。对于IGCC和联产这样系统级的创新，必须分步骤、分阶段发展，早期集成比较成熟的单元技术，在第2个阶段突破专属性的重大技术问题，最后实现零排放[32]。21世纪，我国能源领域面临能源供应紧张、液体燃料短缺、环境污染、温室气体排放和民用能源结构调整五大问题，可以说，以煤气化技术为核心的多联产系统能综合解决上述五大问题[52]，因为存在以下几方面技术、政策等支撑。

①较成熟的煤化工与动力单元实现多联产系统集成。

②以煤气化为基础的多联产得到长足发展。根据已完成的我国发展IGCC优势、障碍与对策研究和IGCC技术发展路线图，我国IGCC和联产技术发展的阶段目标是："2020年，通过5~6套整体煤气化联合循环系统示范突破煤气化及富氢燃料发电技术，同时有序开展10套左右的煤基多联产系统示范，突破关键单元技术及系统集成技术，为多联产技术产业化奠定坚实基础。2030年，通过扩建已有示范项目和新建项目，总共建成20套左右的多联产系统，实现多联产技术产业化。"2020年前我国煤基多联产发展的潜力预计为煤基多联产发电5000~10000MW，清洁燃料（合成天然气、液体产品）及化工品（烯烃等）每年直接或间接替代$5.5×10^7$t油，并在考虑二氧化碳捕集预留设计的情况下实现净零排放氢电联产系统的示范。到2030年，煤基多联产发电潜力20~100GW，清洁燃料（合成天然气、液体产品）及化工品（烯烃等）生产潜力为每年直接或间接替代约$1×10^8$t油品[31]。

③全面开展多联产技术的研究，形成具有自主知识产权和核心竞争力的洁净煤技术群。

④ 通过多联产配置，IGCC 发电项目会得到灵活稳步的推进[46]。

⑤ 氢能与燃料电池能源系统实现多联产尚待时日，目前世界 90％以上的氢能来自化石燃料制氢。燃料电池虽实现了不同程度的商业化，但距离实现规模化的燃料电池生产尚有一段距离，因而实现燃料电池/燃气轮机混合循环多联产目前时机尚不成熟。开发新型材料（催化剂）以降低燃料电池成本和延长燃料电池的寿命，改善电池堆的热、水管理是实现燃料电池商业化的前提。目前应集中精力解决煤气化制氢、燃料电池存在的技术问题，为多联产的发展奠定基础。

⑥ 发展初期政府部门会给予政策引导与资金支持。

我国 IGCC 和联产系统的总体发展目标是：形成具有自主知识产权和核心竞争力的洁净煤技术群，支持我国能源装备业的发展，降低 IGCC 系统造价，为电力工业提供经济上可承受的跨越式发展解决方案，实现煤炭高效洁净综合利用[9]。研发和应用新型关键技术，降低 IGCC 投资费用和发电成本，提高经济性和可用率，促进 IGCC 走向商业化，同时进一步优化 IGCC 系统。

参考文献

[1] 刘志真.热电联产 [M].北京：中国电力出版社，2008.

[2] 严俊杰，黄锦涛，何茂刚.冷热电联产技术 [M].北京：化学工业出版社，2006.

[3] 孙奉仲，杨祥良，高明.热电联产技术与管理 [M].北京：中国电力出版社，2008.

[4] 中国航空工业规划设计研究院.热电厂建设及工程实例 [M].北京：化学工业出版社，2006.

[5] 鱼剑琳，王沣浩.建筑节能应用新技术 [M].北京：化学工业出版社，2006.

[6] 张知足，张卫义，刘阿珍，等.热电联产应用技术国内外研究现状 [J].北京石油化工学院学报，2020，28(2)：29-39.

[7] 楼振飞.热电联产在欧洲 [J].上海节能，2000(增刊2)：2-7，11.

[8] 陈本刚.热电联产及其燃气轮机蒸汽联合循环 [J].化肥设计，2004，42(6)：55-57.

[9] 宋汉武.美国再掀核电热 [J].发电设备，2008(3)：236.

[10] 苏庆泉.日本在燃料电池发展方向的选择与我们的思考 [J].新材料产业，2005(10)：56-61.

[11] 贾林，邵震宇.燃料电池的应用与发展 [J].煤气与热力，2005，25(4)：73-76.

[12] 郭廷杰.接近实用化的燃料电池的发电技术 [J].电力与能源，2000(4)：247-250.

[13] 马金凤，陈海耿，李国军.整体煤气化联合循环的发展现状及环保优势 [J].材料与冶金学报，2004，3(2)：149-153.

[14] 李玮琦，张俊臣.浅析 IGCC 技术及其发展趋势 [J].电力学报，2007，22(2)：250-253.

[15] 施强，乌晓江，徐雪元，等.整体煤气化联合循环（IGCC）发电技术与节能减排 [J].节能技术，2009，27(1)：18-20.

[16] 任永强，车得福，许世森，等.国内外 IGCC 技术典型分析 [J].中国电力，2019，52(2)：7-13.

[17] 朱军.我国 IGCC 发电技术的发展 [J].陕西电力，2006，34(5)：46-49.

[18] 肖云汉.以煤气化为基础的多联产技术创新 [J].中国煤炭，2008，34(11)：11-15，43.

[19] 郭新生，战谊.采用 IGCC 技术改造常规燃煤电厂的技术和环保优势 [J].山东电力高等专科学校学报，2002，5(2)：19-22.

[20] 广西壮族自治区联合调研组，章远新，周吉意.热电联产大有作为 企业转型赢得生机——广西投资集团发展热电联产促进循环经济情况调查 [J].市场论坛，2014(10)：1-4.

[21] 康艳兵，张建国，张扬.我国热电联产集中供热的发展现状、问题与建议［J］.中国能源，2008(10)：8-13.

[22] 卢炳根，张公勤，蔡明灯.热电联产亟待解决"三不合理三不够"［N］.中国能源报，2012-10-15.

[23] 高旭峰.浅谈中国热电联产存在的问题与前景［J］.商品与质量，2017(10)：51.

[24] 杨雪辉.实施热电联产集中供热替代燃煤小锅炉存在问题及对策——以元洪投资区为例［J］.低碳世界，2016(1)：155-156.

[25] 钟史明.21世纪我国热电联产、集中供热的展望［J］.区域供热，2001(1)：1-6.

[26] 卢可.新型燃气轮机再热联合循环发电关键技术研究［D］.北京：华北电力大学，2017.

[27] 谷文君.浅析燃气轮机发展历程［J］.黑龙江科技信息，2008(34)：25.

[28] 初敏.我国分布式能源发展现状及发展的对策建议［C］//创新驱动与转型发展——青岛市第十一届学术年会.2013：3.

[29] 郁洁.多元影响因素下的冷热电联产系统经济性分析［D］.南京：东南大学，2015.

[30] 陈娟.能源互联网背景下的区域分布式能源系统规划研究［D］.北京：华北电力大学，2017.

[31] Zhu J，Hu K，Lu X，et al. A review of geothermal energy resources，development，and applications in China：Current status and prospects［J］.Energy，2015，93：466-483.

[32] 李剑.热电联产发展中存在的环保问题及对策［J］.中国设备工程，2019(9)：134-135.

[33] 方善军.热电联产发展面临的问题与展望［J］.上海节能，2002(5)：14-15.

[34] 国家发展和改革委员会.节能中长期专项规划.2004.

[35] 方桂平.结合热电联产管理办法谈福建省热电联产发展方向［J］.能源与环境，2019(1)：28-29.

[36] 王倜，刘培，麻林巍，等.我国煤基多联产系统的发展潜力及技术路线研究［J］.中国工程科学，2015，17(9)：75-81.

[37] 张宗飞，任敬，李泽海，等.煤热解多联产技术述评［J］.化肥设计，2010，48：11-15.

[38] 廖东海，刘飞，熊源泉，等.南钢富余煤气合成甲醇-电力多联产循环经济利用［J］.冶金经济与管理，2009(3)：18-21.

[39] 廖汉湘.现代煤炭转化与煤化工新技术新工艺实用全书［M］.合肥：安徽文化音像出版社，2004.

[40] 王大中.21世纪中国能源科技发展展望［M］.北京：清华大学出版社，2007.

[41] 薛群基.面向2020的化工、冶金与材料：中国工程院化工、冶金与材料学部第六届学术会议论文集［M］.北京：化学工业出版社，2007.

[42] 门卓武，李初福，翁力，等.煤低温热解与直接液化联产系统研究［J］.煤炭学报，2015，40(3)：690-694.

[43] 李刚，韩梅.兖矿集团煤基多联产系统规划简介［J］.山东煤炭科技，2008，3：182-184.

[44] 吕清刚，刘琦，范晓旭，等.双流化床煤气化试验研究［J］.工程热物理学报，2008，29：1435-1441.

[45] 孙陆军.双循环流化床煤气化试验研究［D］.保定：华北电力大学，2010.

[46] 张向荣，高林，金红光，等.煤基氨-动力多联产系统的设计和分析［J］.动力工程，2006，26：289-294.

[47] 程文伟.基于能量梯级利用的煤基液体燃料-动力多联产系统集成与优化研究［D］.包头：内蒙古科技大学，2015.

[48] 熊志建，邓蜀平，蒋云峰，等.煤基油-电联产系统价值工程研究［J］.煤炭转化，2006，29：49-53.

[49] 樊舜尧.发展IGCC煤基多联产建设现代化新型能化大集团［C］//2014煤炭工业节能减排与生态文明建设论坛论文集.2014：361-364.

[50] 于戈文，王延铭，杨小丽，等.基于CO_2捕集的煤基费托合成油-动力多联产系统㶲分析［J］.化工进展，2017，36：3682-3689.

[51] 韩峰，张衍国，蒙爱红，等.煤的低温干馏工艺及开发［J］.煤炭转化，2014，37：90-96.

[52] 于旷世，朱治平，韩磊，等.采用双返料器的双循环流化床冷态实验研究［J］.化学工程，2011，39：35-38.

2

煤基多联产的单元和共性技术

2.1 热解技术

热解工艺是实现煤炭高效清洁转化的主要途径之一，受到世界各国的关注。国内外开发的多数工艺主要是针对粉煤、碎煤的热解技术，尚处于试验、中试或工业示范阶段，也反映出若干共性的工程问题，这些在煤热解工艺放大过程中暴露的问题背后具有深刻的化学反应工程原理。

2.1.1 热解工艺发展现状

目前，国内工业化的中低温煤热解技术多采用内热式直立热解炉，进料要求为 30～80mm 的块煤、型煤，对处理粒度更小（<13mm）的非黏结性低阶碎煤、粉煤的热解工艺尚不成熟[1]。这些小粒度的碎煤在大规模机械开采过程中约占 40%，存在普遍的碎煤弃置现象。针对这一问题，自 20 世纪 50 年代以来，多种适用于低阶碎煤的热解技术被研发。根据其供热方式不同可以分为外热式和内热式热解工艺。前者是使热量经过热解炉的炉壁传递给煤料床层；而后者则是先将热载体蓄热，再用高温热载体与煤料混合换热。二者工艺特征不同造成其定位的目标产品也不同。

对外热式热解工艺，热源和煤料及热解产物不直接接触，气固相产品因未被混杂而维持其原有组成和品质；但由于外热式热解工艺中热量是经炉壁辐射传递给煤料床层，辐射传热速率会受到热源的温度上限制约，因此，热解炉内的总传热速率较慢，系统热效率不高，且热解炉内存在较大的温度梯度，这就加重了热解炉内挥发分的二次反应，影响焦油的产率[2,3]。基于上述工艺特征，外热式热解工艺多以气固相产物作为目标产品，不适合提取煤中的焦油，其典型代表工艺是澳大利亚流化床快速热解工艺和煤炭科学研究总院研发的多段回转炉工艺。

而对于内热式热解工艺，依据所用热载体状态又分为气体热载体和固体热载体法热解工艺，二者的工艺特征和目标产品各有不同。气体热载体法（gas heat carrier，GHC）热解工艺多是将燃料燃烧的热烟气引入热解炉后带动煤料流动，热量通过气固相间的对流和辐射方式传递，通过调节气体热载体流速和煤料粒度改变气固相的流动剧烈程度，实现炉内煤料床层均匀、快速的升温。但是 GHC 热解工艺在引入气体热载体的同时，也造成热解煤气被热烟气稀释而热值降低，且高载气流量也增加了油气冷却分离装置的工作负荷，不利于气液产物的回收，因此，GHC 热解工艺多以半焦为目标产品，其典型工艺包括波兰的双沸腾床工艺、美国的 COED 工艺和 ENCOAL 工艺。相比较而言，固体热载体法（solid heat carrier，SHC）热解工艺用高温的固体物料替代热烟气，避免了对煤气品质的影响。在此工艺中，热载体与煤料颗粒间存在热辐射、热传导和热对流的协同换热方式，通过调节固体颗粒的添加比例、粒度分布和热载体温度等工况条件，可以达到快速热解的升温要求，从而获得较高的煤气及焦油产率。

对比上述煤热解技术，SHC 热解工艺的系统热效率较高，且更符合从中低变质程度煤，如褐煤中制取高附加值液体产品的产业需求，受到较大的关注。近年来，对 SHC 煤热解工艺的研发重点在于通过优化 SHC 热解炉中的反应及传递过程以改善热解产品的品质，并降低设备的硬件及操作需求，提高系统的稳定性。研究内容涉及对固体热载体的筛选，指标包括储放热量、机械强度、循环性能以及催化裂解焦油能力等；对 SHC 热解炉的设计注重热载体与煤料的接触方式、流动规律以及挥发分的逸出路径和停留时间等。

SHC 煤热解工艺呈现多样化[4-6]，典型工艺采用了不同类型的反应器。a. Lurgi-Ruhrgas（LR）和新法干馏工艺在移动床中采用高温半焦为热载体，原料为粒度分布低于 5～6mm 的非黏结性粉煤，热解温度区间在 440～650℃。此类工艺的单炉处理能力强，利用热解气干燥煤样能提高系统热效率；但机械混合热载体和煤料的动力消耗大，且均匀混合耗时长；半焦磨损严重，粉尘夹带量大。b. TOSCOAL 工艺在回转炉中以高温瓷球为热载体，适用于 6mm 以下的弱黏结性粉煤，温度在 430～540℃。该工艺采用滚筒设计提高了传热效率，油产率高；但瓷球磨损严重，固-固分离困难，更换热载体的成本高；煤焦粉化严重，造成炉内易粉尘沉积和堵塞。c. BT 和循化流化床（CFB）煤热解多联产工艺采用流化床以热灰为热载体，原料为粒度在 6～10mm 区间且挥发性高于 20% 的烟煤和低阶煤，温度在 550～700℃。此类工艺的热解反应快速，挥发分停留时间短，轻质焦油含量较高；循环流化床和流化床热解炉耦合提高了系统热效率；但存在循环热载体输送不稳定的问题。d. Garrett 工艺在气流床中以高温半焦为热载体，该工艺优势在于加热反应及挥发分在炉内停留时间极短，二次反应被抑制而提高了焦油产率；但煤焦颗粒微粉碎现象严重，且气力混合方式装置复杂。

2.1.2 褐煤热解工艺的关键问题及改进

适用于褐煤的碎粉煤的热解技术在试运行期间暴露出了共性的工程问题[7]：一方面，在褐煤热解工艺的工程放大中焦油产率较低［6%～10%（质量分数）］，其中重质（沸点高于360℃）组分含量较高［40%～60%（质量分数）］，使得焦油的品质降低，影响经济效益；另一方面，褐煤及煤焦在热解炉中发生破碎、粉化现象，装置运行中粉尘夹带严重，导致油尘分离困难，且当焦油中重质组分较多时，与粉尘混杂更容易结焦，堵塞设备、管路，影响系统稳定运行[8]。

2.1.2.1 煤热解焦油产率和品质的调控

煤热解包含一系列的化学键断裂和重组反应，普遍认为该过程符合自由基反应机理[9,10]。如图 2-1 所示，煤大分子结构受到热能冲击后，其中的脂肪侧链、官能团以及连接芳香族的桥键会依据共价键的键能大小先后断裂，导致有限尺寸的自由基碎片从煤的分子骨架上脱离，含有活性位的自由基片段的化学性质不稳定，在迁移过程中会被小分子自由基（如·H 或·CH_x 等）占据其活性位，或相互之间发生缩聚反应形成较稳定的分子团簇，即一次产物；部分挥发性分子团簇在运动过程中会二次裂解生成分子量较小的轻质气体，或相互聚合形成重质焦油组分，抑或与煤基质重新缩合形成半焦。

基于自由基反应机理，煤热解过程的两个阶段会分别影响焦油产率和品质：a. 煤大分子结构裂解出的小分子自由基碎片的基数一定程度上决定了液体产物的理论上限；b. 焦油前驱体在迁移过程中会发生裂解、缩合、加氢及芳构化等二次反应，反应类型和程度影响最终焦油的组成和品质。在煤大分子结构的解聚阶段，当输入能量超过化学键解离的能垒，即发生键的断裂，这一步反应的瞬时速率是温度的函数，为热力学控制区，即热解温度、升温速率会直接影响自由基的最大基数；在挥发分的二次反应阶段，化学键断裂产生的自由基碎片在迁移过程中会相互碰撞，发生裂解、缩合等反应的概率与速率，既与温度相关，也受自由基的浓度和迁移速率影响，为热力学和动力学交叉控制区。

因为提升热解炉内温度或升温速率都有一定限度，对焦油的改性则侧重于定向调控二次反应的反应路径及速率。目前调控煤热解焦油的技术路线大致分两类，一类是在煤热解过程中加入外加氢源，调节实际参与反应的氢碳比，进而提高一次焦油中轻、重质组分的比例；另一类是控制一次焦油发生二次反应的程度，包括采用高温或催化裂解的方法促使一次焦油轻质化。

加氢热解是最典型的引入外加氢源调控焦油品质的工艺。氢气在热解环境中发生均裂产生·H，·H 与煤热解产生的分子量较大的自由基片段接触，占据其活性位点并

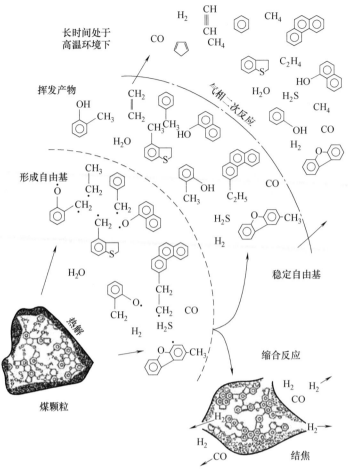

图 2-1 煤热解过程的自由基反应机理示意图 [9,10]

形成较稳定的分子团簇，抑制自由基片段相互缩合形成更大分子团簇的趋势，而小分子团簇更容易逸出煤颗粒，也避免了其在半焦表面发生缩聚。除氢气外，CH_4 等富氢气体被用作煤热解的外加氢源。Liu 等[11]提出了用煤热解过程耦合甲烷干法重整的反应体系，采用双床层的垂直固定床反应器，CH_4/CO_2 混合气下行时，先在 Ni/MgO 催化剂床层中发生重整反应后，生成的小分子自由基（·H 与·CH_x）随载气穿过煤料床层，并参与稳定煤热解产生大分子自由基[12]，焦油产率提高且油品轻质化。此外，生物质、液化残渣[13]和固体废弃物等含氢量高的固体原料也能作为煤热解的外加氢源。有研究认为煤与生物质共热解过程中存在协同作用，除了二者半焦均能对对方释放的挥发分起到催化作用以外，有研究发现生物质的添加能提升煤焦油的产率，认为生物质可作为氢自由基的供体稳定煤热解释放的自由基片段[14]；但也有研究者对此存疑，这说明煤与生物质释放自由基阶段是否匹配是能否协同供氢的前提之一。

在通过调控二次反应以改进煤热解焦油的技术路线中，多是利用具有裂解能力的催化剂促使焦油中的重质组分分解，提高焦油的氢碳比、氧碳比，使焦油轻质化。在惰性气氛下煤焦油的催化裂解程度不易被控制，造成轻质焦油也发生裂解，降低油品产率；但若同时引入外加氢源，催化剂同时实现焦油重质组分的裂解和富氢气体的活化，则能兼顾提升焦油的品质和产率[15,16]。满足催化裂化煤焦油的催化剂种类繁多，包括碳基催化剂[17,18]、HZSM-5[19] 和 Y 型[20] 分子筛等。不同的催化剂在裂解焦油时的作用机理也不尽相同。例如，金属负载的催化剂对焦油的裂化作用是为热解一次挥发分的活化提供小分子自由基[16,21]；而对于 HZSM-5 等分子筛类催化剂，其中的 B 酸（Brønsted acid）位点具有促使脱羰、脱羧反应及氢传递反应的能力，热解挥发分中的有机氧化物、长链烃和多环芳烃等在接触到酸性位点后会直接被吸附，进而在催化剂表面发生裂解生成轻质芳烃、酚类和 CO、CO_2、H_2O 等气体，焦油中的少数轻质组分会经脱羰反应过度裂化生成 CO_2 和 CH_4。此外，催化剂的某些特性对焦油的二次反应表现出定向选择性。例如 Kong 等[20] 采用 Y 型分子筛分别催化长焰煤和焦煤热解焦油，发现该分子筛对缩聚程度不同的焦油分子有择形催化作用，且分子筛中强酸性的 B 酸位点越多，对缩合程度较高的芳烃的催化裂解能力越强。

2.1.2.2 热解过程煤焦破碎和粉尘夹带的管控

煤颗粒在热解过程中发生的破碎、粉化现象受多影响因素的耦合作用，具有一定随机性，目前对煤的热破碎特性的研究多是给出定性结论，导致煤颗粒破碎的原因被归为两个方面：一是煤颗粒或颗粒群在反应器中受到机械力作用下的冲击破碎特性，二是煤在中高温环境中颗粒内产生的热应力和膨胀应力导致的碎裂特性。此外，煤在床层中经历的干燥、脱挥发分等物理化学变化也会削弱煤基质的机械强度，是发生破碎的诱发条件。煤颗粒在不同的反应环境中发生破碎的程度并不一定，存在体积破碎、表面破碎和均一破碎等多种形式。

抑制煤热解过程中粉尘夹带现象的关键在于从粉尘产生的源头进行控制，但由于对煤炭热转化过程中破裂、粉化规律的研究尚不深入，目前对热解过程中低阶煤及煤焦破碎的抑制方法多停留在工艺调整层面，没有实质性的突破。一些反应器设计和工艺过程优化方法可以抑制煤颗粒在热解过程中的磨损、热爆等问题。例如，预先对煤料采用筛分、分选等处理办法，可以避免微细（＜1mm）颗粒进入炉膛等。此外，开发反应器内高效除尘、降尘装备和技术，减轻后续的净化分离负荷也是实现粉煤热解技术工业化的关键之一。

2.1.2.3 从化学反应工程角度认知煤热解工艺中的问题

采用热载体法热解褐煤的设计理念是通过提高升温速率以产出更多的焦油产品，但实际运行中发现热解焦油的产率和品质是两个相互干预的指标：加快热解炉的升温速率可以促进挥发分逸出，缩短停留时间，从而提高焦油产率，但会造成焦油中重质组分含量的增加；而升高热解温度可以使焦油轻质化，但会导致焦油中大分子物质过度裂解生成轻质气体，降低焦油的产率。而仅追求热解炉内更快的加热速率也会加剧煤颗粒的破碎、粉化现象。刘振宇[22]对煤热解过程中存在的挥发分逸出方向和传热方向相反的现象，提出应结合煤热解过程中的"三传一反"（热量、质量和动量传递以及化学反应），以揭示不同反应器结构对挥发分在逸出过程中的升温和二次反应的影响。

煤热解过程的温度、升温速率、压力、煤粒径等因素都会影响最终产物分布，其作用机制是同时改变了煤热解化学反应及物理传递过程。煤热解反应实际是复杂的非均相反应，即使不考虑放大，很多实验室规模的研究也已经证明了兼顾煤热解过程中的物理化学过程的必要性。例如，Li 等[13]在煤与液化残渣共热解实验中发现共热解焦油产率比二者单独热解的总产率高，增量以重质组分为主，初期认为液化残渣由于氢氧比例比煤的高而能够给煤热解提供•H。但经两段式固定床实验证明[23]，二者共热解中焦油产率提高反映出的协同效果是因为自由基的重整，结合自由基的传递规律认为由于液化残渣的芳构化程度较高，热裂解时中间产物多是大分子的自由基片段，其传质阻力较大，反而会由煤热裂解出的小分子基团稳定，形成沥青质和前沥青。再例如，从反应动力学角度分析加氢热解工艺，其关键在于氢气的活化效率和•H的传递速率，两者分别影响了参与热解过程的•H的浓度和煤活性大分子片段与H•的碰撞频率。因此，加氢热解工艺通常辅以催化剂或加压。前者可以利用催化剂表面的缺电子位（如过渡金属Fe[24]等）吸附氢气分子，使其均裂活化能降低，从而增加煤颗粒内部和表面的•H浓度；后者则是为提高•H在煤颗粒内的传质驱动力，增加•H与煤热解释放的大分子片段的接触频率。

在反应器中热解一次产物所经历的热量、质量传递过程和二次反应间耦合作用会直接影响最终热解产物的组成。Liu 等[25]分析若干商用热解炉和实验室规模反应装置中热解气随停留时间延长而经历的热历程变化，认为离开煤颗粒表面的热解气中仍存在大量的不稳定自由基，在热解炉的气相中发生热裂解、交联或结焦等反应，热解炉内的温度梯度显著影响热解产物。可见，通过合理的反应器设计也可以达到调控热解焦油的目的。许光文课题组[26]给外热式固定床热解炉加装了强化传热板和中央集气管两种内构件，同时提高了焦油的产率和品质。加装传热板后增大了换热面积，提升了反应器内的升温效率，提高了煤热解挥发分的生成量和释放速率，使得煤气在反应器内的停留时间缩短，同时减小了径向温度梯度；而集气管改变了挥发分的传质路径，增强了反应器壁和中心间的对流换热，避免了焦油前驱体在高温半焦床层中的过度二次反应，同时部分重质组分在经过低温区时会发生缩聚反应。

2.1.3 多联产系统煤热解技术的选择[27-29]

以煤热解为基础的多联产技术根据热载体性质以及气化反应装置的不同，主要分为以下三种：

（1）基于流化床煤热解的多联产技术

该技术是由浙江大学开发的基于流化床以循环煤气-固体为热载体的热解技术，该技术的核心是锅炉与热解炉物料的多路循环系统，防止循环热灰在锅炉与热解炉循环过程中串气现象发生。流程见图2-2，原料煤经破碎至小于8mm，由螺旋给料机送入热解炉中上部，与来自锅炉的高温循环热载体在流化煤气的作用下均匀混合，在600～750℃进行热解，热解产生的半焦和循环热载体经返料装置进入锅炉底部，半焦在一次风作用下燃烧、提升。锅炉内高温热载体随烟气进入分离器进行分离，烟气经余热锅炉分段取热后送入除尘器进一步净化，排入大气；热载体经分离器立管进入返料器，一部分进入气化炉提供热量，其余循环热载体返回锅炉。气化炉中热解气体和细灰先经分离器分离，细灰经返料器返回锅炉底部，气相产品先后经水洗塔、电捕焦油器、两段冷却器等分离净化出煤气和焦油。粗煤气经加压机后大部分进入下一工序，少部分返回热解炉底部作为流化剂。

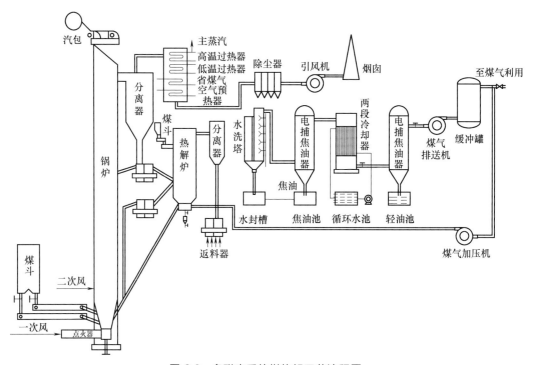

图2-2 多联产系统煤热解工艺流程图

　　该工艺具有以下特点：原料适应性较其他技术要广，可以处理多种类、多粒度的煤；采用锅炉与热解炉物料的多路循环，热解产生的半焦直接用作锅炉燃料，燃料利用率较高，可达90%以上；产品煤气热值高达21MJ/m³，可作为民用燃气；焦油产率较其他技术高，可达75%；锅炉燃烧后的灰渣活性高，可用于烧制水泥。但也存在一些问题：如何保证足够的循环热载体从锅炉进入热解炉？如何保证在没有串气的情况下固体颗粒在锅炉和热解炉之间循环？循环热载体温度高、量大，对设备磨损严重。该技术在实验室装置上对多煤种进行了评价，在扬州已建成55万吨/年工业装置并成功运行，12MW热电化联产示范装置也已建成运行。

　　（2）基于移动床煤热解的多联产技术

① 低阶煤转化提质技术（low-rank coal conversion，LCC）。低阶煤转化提质技术是基于美国褐煤提质（liquid from coal，LFC）技术经大唐华银电力与中国五环工程公司联合开发的一种煤炭轻度热解工艺技术。

LCC 技术将适当粒径的原料煤直接送入通有热风的干燥炉中进行干燥，脱除水分，接着进入通有热风的热解炉内进行煤炭的轻度热解反应，热解炉底部排出的固体产物经激冷水洗涤、降温后进入精制塔，出精制塔的优质固体燃料（process middle coke，PMC）具有低硫、高热值、性质稳定的特点。热解炉出口气体经旋分器除尘后进入激冷塔，在塔内与液体燃料（process coal tar，PCT）逆流接触降温，不凝气体经静电捕集器除焦油后部分回流，其余作为热风炉的补充燃料。其流程如图 2-3 所示。LCC 技术具有原料干燥与热解分开设置、降低热解废水量、干燥热风循环利用提高了热利用率、固体产品品质高等优点。但也存在低热值、煤气量大、燃料利用率低和污水处理难度大等缺点。该技术已应用于多个低阶煤提质工程，其中华电呼伦贝尔 2×600 万吨/年的褐煤热电联产工程已成功运行。

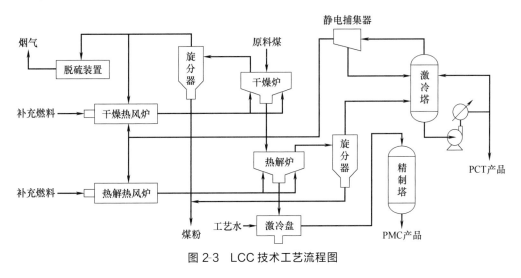

图 2-3 LCC 技术工艺流程图

② BJY 多联产热解技术。BJY 多联产热解技术是由北京动力经济研究所和济南锅炉厂联合开发的基于移动循环流化床的多联产技术。该技术核心是双路循环系统，关键是原料煤与高温热灰成比例均匀混合。BJY 多联产热解技术工艺流程见图 2-4。

该技术原料煤进料粒度在 8mm 以下，由给煤机按照 1:4 的比例分别送入热解塔和流化床锅炉燃烧室。燃料煤在流化床锅炉燃烧，产生高温热灰（700～850℃）及烟气，烟气经冷却器冷却外排，而热灰由旋风分离器捕集后进入热解塔中部，与塔顶下落的原料煤进行接触、强化传热，原料煤在下落过程中温度逐步上升并发生热解反应，气相产物上升，并从塔顶排出进入间接冷却器，煤气经风机引出去净化工序，焦油从下部排出。热解塔底排出的半焦在罗茨风机作用下返回流化床锅炉底部再次燃烧，为热解塔提供热量。

该技术具有保证热解所需热量的双回路循环系统，而且具有换热效果好、能耗低、

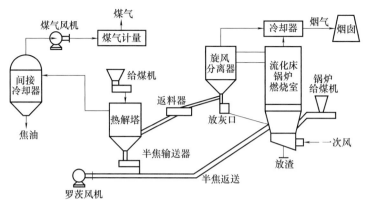

图 2-4　BJY 多联产热解技术工艺流程图

热解-供热-发电联产等优势。但存在煤气中灰分难以分离、分离器及冷却器易堵塞等问题。该技术在 3.6t/d 实验室基础上，在辽宁省建设了 840t/d 的循环流化床热解装置，而肥城 50 万吨/年循环流化床三联产项目已建成投产。

（3）基于下行循环流化床煤热解的多联产技术

① BT 热解技术。BT 热解技术是中国科学院过程工程研究所开发的循环流化床锅炉和下行床-固体热载体快速热解技术，其主要目的是将低阶煤中的挥发分转变成煤气和焦油，副产的半焦产品用于供热及发电，实现了低阶煤的分级利用。其流程如图 2-5 所示。

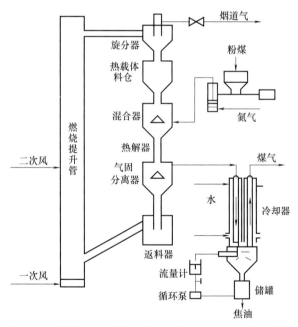

图 2-5　循环流化床固体热载体快速热解技术工艺流程图

破碎至适当粒度（＜6mm）的粉煤由氮气输送进入混合器，与热载体料仓下落的循环热灰进行混合传热，两者一起进入下行床热解器，在常压、600～750℃、缺氧条件下发生煤的热解反应。热解后的气相产物先经气固分离器进行半焦和气相产物的初步分离，气相产品进入冷却器激冷分离出煤气和焦油；半焦及热灰经返料器进入燃烧提升管底部，在一次风作用下燃烧提升，为热解提供热量。

该技术有如下优势：下行床热解器大大缩短了停留时间，提升了热解速率，焦油产率高，废水量较少，环保设施配套完善。但也存在以下问题：原料与热载体固-固换热效率低，气相产物中带有焦粉致使分离设备、冷却设备易发生堵塞，原料煤与循环热载体两者比例难以控制，导致热解温度不稳定。该技术在200kg/d试验装置基础上，建设并成功运行了840t/d循环流化床多联产装置。

② 自混合下行循环流化床快速热解技术。自混合下行循环流化床快速热解技术由中国石油大学（华东）开发，全部设备均可实现国内制造，主要包括原料提升干燥过程、快速热解过程、再生加热过程、热载体分离与循环过程、热解气固分离过程、油气分离过程。工艺流程见图2-6。

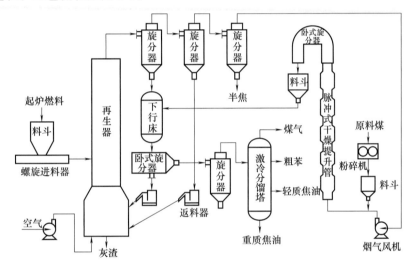

图2-6　自混合下行循环流化床快速热解技术工艺流程图

原料煤与来自环形旋分器的热烟气（200~300℃）通过烟气风机送入脉冲式干燥提升管底部，两者并流上升，煤中的水分降低到5%以下，温度可达1200℃，后经卧式旋分器分离出热煤粉，与来自再生器的热半焦按1:5的比例在自混合下行床热解反应器中快速均匀混合，在560℃条件下进行快速热解反应。热解产物从反应器下部经卧式旋分器快速分离出固体和气体产物，半焦与热载体经返料器进入再生器底部与主风机供给的空气在再生器中混合、燃烧提升，三级旋分器分离出的半焦产品进行热压成型。气相产品经旋分器进一步除尘后，进入带有复合塔板的激冷分馏塔，塔顶采出煤气，侧线分别采出粗苯、轻质焦油，塔釜采出重质焦油。

该技术有如下优势：脉冲提升干燥和分级回收系统强化了热质传递，烟气余热干燥提高了系统热效率；实现了超短接触热质传递与反应调控，解决了流化气稀释耗能、反应器工业放大和机械运动部件高温磨损难题；解决了半焦与载体流化异质分层和提升管再生器底部起燃难题；组合式高效分级分离技术，从源头上消除了油中带灰导致结焦死床，确保长周期运行；卧式油气半焦快速组合分离技术，实现了下行管反应器与提升管再生器的耦合，减少二次热解反应，提高液体产率，从末端避免油中带灰和油气结焦堵塞；高效复合塔板技术消除油中高含水和加热自聚结焦堵塞，降低分离能耗，实现油品的梯级分离；环保优势明显，生产废水量少（仅为同规模直立炉的 20%～30%），且废水中不含酚，SO_2 和 NO_x 排放量少；单套装置处理原料能力大，可实现大规模生产，常压操作无须空分，设备投资较少；开停车灵活，操作弹性大。目前该技术已完成 3000t/a 试验装置，2 万吨/年生物质毫秒热解提质装置的长焰煤粉煤热解中试。

2.1.4 多联产系统煤热解工艺的选择

（1）煤热解-煤气化"双气头"多联产系统

2005 年，太原理工大学煤科学与技术教育部和山西省重点实验室提出了"气化煤气与热解煤气共制合成气的多联产新模式"（简称"双气头"多联产）。"双气头"多联产系统选择了现有的有可能形成自主知识产权的大规模煤气化技术，将气化煤气富碳、焦炉煤气（热解煤气）富氢的特点相结合，采用创新的气化煤气与焦炉煤气共重整技术，进一步使气化煤气中的 CO_2 和焦炉煤气中的 CH_4 转化成合成气，并通过催化一体化实现醇醚燃料与电力的联产。

针对所提出的"双气头"多联产方案，冯杰、郑安庆等[30]用流程模拟软件 Aspen Plus 从元素利用的角度建立了年产 20 万吨二甲醚和电力为主要目标产品副产甲醇的"双气头"多联产系统，并进行了验证。

（2）煤催化热分解-煤焦气化耦合技术为核心的煤炭多联产系统

"十一五"期间，根据陕北煤炭大多为富含挥发分的长焰煤这一特点，有学者提出以煤低温催化热分解-煤焦高温气化制合成气副产高附加值化学品苯、甲苯、二甲苯（BTX）的耦合新技术为核心的煤基一体化多联产系统，如图 2-7 所示。

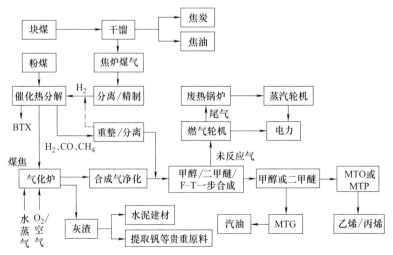

图 2-7 以煤催化热分解-煤焦气化耦合技术为核心的煤炭多联产系统

在该系统中，由于是低温下的催化热分解，分解后的煤焦中残存大量的挥发分，因此，有望获得高气化性、高燃烧性的煤焦。另外，低温热分解也可以抑制碱金属的排出。加热热分解器所需的热量可由气化部分回收的热来提供。此外，煤焦气化所需的水蒸气可通过系统自身的热来产生。分解过程中产生的焦油进行再分解可以完全分解转化为轻质液相组分或气相组分。此外，系统内部热分解气体产物经改质转化为富含 H_2 的气体或回收焦炉煤气中的 H_2 和 CH_4 可以进入热分解过程。由于煤的催化热分解和煤焦的气化均采用粉-粒流化床反应器，有利于失活催化剂的回收、再生和循环补充；煤焦在热分解炉和煤焦气化炉之间的输送比较容易实现。将合成气中的 CO 转化为 CO_2 和 H_2，将 CO_2 分离出去后可制备洁净能源 H_2；还可以用所得的合成气生产甲醇、二甲醚、液体燃料，其中未参与反应的合成气可以用于发电（IGCC 或 IGFC），或用作城市煤气及分散型热、电、冷联供的燃料等。此多联产系统是将电、热/冷、化工产品的生产过程进行有机的耦合，实现物质转换和能量转换的集成。

（3）新型煤热解-气化-燃烧分级转化利用多联产系统

Zhang 等[31]提出了一种新型的煤热解-气化-燃烧（CPGC）分级转化利用多联产系统（图 2-8）。首先将煤热解以提取焦油和热解气。焦油氢化生产燃料油。焦炭部分气化以产生合成气，然后燃烧残留物。热解气体和合成气用于甲醇合成。该系统的过程模拟由 Aspen Plus 进行，还模拟了煤热解气化分段转化利用多联产系统和基于 F-T 合成的常规煤多联产系统并进行比较。仿真结果表明，CPGC 系统的热性能可以达到 47.73%，优于其他两个系统。

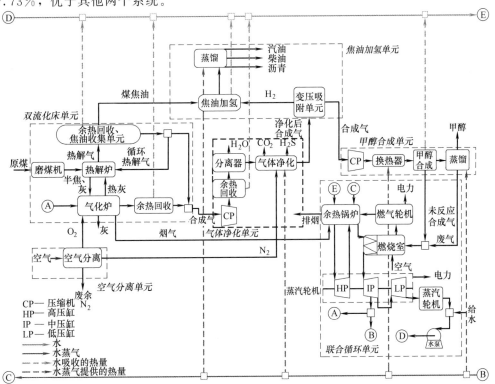

图 2-8　煤热解-气化-燃烧分级转化利用多联产系统的简化流程图

首先将煤进行研磨，然后将煤颗粒供应至鼓泡流化床（BFB）热解器。在 BFB 热解器中，煤颗粒与热床材料混合并被加热。挥发物从煤中逸出，然后在热回收装置中冷却。液态焦油被冷凝并截留在该单元中，留下热解气体。部分热解气体循环到 BFB 热解器底部用作流化气体，另一部分热解气体则送出。BFB 热解器在约 600℃的温度下运行，这有利于提高焦油产率和优化焦油组成。如图 2-9 所示，在多层流化床（MFB）中实现了焦炭的部分气化和残留焦炭燃烧。首先被输送到 MFB 的气化层，然后在其中用蒸汽和 O_2 气化以生成合成气。气化后，残留的焦炭通过气固分离器与合成气分离，然后进入浸入管。在浸入管的底部，残留的焦炭颗粒通过进料阀输送到燃烧层。在燃烧层中，炭颗粒与空气一起燃烧以释放热量。气化层在约 870℃下运行。燃烧层在约 950℃下运行。气化层可以通过壁的传热和辐射吸收燃烧层释放的热量。热灰用作热载体，以提供煤热解所需的热量。多余的灰烬将从床底排出，O_2 由空气分离单元（ASU）产生。这里采用了广泛使用的低温技术。

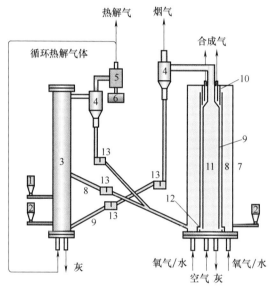

图 2-9　煤分级转化装置流程的示意图

1—煤斗；2—石英砂斗；3—鼓泡流化床热解器；4—旋风分离器；5—热量回收与焦油捕集器；
6—焦油池；7—多层流化床；8—气化层；9—料腿；10—气-固分离器；
11—燃烧层；12—返料阀；13—返料器

将焦油供应至焦油加氢反应器，在焦油加氢反应器中将其与 H_2 反应以生产燃料油。该系统采用了可以处理所有馏分的焦油加氢技术。该技术是神木富友能源科技公司发明的，可以提高燃料油的产率。焦油加氢的常规技术只能处理少量的焦油。首先将焦油加热至 250℃，然后在 3MPa 下与 H_2 混合。混合物被供应到两个滴流床加氢反应器。两个反应器的反应温度均为 360℃，并且反应压力分别为 9MPa 和 14MPa。将焦油加氢反应器中产生的原油运输到蒸馏塔，以提取纯化的汽油和柴油［>99.5%（质量分数）］。净化后的汽油和柴油将在冷却后作为最终产品出售。

来自气化炉的合成气流经热回收单元并进行冷却。随后，合成气与热解气的混合气通过气体净化装置以去除 CO_2 和 H_2S。气体净化技术选择了能耗较低、运行成本低的 Rectisol 技术。另外，Rectisol 技术使用甲醇作为物理溶剂，甲醇也是 CPGC 多联产系统的产物，原料易得。清洁的合成气送入变压吸附（PSA）设备，在其中将焦油加氢过程所需的 H_2 与合成气分离，提供高纯度 H_2（99.999％）。在 H_2 分离之后，将合成气供应至甲醇合成单元。最后，将未反应的合成气和甲醇合成单元的废气供应至联合循环单元。联合循环单元产生电力和蒸汽，系统本身消耗的电力和蒸汽也由联合循环单元提供。

（4）生物质-煤共热解的多联产系统

Atsonios 等[32]利用 Aspen Plus 提出了共热解的集成模型，用于生产高级烃。与单独处理煤和生物质相比，生物质和常规化石燃料共热解的概念具有多种优势，例如更高的液体产品产率和更高的焦炭转化率。对于增值燃料的生产，例如柴油和汽油，最大目标是裂解油的比例最大化。同时，所产生的焦炭和永久气体应适当用于热解过程的等温和稳定运行。这项研究详细介绍了系统每个主要单元（即热解装置、石油提质装置和焦炭装置）的设计和建模方法。针对从 0％到 100％的煤与生物质的各种混合比例进行了模拟运行，旨在针对所需产品产量最大化和回收焦炭利用的最佳设计和操作方案。模拟结果表明，由于煤和生物质共热解的协同效应，可以产生较多的碳氢化合物（最高 0.179kgHCs/kg 进料）。此外，当将剩余的焦炭用于发电和甲醇生产时，总工艺效率分别可以达到 55.5％和 61.9％。最后，在煤配比为 60％的情况下进行能量平衡计算显示，几乎有 30％的初始热量输入被用于原料热解和焦炭气化供热。就这两个过程而言，使用可再生无碳热源（例如太阳能）可以进一步提高系统性能，并提高燃料生产率。

2.2 煤气化技术

2.2.1 煤气化技术发展[33-43]

煤气化工艺的研发距今已有 100 多年的历史，针对不同的工业用途和形势需要（替代天然气、合成气、发电），国内外发展了几百种气化方法，其中以鲁奇（Lurgi）加压气化炉、温克勒（Winkler）气化炉和常压 K-T 炉等最早得到应用。世界上第一台气化炉是德国于 1882 年设计的规模为 200t/d 的常压固定床空气间歇式气化炉，1913 年工业化后被美国气体公司改进发展成现在的 UGI 炉。该炉以焦炭为原料，蓄热和气化交替进行制取合成气。这种常压煤气化技术因设备处理能力低、三废量大以及必须使用无烟块煤等缺点，国外已于 20 世纪 60 年代初废弃，但由于国情和历史的原因，国内很多中小型化肥厂仍采用该技术生产合成氨原料气。德国于 20 世纪 30～50 年代，完成了第一代气化工艺的研究与开发，如固定床的碎煤加压气化 Lurgi 炉、流化床的常压 Winkler 炉和气流床的常压高温 K-T 炉。这些炉型都以纯氧为气化剂，实行连续操作，大大提高了气化强度和冷煤气效率。

自 20 世纪 60 年代以来，煤气化技术研究开发取得了较大的进展，尤其是由于 20 世纪 70 年代石油危机的刺激和严重的燃煤环境污染问题影响，各国政府和研究机构都对煤的洁净利用给予了极大的重视，促使煤气化技术有了重大突破。美国先后提出了洁净煤技术示范计划（CCTP）和"展望 21 世纪"计划；欧盟和日本也都相应提出了洁净煤技术发展计划。其中，煤气化技术的研究是这些计划中的关键组成部分[17]。这些计划的提出以及工业制氧装置的开发（用氧气代替空气进行工业煤气化）和加压气化技术的开发，促进了国外新一代煤气化技术的诞生，即所谓的第二代煤气化技术。其总的发展方向是：气化压力由常压向中高压发展；气化温度向高温发展；气化原料向多样化发展；固态排渣向液态排渣发展。BGL（British gas/Lurgi）固定床熔渣鲁奇气化技术、HTW（high temperature Winkler）流化床气化技术、KRW（Kellogg-Rust Westinghouse）灰团聚气化技术、U-Gas（utility gas）灰团聚气化技术、GE（Texaco）水煤浆气化技术、E-Gas（Destec）两段式加压气流床气化技术、Shell 干粉气流床气化技术和 Prenflo 干粉气流床气化技术、GSP（Gaskombinat Schwarze Pumpe）加压气流床气化技术等一大批气化技术得到发展和应用，并且大多都已经进入商业化运行阶段。

第二代煤气化技术的发展，使煤的气化效率、气化炉的运行和环保性能都得到长足的发展，煤气化技术在工业中的应用越来越广泛。熔融床气化炉是第二代煤气化工艺的代表之一，1956 年，由德国的 Otto-Rummel 开发，它之所以被称为熔融床气化炉是因为细煤粉被吹入一个熔融的渣池中，与蒸汽发生气化反应，理论上被认为属于第三代煤气化技术，但其至今尚未进入商业化应用，这里不加详述。

我国自 20 世纪 80 年代开始引进国外煤气化技术，多年来一直依赖进口，煤气化技术早期的引进，的确对我国经济的发展起到了推动作用，但由于引进的煤气化技术并不都是完善的技术，已使我国成为多个国外煤气化技术的试验基地。据不完全统计，我国引进的煤气化装置每天消耗煤量约 58000t，据此估算，引进煤气化技术的专利实施许可费（不包括昂贵的专有设备费和现场技术服务费等）已高达 2 亿多美元[33,38]。作为煤炭资源相对丰富的大国，以煤为主的能源结构，决定了我国必须大力发展洁净煤技术，迫切需要形成具有自主知识产权、能与国际先进水平竞争的煤气化技术。国内的煤气化技术研究开发起步较晚，但近年来也有了较大发展，开发了一系列拥有自主知识产权的煤气化装置，如中国科学院山西煤化所的灰熔聚粉煤气化技术、西安热工研究院的两段式干煤粉加压气化技术、华东理工大学和兖矿鲁南化肥厂共同完成的多喷嘴对置式水煤浆气化工艺等，取得令人瞩目的成就。其中多喷嘴对置式水煤浆气化技术已成功地实现了产业化，拥有近 20 项发明专利和实用新型专利，并且与美国 Valero 公司（世界 500 强，全球最大炼油企业）签订技术许可合同，建设 5 台单炉日处理 2500t 石油焦的气化装置，开创了我国大型化工成套技术向发达国家出口的先河，在国内外影响深远。

2.2.2　多联产系统煤气化技术的选择

气化技术按煤与气化剂之间的相对流动方式来分，有三种类型[41]：

① 逆流——固定床或移动床，如 UGI、BGL、Lurgi 等。

② 并逆流——流化床或沸腾床，如 HTW、灰熔聚流化床、循环流化床等。

③ 并流——气流床、喷流床、夹带床，如 GE、Shell、GSP 等。

（1）固定床气化技术[34,39,42]

固定床气化又称移动床气化，是最早出现的煤气化技术，可分为常压与加压两种。代表性的有常压 UGI 炉、加压 Lurgi 炉以及 BGL 炉等几种。Lurgi 加压气化技术成熟可靠，是目前世界上建厂数量最多的煤气化技术，适合处理灰分高、水分高的块状褐煤，主要用于城市煤气的生产。

（2）流化床气化技术[35,39,43-45]

燃料与气化剂逆流接触，当气流速度快到一定程度时，床层膨胀，颗粒被气流悬浮起来。当床层内的颗粒全部悬浮起来而又不被带出气化炉时，这种气化方法即为流化床气化工艺。采用 8mm 以下颗粒煤为原料，气化剂同时作为流化介质，经过流化床的气体分布板自下而上通过床层。由于流化床内气、固相之间良好的返混和接触，其传热和传质速率均很高，故流化床的温度和组成比较均匀。

流化床最早应用始于 1922 年的温克勒（Winkler）气化炉，国外已工业化的炉型有常压 Winkler 炉和加压操作的高温温克勒（HTW）炉及灰团聚流化床。此外，灰熔聚技术是为了解决传统固态排渣气化炉灰渣含碳量较高的问题提出的又一种加压流化床气化工艺，这种排渣方式是煤炭气化排渣技术的重大进展。美国煤气技术研究所和美国凯洛格公司分别开发了 U-Gas 和 KRW 两种流化床气化工艺。处理量为 120t/d 的 U-Gas 气化炉在上海华谊集团焦化总厂多联产项目中得到应用，是世界上第一套 U-Gas 气化工业装置，但由于放大问题已于 2003 年退出历史舞台。KRW 气化技术中试装置的生产能力为次烟煤 730～1140kg/h，日处理量 880t 左右的气化炉已应用于 Pinon Pine IGCC 项目中[35]。中国科学院山西煤化所也研发了具有自主知识产权的灰熔聚流化床气化炉，在中试装置上取得了大量的数据和运行经验，采用该技术的直径为 2.4m 的氧气/蒸汽鼓风制合成氨原料气装置在陕西汉中城化公司建成，2002 年 3 月顺利通过验收[42]。另外，因为循环流化床气化炉在大于颗粒终端速度下操作，因床中气体返混少，无气泡存在，气固接触好，生产能力大大提高等优点而得到重视，目前也已进入商业推广阶段，美国 HRI 公司、瑞典 Studsvik 能源公司、德国 Lurgi 公司、中国科学院广州能源所等开发了该技术，证明其气化强度比传统流化床大 3～4 倍，但煤的碳转化率仅为 89%，达不到完全气化。

（3）气流床气化技术[39,42,43,46]

气流床是指在固体燃料气化过程中，气化剂将煤粉/水煤浆夹带进入气化炉，进行并流式燃烧和气化反应。与固定床、流化床相比，气流床具有较好的煤种适应性、运行可靠和更优良的技术性能，是目前大容量燃气与合成气制备装置的主要运行技术。

气流床气化技术主要分为湿法进料气化和干法进料气化两大类。已工业化的气流床炉型有：常压气流床粉煤气化炉［K-T（Koppers Totzek）炉］；水煤浆加压气化炉（GE 炉和 E-Gas 炉等）；粉煤加压气化炉（Shell 煤气化工艺和 Prenflo 加压气流床等炉型）。采用干法进料的 K-T 气化炉是最早工业化的气流床气化方法，开发于 20 世纪 40 年代初，目前在运行的最大气处理量气化炉为 1974 年南非 AECI 建成的 K-T 常压气化炉，单炉日处理煤 300t。目前，商业运行的气化炉大部分是气流床气化炉，采用水煤浆进料的 GE 气化炉占目前气化容量的 40% 左右，我国引进十几年来，积累了大量的运行经验，技术已基本完全掌握。干煤粉进料的 Shell 气化炉则占工业化装置的 20% 左右。另外，采用水煤浆进料的 E-Gas 气化技术、干煤粉进料的 Prenflo 气化技术和 Noell 气化技术都已经有大容量商业装置在运行。这些装置的单炉处理量都已经达到 2000～2500t/d 的等级，并都进行了 250～300MW 等级的 IGCC 示范。

我国华东理工大学发明了完全自主知识产权的多喷嘴对置式水煤浆气化技术，联合兖矿集团，2005 年在兖矿国泰建成国内首套具有自主知识产权的大型煤气化装置，打破国外垄断。2009 年、2014 年又先后实现 2000t/d 和 3000t/d 的大型化跨越，2019 年在内蒙古荣信化工建成全球单炉处理能力最大的煤气化装置（单炉日处理煤 4000t 级）。至 2023 年 10 月，该技术已成功推广及应用于国内外 70 家企业，在建和运行气化炉 207 台，煤气化技术市场占有率世界第一。

2.2.3　多联产系统煤气化工艺的选择 [42,43,47,48]

选择哪种煤气化技术对于多联产系统能否稳定高效运行至关重要。多联产技术对气化技术进一步的要求是燃料适应性广、碳转化率高、煤气品质好、环境性能好、生产能力大、操作性能好、便于自动控制、低投资、便于制造和维修及与其他先进的煤气利用技术有良好的兼容性。如前所述，目前已投运的许多气化技术均有其各自的优缺点，对原料煤的品质均有一定的要求，其工艺的先进性、技术成熟程度互有差异，大多都可以直接或经改进后应用于多联产系统中。具体来说，哪类煤气化技术在多联产系统中能表现出更优越的性能呢？我们需要确定煤基多联产系统对煤气化技术的具体要求，从而以此为标准来衡量煤气化技术是否适用于以化学品燃料合成为主的多联产系统，应用于多联产系统后能否保证多联产系统整体高效稳定运行。

由于现阶段煤基多联产系统尚未有工业化示范装置，确定气化单元的选择标准尚无经验可循。但由于多联产系统与 IGCC 继承与发展的关系，IGCC 选用煤气化技术的标准对多联产系统煤气化技术的选择有重要参考价值，IGCC 发电示范装置对煤气化工艺的要求如下。

① 技术先进、成熟，运行安全可靠，可用率高；

② 设备结构简单，运转周期长，维护方便，维修费用少；

③ 原料煤种适应性广，具有不同煤种的适应性；

④ 单炉生产能力大（单炉 2000t/d 以上），适合在高温、高压下操作，受设备制造、运输及安装等方面的限制，气化炉直径不宜大于 5m；

⑤ 负荷调节灵活，可变范围宽，与下游工艺匹配跟踪能力强，启动、停炉操作简便、快捷；

⑥ 加煤系统安全可靠、易控制调节；

⑦ 气化剂可用氧气，也可用空气；

⑧ 粗煤气便于高温下净化处理，粗煤气中含焦油、酚及粉尘少；

⑨ 有较高的碳转化率与气化效率，碳转化率要求应在 80％以上；

⑩ 污染物排放少，环境友好性高；

⑪ 投资少，成本低，从而更加有利于 IGCC 技术的研究发展与推广应用。

多联产系统以 IGCC 为核心，但又不同于 IGCC。一方面，由于空气气化所产生的煤气中含有大量的氮气，后续工艺单元需要把氮气分离出去，这很难在实际应用时实现，如把含氮煤气作为燃气-蒸汽联合循环发电的燃气，则其中所含氮气容易转化为氮氧化物，所以多联产系统中的气化技术一般采取氧气-水蒸气作为气化剂进行气化产生合成气，这是多联产系统与 IGCC 对煤气化单元要求的不同之一；另一方面，IGCC 系统要求煤气化单元产气有尽可能高的热值，即其中甲烷含量较高，以利于后续发电供热工艺，但在以化学品合成为主的多联产系统中，要求产气为 CO 和 H_2，CH_4 含量尽可能少，其原因是以生产合成气为主，对产气热值的要求不严格。根据上述要求，我们可以确定适合多联产系统的煤气化工艺。

目前已进行 IGCC 示范的煤气化工艺有 GE、E-Gas、Shell、Prenflo、HTW、KRW、Lurgi 和 BGL 等，其他的一些气化工艺如灰熔聚流化床和 GSP 等气化技术正在或计划进入 IGCC 示范工程。在以化学品合成为主的煤基多联产系统中，前面提到的众多气化技术不完全适用，尤其是固定床和流化床气化技术存在如下问题。

（1）固定床气化技术的局限[42,49,50]

加压 Lurgi 炉在目前已商业化运行的固定床气化炉中所占的比例很高，可使用灰分高的劣质煤，煤气热值是各类气化工艺中最高的，它最适合制城市煤气，是比较成熟的固定床煤气化模式。但若选择 Lurgi 固定床气化工艺用于以化学品合成为主的多联产系统，则存在以下问题。

① 煤气成分复杂。合成气中含不直接参与合成的 CH_4 约 10％～18％，如果将这些 CH_4 转化成 H_2、CO，势必增加投资，造成系统整体成本升高。

② 大量冷凝污水需处理，净化流程长，投资费用高。污水中含大量焦油、酚、氨等难处理物质，因此需建焦油回收装置，且酚、氨的回收和生化处理装置会增加投资和原材料消耗。

③ Lurgi 气化技术原料为 5～50mm 的块煤，对原料块型要求较高，造成原料利用率

低。若购原煤，则有占总量 50％～55％ 的粉煤需处理，会影响多联产系统的经济效益。

固定床气化虽然有技术简单、成熟、能连续加压气化等优点，但对原料的颗粒度有一定要求，一般希望有一定强度的块煤，气化粉煤时，需将较细的煤粉压成煤块或煤球。不适合于高黏结性煤的气化，炉内有转动机械，运行操作复杂。煤气中焦油、酚类含量高，对净化工艺不利。目前，工业示范的容量只有 300～500t/d，对于大型的多联产系统，则必须数台同时运行。同时由于固定床具有气化温度低、原料利用率低、蒸汽耗量大、气化强度偏小、原料气甲烷含量高、不适合生产合成气等缺点，其在多联产系统中的推广应用受到限制。因此固定床气化技术更适合于生产燃料气，不符合煤基多联产系统对煤气化技术的要求。

（2）流化床气化技术的局限[16,23,24]

流化床为维持炉内"沸腾"状态，气化温度应控制在煤灰的灰软化温度以下，以避免煤颗粒软化和团聚变大而破坏流态，所以流化床气化炉不适合气化黏结性强的煤。由于反应温度低（与气流床比）和煤停留时间短（与固定床比），流化床气化炉对入炉煤的化学活性要求较高，比较适合高挥发分、高活性年轻煤及高灰分、高灰熔点的煤。另外为适应装置大型化的要求，流化床煤气化技术有向高压发展的趋势，但压力增加，会造成进煤和排灰工段的困难。由于其气化温度较气流床低，且气化煤的颗粒比气流床大，使其气化不彻底，飞灰和渣中的残碳含量均较高；如果气化原料中小于 1mm 的粉煤太多，也会造成气化炉带出物多、操作困难及增加消耗等问题。由于炉温低、反应时间短、碳转化率较低，会造成飞灰多且灰渣分离困难，这是流化床气化的最大缺点。流化床气化炉工业运行的数量较少，目前国内只建有燃料气和合成氨原料气的示范装置，缺乏制合成气的经验，用于以化学品合成为主的多联产系统存在风险。另外，流化床气化炉大容量运行的经验更少，HTW、KRW、U-Gas 气化炉已运行的最大容量分别为 720t/d、270t/d、120t/d，不能满足多联产系统对气化单元大型化的要求。流化床气化技术用于煤基多联产系统制合成气还有以下问题：a. 压力在 2.0MPa 以上时，煤气中甲烷含量较高；b. 碳转化率、气化效率相对较低；c. 飞灰较多，增大了后处理难度。

与固定床和流化床相比，从单炉容量、技术的成熟程度、运行可靠性、变负荷能力、煤种适应性等主要方面来评价，气流床煤气化技术制合成气都有其独特的优势。几种气流床气化工艺相对成熟，单炉容量大，大容量运行经验较丰富，有较好的煤种适应性，变负荷能力强，碳转化率较高，适宜于以化学品合成为主的多联产系统，其综合比较情况如表 2-1、表 2-2 和表 2-3 所示。

表 2-1　不同气化方法的评价[41]

项目	固定床	流化床			气流床			
	BGL	HTW	KRW	U-Gas	E-Gas	Prenflo	Shell	Texaco
装置性能	A	C	B	C	B	B	B	A
煤种适应性	C	B	B	B	B	A	A	A

项 目	固定床	流化床			气流床			
	BGL	HTW	KRW	U-Gas	E-Gas	Prenflo	Shell	Texaco
放大能力	B	B	B	B	A	A	A	A
负荷跟踪	A	B	B	B	C	B	B	A
辅助设备电耗	A	A	A	B	C	B	B	C
空气气化可能性	C	A	A	A	C	B	B	A
示范经验	A	C	C	C	A	B	B	A
IGCC 适用性	A	C	B	C	A	A	A	A

注：A、B、C 表征不同气化方法各项指标的优势。A—具有最大潜力；B—具有较大潜力；C—不具潜力。

表 2-2 煤气化商业装置的规模及特点

炉型	代表性专利商	规模/(t/d)	特点
固定床	Lurgi	500	煤种要求高、气化温度低、气体处理困难
流化床	HTW	840	煤种要求高、气化温度不够高、碳转化率低
气流床	Texaco	2000	高温、高压、碳转化率比较高(95%)
	Shell	2000	
	Prenflo	2600	
	多喷嘴	2200	

表 2-3 各种煤气化技术的比较

项 目	气流床		Lurgi 固定床	流化床
	湿法料浆气化	干法粉煤气化		
气化压力/MPa	2.6～6.5	约 3.0	约 3.0	常压
气化温度/℃	1300～1400	1400～1700	850	900～1050
单炉投煤量/(t/d)	500～2000	2000	约 600	约 600
进料方式	料浆泵送	粉煤氮气输送	干法块煤加料	干法碎煤氮气输送
碳转化率/%	约 96	99	约 90	约 90
$CO+H_2$ 含量/%	>80	>90	约 70	约 68
粗煤气中杂质含量	低	N_2 约 5%	烃类、焦油高	N_2 约 6%；CH_4 约 2%
煤耗、氧耗	较高	低	低	高
对原料煤的选择	有一定要求	范围广	弱黏结块煤	高活性碎煤
装置投资	较高	高	较高	低
合成气压缩机	无	有	有	有
弛放气放空量	低	高	高	高

由表 2-1 可以看出，气流床气化技术能在多联产系统的应用中表现出更优越的性能。与固定床和流化床气化相比，气流床气化是已经验证的、可大规模化的煤气化技术（处理煤量可达到 2000～4000t/d），是目前最适合与发电相配合的气化工艺[49,51-53]。世界上已商业化的 IGCC 大型电站（250MW 以上）以及投煤量达到 2000t/d 的大规模

煤化工项目，全部采用气流床煤气化技术，可见其技术上的优势[37,54]。气流床气化技术在煤基多联产系统中具有的独特优势是由气流床气化法本身的一些优越性所决定的，主要有：a.煤种适应性广，理论上可气化各种变质程度的煤，也可气化石油渣和煤直接液化残渣等，另外气化过程对气化原料的活性不敏感，这点可以保证多联产系统在原料煤不足时能以其他原料暂时代替，从而保证系统的连续稳定运行；b.气化温度与压力高，单炉生产能力大（单炉可达 3000t/d 以上）[55]，可达到多联产的规模，大容量运行经验丰富，可用率高；c.气化炉结构简单，操作性能稳定；d.气化效率高，变负荷能力强，冷煤气效率和碳转化率较高，对多联产系统能量利用效率的提高极为重要；e.粗煤气含焦油、酚类和粉尘少，煤气净化系统简单，采用液态排渣，有利于环境保护和资源综合利用；f.气化成本低，产气组成合理，对下游化学品合成工艺也非常有利，是目前煤气化技术发展的主流；g.工厂设计紧凑合理，占地面积小，有利于多联产系统的推广[56]。所以从多方面考虑，气流床气化技术是煤基大容量、高效洁净、可靠运行的燃气与合成气制备装置的首选技术，是制取合成气的最佳选择[24]。当前大型工厂的煤制合成气气化技术普遍认同的是 GE、Shell、Prenflo、GSP 等气流床气化工艺，这些煤气化工艺所制合成原料气中有效成分（$CO+H_2$）含量高，原料碳转化率和热效率较高，相对于固定床和流化床气化工艺具有更多优势[57,58]。

综上所述，在以化学品燃料合成为主的煤基多联产系统中，产气单元以气流床气化技术为首选。国外已工业化的气流床气化技术主要有以水煤浆为原料的 GE（Texaco）气化技术、E-Gas 气化技术，以干粉煤为原料的 Shell 气化技术、Prenflo 气化技术、GSP 气化技术等。其中 GE、E-Gas、Shell、Prenflo 等大型气流床加压煤气化技术都具有煤种适应性广、气化温度高、气化压力高、生产能力大、气化效率高和气体容易净化等特点，并达到商业化水平，使得这些煤气化技术更适合集成到煤基多联产系统中。另外，国内具有自主知识产权的多喷嘴对置式水煤浆气化技术已达到 2000t/d 级规模，专利费和设备投资较低，同样被认为很有希望应用于多联产系统中。

2.3 高温除尘技术

除尘是合成气净化的关键步骤。煤气的高温除尘是指在 600～1400℃ 温度条件下，直接将气体中的固体颗粒分离出去的一种技术[59]。

从气化炉（锅炉）产出的高温粗煤气（燃气）中夹带着飞灰、脱硫剂颗粒等。如果直接将粗煤气（燃气）通入燃气轮机或下游化学品合成单元，势必会对燃气轮机的叶片或化工设备造成致命的伤害，从而影响燃气轮机和化工设备的寿命和工作效率。因此必须将粗煤气中的粉尘控制在一定范围内。例如，Siemens Model VX4-3A 燃气涡轮机规定：大于 $10\mu m$ 的颗粒必须完全去除；对于 $2～10\mu m$ 的颗粒量严格限制在 7.5% 以下[60]。同样，在煤基多联产化学品合成时，如果煤气没有达到化学品所要求的标准，则会使催化剂失效或中毒。另外，煤气中的尘粒还会对环境造成污染，在排空前必须进行处理。因此，要实现多联产系统的安全有效运行，必须对粗煤气进行过滤除尘。但是如果采用常温湿法除尘的话，还需要将净化后煤气的温度升高到燃气轮机发电或化学品合成所需要的温度。根据热力学第二定律，热量不能自发地从低温热源向高温热源传递，必须以消耗其他形式的能量来实现低温煤气的加热，这就势必造成了能量的浪费。而高温除尘不仅可以充分利用粗煤气的显热，使 IGCC 的供电效率提高 $0.7\%\sim2\%$，而且无须建立复杂的废水处理系统、冷却系统。

目前能有效清除高温煤气中尘粒的方法主要有三种：过滤除尘技术、旋风除尘技术、静电除尘技术。

① 过滤除尘技术。过滤除尘是使含尘气流通过过滤材料而将粉尘分离捕集的一种技术，是目前多联产高温除尘较理想的一种除尘方式。其过滤机理是：筛滤作用、惯性碰撞作用、拦截作用、扩散作用、静电作用和重力沉降作用[61]。主要有陶瓷过滤除尘技术、颗粒层过滤除尘技术、金属微孔过滤除尘技术和全滤饼式过滤除尘技术等。

② 旋风除尘技术。旋风除尘器是利用含尘气体旋转时产生的离心力将尘粒与气体分离的装置。它是工业应用中最为广泛的一种除尘设备，尤其在高温、高压、高含尘浓度以及强腐蚀性环境等苛刻场合。与其他除尘器相比，旋风除尘器具有结构简单、没有运动部件、造价便宜、除尘效率较高、维护管理方便以及适用面宽的特点，对于收集 $5\sim10\mu m$ 以上的尘粒，其除尘效率可达 90% 左右。但是旋风除尘器的压降一般较高，而且对于 $5\mu m$ 以下的尘粒捕集效率低[52,53]。而这远远不能满足净化后的高温煤（烟）气含尘浓度低于 6×10^{-6} 的要求。故一般旋风除尘器只能作为预除尘设备，使高温粗煤气净化到含尘低于 0.5%，再进行二次除尘[59]。

旋风除尘器按气流进气方式分为切流反转式、轴流反转式、直流式等。虽然形式上多种多样，但其原理都一样，只是在性能和应用上有所差异。

③ 静电除尘技术[59,62]。静电除尘器是在一对电极之间施加高压直流电产生电场，使两极间产生电晕放电现象。当含尘气体流过电场时，会受到已经电离出的离子和电子的撞击，从而使尘粒带电。受电子撞击的尘粒（大多数尘粒）带负电，向阳极板移动，从而被捕获。受正离子撞击的尘粒（少数尘粒）带正电，向阴极板移动，从而被捕获。然后通过振打装置敲击极板，将捕获的尘粒清除。静电除尘可分为 4 个阶段——气体电离，粉尘获得离子而带电，荷电粉尘向电极移动，清除电极上的粉尘[63]。

2.4 合成气制备的重整单元

焦炉煤气是在炼焦炉中经过高温干馏后，在产出焦炭和焦油产品的同时所产生的一种可燃性气体，是炼焦工业的副产品。焦炉煤气热值高、燃烧快、火焰短、废气产量比重小，可用作燃料和化工原料。其成分主要包括 H_2、CH_4、CO、CO_2 和一些轻烃，其中 H_2 含量最高，达 $54\%\sim59\%$，其次是 CH_4，通常占 $1/4$。焦炉煤气因富含 H_2、CH_4、CO 等气体，可以经过深度净化加工合成天然气等，提高焦炉煤气的综合利用，减少不必要的能源损失，实现更高的经济效益和节能环保效益[64]（焦炉煤气制天然气的重要意义）。

在煤的气化过程中，CH_4 的产生来源主要是热解阶段，因此随着反应的进行，其变化幅度相对较小。但是，随着反应温度从 $750℃$ 提高到 $850℃$ 的过程，CH_4 的含量从 16.7% 降至 8.9%。相对于焦炉煤气而言，气化过程中的 CH_4 含量更小。但是，其中含有相对量更大的 CO_2，因此，对合成气重整过程而言，无论是单独的重整过程，或者两种合成气组成的"双气头"进行的重整反应，都具有相对较强的可行性。

间歇气化与连续气化工艺对比见表 2-4。

表 2-4　间歇气化与连续气化工艺对比

项目		间歇气化	连续气化		
			空气	富氧	纯氧
炉型		UGI	发生炉	改良 UGI 炉	Lurgi 炉
气化炉直径/mm		3000	3000	3000	3800
煤种		焦炭、无烟煤	无烟煤、焦炭	焦炭、无烟煤	烟煤、焦炭、无烟煤
氧气浓度/%		21.8	21.8	约 50	>95
气化压力/MPa		常压	常压	常压	$2.0\sim3.0$
粗煤气组成/%	CO	32.4	25.9	37.8	18.5
	H_2	38.5	15.3	29.4	39.0
	CO_2	7.1	6.7	14.0	31.1
	O_2	0.3	0.1	0.1	0.5
	N_2	21.4	51.2	18.2	2.4
	CH_4	0.3	0.8	0.5	8.5
主要气化指标	煤气低热值/(kJ/m^3)	8347	5208	8122	9578
	冷煤气效率/%	75.0	71.0	80.0	82.0
	气化强度/$[m^3/(m^2 \cdot h)]$	1060	1250	2290	>3000
	产气率/(m^3/kg)	2.08	3.54	2.71	2.63
	$CO+H_2$ 含量/%	70.9	41.2	67.0	57.0
	氧耗/$[m^3/m^3(CO+H_2)]$	0.000	0.000	0.214	0.326
	煤耗/$[kg/m^3(CO+H_2)]$	0.600	0.686	0.542	0.667
	蒸汽耗/$[kg/m^3(CO+H_2)]$	0.905	0.350	0.519	1.346

自 2003 年以来，我国已成为全球第一大焦炭生产国与出口国。在炼焦的同时，产生大量的焦炉煤气，而这些焦炉煤气中含有大量的 CH_4 和 H_2（CH_4 含量约 $23\%\sim27\%$，H_2 含量约 $55\%\sim60\%$）[65]。但是这些焦炉煤气没有得到有效的利用，而是直接

放空燃烧，不仅浪费了资源，还污染了环境。与此同时，煤基多联产要求合成气中 CH_4 和 CO_2 的含量越低越好，并且需要一定的 H_2/CO 比，而直接生产的气化煤气中 CO_2 含量过高，不适合用作合成气。为此，太原理工大学煤科学与技术重点实验室根据气化煤气富碳以及焦炉煤气富氢的特点提出了"双气头"多联产系统，并以此申请了国家"973计划"项目——气化煤气与热解煤气共制合成气的多联产应用基础研究。目的是将不适合用作合成气的温室气体 CH_4 与 CO_2 重整制备 H_2 和 CO。CH_4 和 CO_2 的重整不仅有效地达到 CO_2 减排和转化 CH_4 的目的，而且省去了水煤气变换反应。调节合成气的氢碳比，降低了能量损耗[66]。

2.4.1 CO_2/CH_4 重整反应对能量的利用效果

目前，合成气的调氢大都采用水煤气变换，即 $CO+H_2O \Longrightarrow H_2+CO_2$。有效组分 CO 经中温、低温或中低温组合的变换、催化剂调变为化学稳定性高的 CO_2 并被脱除，不仅消耗能量（主要表现在消耗大量蒸汽），而且使碳有效利用率降低。脱除的 CO_2 若收集以作他用则还需增加存储和净化设备，使系统的复杂性进一步增加；若以驰放气排入大气，则污染环境。而"双气头"多联产系统通过气化煤气（GCG）与焦炉煤气（COG）的组分互补，实现了能量的梯级利用，提高了能量的利用效率。

2.4.2 重整反应条件对转化率的影响

（1）气化煤气与焦炉煤气进料混合比例（M）和温度对转化率及 H_2/CO（摩尔比）的影响

气化煤气（GCG）与焦炉煤气（COG）的重整反应复杂，主要有：

$$CO+3H_2 \Longrightarrow CH_4+H_2O \tag{2-1}$$

$$2CO+2H_2 \Longrightarrow CH_4+CO_2 \tag{2-2}$$

$$CO_2+4H_2 \Longrightarrow CH_4+2H_2O \tag{2-3}$$

$$CO_2+H_2 \Longrightarrow CO+H_2O \tag{2-4}$$

$$CH_4+H_2O \Longrightarrow 3H_2+CO \tag{2-5}$$

$$CH_4+CO_2 \Longrightarrow 2CO+2H_2 \tag{2-6}$$

图2-10为温度、气化煤气和焦炉煤气的摩尔比（M）对转化率、产率和 $n(H_2)/n(CO)$ 的影响。由图可知，常压下，在 $M=0.6\sim2.4$ 范围内，x_{CH_4}、x_{CO_2}、x_{H_2}、x_{CO}、y_{H_2O}（x、y 表示各组分的转化率及产率）以及 $n(H_2)/n(CO)$ 受温度和 M 值变化影响较大。在 $x_{CH_4}<0$ 的温度段，有甲烷生成，表明发生了甲烷化反应〔反应式(2-1)～反应式(2-3)〕，而甲烷生成量随温度升高减小则表明甲烷化反应随温度升高减弱。

随着反应体系温度的升高，x_{CH_4}、x_{CO_2} 由负值逐渐升高，x_{H_2}、x_{CO} 由正值逐渐减小，至高温时保持负值。这表明低温时主要发生的是甲烷化反应，水蒸气有少量产生，

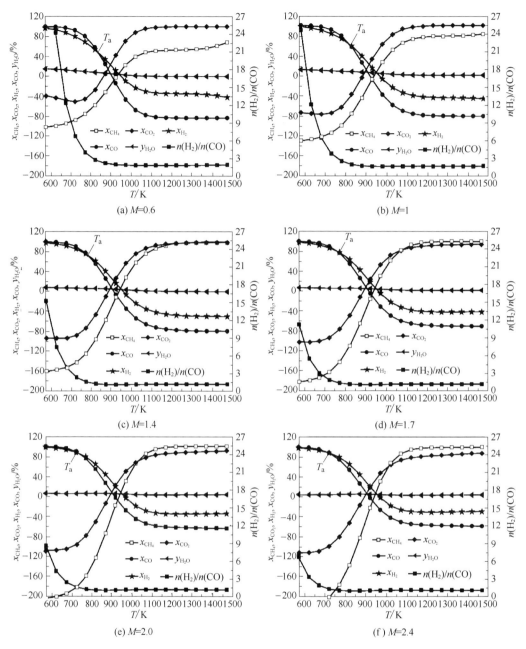

图 2-10 GCG 和 COG 不同配比时的转化率和产率

温度升高后 $y(H_2O) \approx 0$。$n(H_2)/n(CO)$ 值低温时较大，随着温度的升高，此值稳定在 1.5，高温后以甲烷二氧化碳重整反应为主，产气 $H_2:CO=1:1$。即，当温度达到 $T_a[x(H_2)=x(CO)$ 时对应的温度] 后下降减缓，直到基本不再变化；随 M 值增大，平衡 $n(CH_4)/n(CO_2)$ 下降，说明在不同温度和 M 值下反应(2-1)和反应(2-2)的强弱不同。由图 2-11 可知同温度下反应(2-1)的平衡常数小于反应(2-2)，且随温度升高反应(2-1)的平衡常数比反应(2-2)下降得快，反应(2-2)应始终强于反应(2-1)，但在原料

气 $n(H_2)/n(CO)$ 大于 1 的转化体系中，当温度低于 T_a 时，甲烷化反应初期仍以反应 (2-1) 为主，并导致平衡 $n(H_2)/n(CO)$ 先急剧下降，以后随温度升高反应 (2-2) 得到加强，$n(H_2)/n(CO)$ 下降变缓，CO_2 生成量增加，平衡 $n(CH_4)/n(CO_2)$ 下降。从以上分析还可得，在 $n(H_2)/n(CO)$ 大于 1 的转化体系中，T_a 值取决于 CO 含量，并随 CO 含量增加而降低。温度低于 T_a 值时，转化体系的甲烷化程度严重。

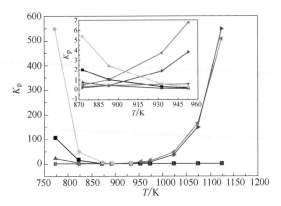

图 2-11　不同温度下的平衡常数
■—反应式 (2-1)；●—反应式 (2-2)；▲—反应式 (2-3)；
▼—反应式 (2-4)；◀—反应式 (2-5)；▶—反应式 (2-6)

由图 2-10 可知，只有当温度大于 $x_{CH_4}=0$ 对应的温度时，才能抑制甲烷化反应，故而将 $x_{CH_4}=0$ 时的温度称为甲烷化反应上限温度（简称 MCT）。值得注意的是，MCT 不是一个定值，而是随着 M 值增大略有提高。计算显示，在 $p=0.1MPa$，$M=0.6\sim2.4$ 范围内，MCT 值从 931K 升高到 944K，而且总是在 $x_{CO}=0$ 和 $x_{H_2}=0$ 时对应的温度区间内，表明在 $n(H_2)/n(CO)$ 大于 1 的混合转化体系中，MCT 值与其中的 CO、H_2 含量有关，并随着混合气中 CO 含量的增加而升高。

表 2-5 为常压下气化煤气与焦炉煤气不同温度、不同 M 值下的转化率和 $n(H_2)/n(CO)$。由表可知高温可以提高 $n(H_2)/n(CO)$ 比例、CH_4 和 CO_2 的转化率。提高气化煤气与焦炉煤气的进料配比降低了 $n(H_2)/n(CO)$ 和 CO_2 的转化率，提高了 CH_4 的转化率。

表 2-5　常压下气化煤气与焦炉煤气不同温度、不同 M 值下的转化率和 $n(H_2)/n(CO)$

温度 T/K	$M=1$			$M=1.4$			$M=1.7$			$M=2.0$		
	$n(H_2)/n(CO)$	$x_{CH_4}/\%$	$x_{CO_2}/\%$	$n(H_2)/n(CO)$	$x_{CH_4}/\%$	$x_{CO_2}/\%$	$n(H_2)/n(CO)$	$x_{CH_4}/\%$	$x_{CO_2}/\%$	$n(H_2)/n(CO)$	$x_{CH_4}/\%$	$x_{CO_2}/\%$
1123	1.47	73.2	96.9	1.3	87.2	92.5	1.2	92.1	87.6	1.1	94.2	82.8
1173	1.48	76.8	98.9	1.3	93.2	95.4	1.2	96.8	90.2	1.1	97.9	85.3
1223	1.48	78.3	99.6	1.3	96.4	96.9	1.2	98.7	91.6	1.1	99.2	86.8
1273	1.48	78.9	99.8	1.3	98.2	97.8	1.2	99.5	92.5	1.1	99.7	87.9

（2）压力对转化率的影响

图 2-12 为压力对转化率和 $n(H_2)/n(CO)$ 的影响。由图 2-12 可看出，随着压力升高，x_{CH_4}、x_{CO_2}、$n(H_2)/n(CO)$ 均下降。CO 甲烷化速率下降，但甲烷化反应温度范围扩大，甲烷化温度上限由常压（0.1MPa）时 939K 提高到 1MPa 时 1099K，4MPa 时达到 1225K。在压力为 1MPa 时，x_{CH_4} 达到 96% 所需温度为 1423K，比常压时高出 250K，x_{CO_2} 由 90% 升高到 93%，$n(H_2)/n(CO)$ 基本没变化。因此可以认为，由甲烷化阶段和 CH_4—CO_2—H_2O 三重整阶段构成的混合重整过程，加压虽能抑制甲烷化反应速率，但会使甲烷化反应温度范围扩大，要得到与常压下相同的转化率必须在更高的温度水平上反应，无疑对设备的耐热耐压性能提出了更高要求，因而，在常压下进行焦炉煤气与气化煤气混合气重整反应比较合适。

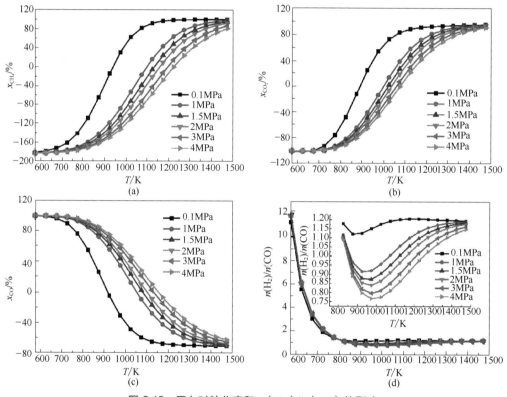

图 2-12　压力对转化率和 $n(H_2)/n(CO)$ 的影响

2.4.3　催化剂

虽然 CH_4 和 CO_2 重整的意义重大，但是离实现工业化还有一定的距离，原因是催化剂容易积炭、烧结，稳定性差。因此开发抗积炭、抗烧结、高活性和高选择性的催化剂成为学者们首要完成的任务。目前国内外学者主要对催化剂的活性组分、载体、助剂和反应机理进行了研究，试图开发高效的催化剂来解决以上问题。

（1）催化剂的活性组分

研究表明，第Ⅷ族金属元素除了 Os 外均具有重整活性[67]。催化剂的活性组分可分为贵金属（Ir、Pt、Pd、Ru 和 Rh 等）和非贵金属（Fe、Co、Ni 和 Cu 等）。

贵金属催化剂有较高的活性，并与所用的载体有关，如：当载体为 Al_2O_3 时，催化活性顺序为 Ru＞Pd＞Rh＞Pt＞Ir；当载体为 ZrO_2 时，催化活性顺序为 Pt＞Rh＞Pd＞Ir＞Ru。虽然贵金属具有活性高、抗积炭性能强的优点，但是由于其价格昂贵，故难以实现工业化。

非贵金属由于价格低廉，自然界中储量大，受到国内外学者的青睐。非贵金属催化剂的活性顺序为 Ni＞Co≫Cu≫Fe，其中镍催化剂的活性可与贵金属催化剂相媲美，但是它的抗积炭能力很差。针对它抗积炭能力弱，国内外学者进行了大量的研究，如载体改性、添加助剂、改变制备方法等[68]。

一些研究者发现 Mo、W 的硫化物和碳化物以及 Mn 的氧化物均具有较好的抗积炭性能和反应活性。高比表面积的 Mo_2C、W_2C 具有良好的重整活性和稳定性，其活性和抑制积炭能力可以与贵金属相媲美，该催化剂突出的特点是常压下失活较快，而提高反应压力其稳定性却大大提高[66]。此外，谢克昌等[65]研究了煤半焦存在下的 CH_4 转化。半焦由大同煤在 900℃ 下制取。实验表明，填装半焦后，CH_4 分解活化能由 152kJ/mol 降至 59.34kJ/mol，甲烷分解温度因此降低，在掺加 CO_2 的情况下，随温度的提高（900～1250℃），甲烷转化率可达 99.20%，合成气 CH_4 含量降到 0.5%。进一步掺加水蒸气后，CH_4 转化率没有明显变化。张国杰[69]研究了高温炭材料对 CH_4、CO_2 重整有明显的催化作用，结果显示由于炭催化剂表面含有丰富的活性极性氧的含氧官能团，这些极性氧具有较强的活性，可促进 CH_4 和 CO_2 的活化转化。Bao 等[70]研究了不同钴负载量的 Co/MgO 催化剂对甲苯、CO_2 重整反应的催化性能，结果显示高 Co 负载量催化剂上过量的金属 Co 有利于提高催化剂的稳定性。

（2）载体的选择

载体本身并无催化活性，但它在 CH_4 和 CO_2 的重整反应中起着至关重要的作用，它不仅为活性组分提供了附着空间，同时还与活性组分发生相互作用进而影响催化剂的性能。适用于 CH_4 和 CO_2 重整反应的载体应该具备以下特点：高温条件下具有良好的稳定性；较高的机械强度；良好的抗烧结性能；与活性金属有合适的相互作用；较大的比表面积。目前所报道的载体种类有 Al_2O_3、MgO、SiO_2、TiO_2、ZrO_2、La_2O_3、稀土金属元素氧化物以及复合氧化物 Al_2O_3-CaO-TiO_2 等[68,71,72]。

活性组分的活性随载体的不同而不同。Wang 等[73]研究了金属-载体的相互作用对催化剂 Rh/Al_2O_3、Rh/SiO_2 和 Rh/CeO_2 抗积炭性能的影响，发现 Rh/CeO_2 抗积炭性能最强，原因是 Rh 和 CeO_2 之间的独特作用使 CeO_2 部分还原成 CeO_{2-x} 和氧空位，促进 CO_2 转化成 CO 和表面氧，而表面氧更容易与 CH_x 发生反应，因此 Rh/CeO_2 比 Rh/Al_2O_3、Rh/SiO_2 具有更好的抗积炭性能。Pompeo 等[74]对 Ni、Pt 负载于 α-Al_2O_3、α-Al_2O_3-ZrO_2 和 ZrO_2 的催化剂在重整反应中的作用进行了研究，结果发现 ZrO_2 有提高

CO_2 解离生成氧中间体的作用，而氧中间体与 CH_x 发生反应，从而较好地抑制了积炭。Mattos 等[75] 研究了 Pt/Al_2O_3、Pt/ZrO_2 和 $Pt/Ce-ZrO_2$ 催化的 CH_4 和 CO_2 重整，结果显示，$Pt/Ce-ZrO_2$ 在重整反应中表现出最好的稳定性，原因是 $Pt/Ce-ZrO_2$ 具有高的还原性和储氧/释氧能力，使积炭从活性部位脱离，从而提高了催化剂的稳定性。他还提出了催化剂储氧能力的增加有助于提高催化剂的还原能力和氧的迁移能力。邹骏马[76] 采用卤素抽提的方法对低比表面积的商业化 SiC 进行表面处理，在 SiC 表面形成高比表面积的 C 层，即 C-SiC 材料。随后对 C-SiC 进行 N 原子的掺杂、CeO_2 和 La_2O_3 的添加，制备了负载 Ni 的新型 SiC 载体催化剂，结果显示由于 Ni 的分散度提高，催化剂的活性提高。王苏[77] 研究了不同形貌的纳米 $\gamma-Al_2O_3$ 载体对催化剂活性的影响，结果显示，与 $Ni/\gamma-Al_2O_3$ 纳米片催化剂相比，$\gamma-Al_2O_3$ 纳米条催化剂具有较大的比表面积、较好的金属分散性和优异的催化稳定性。Du 等[78] 研究了不同形貌结构的 CeO_2 载体对 CH_4、CO_2 重整反应的影响，在 Ni/CeO_2 纳米棒（NR）和纳米多角体（NP）上进行 CH_4、CO_2 重整反应催化活性和抗焦性能的研究。结果表明与 Ni/CeO_2-NP 相比，Ni/CeO_2-NR 催化剂具有更好的催化活性和抗焦性能。

（3）助剂的选择

助剂是用来调变活性组分的催化性能，自身没有活性或只有很低的活性。助剂通常是碱土金属（Ca、Mg 等）、稀土金属（La、Ce、Eu、Pr 等）以及其他金属（Li、K、Co、Cu、Zr、Mn 等）的氧化物。助剂的作用主要是：调节催化剂的表面酸碱性；提高活性组分的分散度；改变活性组分与载体的相互作用；调变金属原子的电子密度以影响催化剂对甲烷、二氧化碳分子的解离性能[67,68,79]。

Osaki 等[80] 研究了助剂 K 在 Ni/Al_2O_3 催化的重整反应中的作用，认为 K 是通过将 Ni 表面分成几个小区间来抑制积炭。Hou 等[81] 的研究表明，Ca 对 Ni 负载型催化剂的影响是由载体（SiO_2、$\alpha-Al_2O_3$、$\gamma-Al_2O_3$）的性质和所添加 Ca 的量决定的，适量的 Ca 可以提高 Ni/Al_2O_3 的活性和稳定性，并且提高了 Ni 的分散度，强化 Ni 和 Al_2O_3 之间的相互作用，使抗烧结性能提高。但是，过量的 Ca 会将 Ni/Al_2O_3 表面覆盖并且加快了 CH_4 的分解，从而导致催化剂失活与积炭的产生。有学者在 Ni/SiC 中加入 La_2O_3 助剂，使 Ni 纳米粒子高度分散，增强了 Ni 纳米粒子与载体的相互作用，制备的催化剂具有良好的抗积炭能力[82]；有学者制备了 Ni/Sm_2O_3-CaO 催化剂，在载体中掺入 Sm_2O_3 后实现了 Ni 纳米粒子的高度分散，Ni 纳米粒子与载体良好的界面作用，增强了催化剂表面碱性，这使得催化剂可以吸附更多 CO_2。此外，Sm_2O_3 的加入还可以增加催化剂表面氧空位从而加速了表面含碳物质（CH_x）消除和阻止催化剂表面晶须状炭的形成[83]。

2.4.3.1 催化剂积炭过程及种类

在烃类转化过程中，催化剂失活的主要原因在于其表面大量积炭，并在反应条件下转变为低活性的积炭覆盖在金属活性位表面，阻塞催化剂载体的孔道并使催化剂床层阻力变大，此外，积炭还会引起催化剂机械强度降低甚至粉化。在甲烷、二氧化碳重整反应中，存在的积炭反应如下：

甲烷裂解：$CH_4 \rightleftharpoons C + 2H_2$ $\qquad \Delta H = +74.9kJ/mol$

CO 歧化：$2CO \rightleftharpoons C + CO_2$ $\qquad \Delta H = -172.4kJ/mol$

CO 和 CO_2 也可能与 H_2 发生反应并解离积炭，但高温下积炭量极少，可忽略。

从热力学角度看，工业生产中，甲烷、二氧化碳重整制取合成气的温度范围为700~900℃，仅吸热反应甲烷裂解反应容易发生。在负载型镍基催化剂上，甲烷裂解是积炭的主要反应。

积炭可以根据多种标准进行分类：按积炭形貌，可分为石墨炭、丝状炭和球状包裹炭，长时间反应形成的大量丝状炭是导致催化剂活性下降直至失活的主要积炭物种。按积炭产生的先后顺序，镍基催化剂上的积炭分为 Ni_xC、过渡炭和石墨炭，在一定温度下会发生 $Ni_xC \rightarrow$ 过渡炭 $\rightarrow$ 石墨炭的变化。当石墨炭覆盖在催化剂表面时，催化剂活性降低直至失活。按含氢量（反应活性）的不同可以被划分为三种积炭物质（α-C、β-C、γ-C）。其中，α-C 具有最高的反应活性；β-C 则可以认为是 α-C 进一步脱氢形成的介于前后两者之间的一种积炭形态，α-C 和 β-C 是反应过程中形成合成气的主要中间体；γ-C 则具有类石墨结构（无定形或石墨质炭），很可能是载体酸中心上形成的含碳物质，活性较低，是导致催化剂失活的主要积炭物质。

各积炭物质的有序程度与反应时间、反应条件以及不同的催化剂样品有关，但大致趋势是在重整反应温度范围内，存在的消炭气氛（CO_2/H_2O）的消炭速率低于积炭速率，积炭由活泼碳向不活泼碳转化，反应活性低的碳量逐渐增多。

不同积炭物质对 H_2O、CO_2 和 O_2 的反应活性有很大差别。O_2 能通过完全燃烧，使表面积炭完全被氧化成 CO_2；H_2O 在 600℃ 以上时，能消去大部分的积炭。O_2 与 H_2O 的消炭能力均比 CO_2 强。CO_2 对积炭的消除与积炭种类和载体的酸碱性有很大关系，这是由于 CO_2 的活化首先需要在载体上发生吸附，强碱性载体有利于 CO_2 发生吸附，吸附物种可以发生分解形成活性氧从而与催化剂表面积炭（包括载体和催化剂上的积炭）反应达到消炭目的，如 La_2NiO_4 催化剂，能解离出与 CO_2 相互作用的 La_2O_3 晶粒，引发 CO_2 分解出的活性氧与镍晶粒表面的 CH_x（$x = 1, 2, 3$）反应，载体 La_2NiO_4 提供了活化 CO_2 的有效途径[81]，CO_2 通过反应：

$$CH_x\text{-}Ni + CO_2\text{-}La_2O_3 \longrightarrow CO + x/2H_2 + Ni\text{-}La_2O_4$$

释放出 H_2 和 CO，故 CO_2 与上述三种积炭物质均有作用，在反应中可以提供氧化物同时抑制三者的聚集和再生消炭。因此在某些对 CO_2 有强吸附能力的载体（Ni/$MgAl_2O_4$、La_2NiO_4 等）上，CO_2 在650~700℃时可以消除催化剂上的三种积炭物质（消去约总积炭的88.1%），包括难以氧化的 γ-C。

2.4.3.2　化学链式 CO_2 消炭循环的催化剂再生工艺

（1）催化剂的再生气氛

催化剂的积炭是一种含氢量少、碳氢比很高的固体缩合物，覆盖在催化剂表面，若通过含氧气体进行再生燃烧时会放出大量的热量，因此必须使用一种严格控制其氧含量的气体介质，小心地进行烧焦。通常，含氧气体介质指的是在氮气或水蒸气中混兑适量的空气。再生气体的循环方式分为两大类，即热循环方式和冷循环方式，分别以 UOP 和 IFP 重整工艺为代表，差别是冷循环方式中回路中设有脱氯、干燥、气体压缩、气体换热及加热等设备，对循环回路中的设备及管线的材质要求有所降低，再生循环气中的水含量和氯化物含量得到有效降低，对保护催化剂性能有利，但循环回路中的设备复杂且压降较热循环方式大，能耗略高。氮气和空气作为混兑气体介质对积炭进行再生时，燃烧反应是强放热反应，反应式：

$$C + O_2 \Longrightarrow CO_2 \qquad \Delta H = -394 \text{kJ/mol}$$

即使严格控制进口的氧含量 [0.5%～1.0%（体积分数）]，但仍可能发生催化剂床层局部过热或超温而使催化剂烧结或损坏设备内部构件；再生过程中形成 NO_x；此外焦炭中氢原子在燃烧过程中会生成水蒸气，高温含水环境造成催化剂比表面降低。而水蒸气作为再生介质，除了同样会降低催化剂比表面积，在再生条件下，还会促进催化剂上的活性金属组分聚集，载体（如沸石、氧化铝）的晶型结构被破坏；为避免水蒸气腐蚀下游设备，一般对一次通过再生烟气的水蒸气采用直接排入大气的处理方式，并带出掺杂的污染物。

（2）催化剂的再生工艺

目前工业催化剂的再生方式有两种：一种是器内再生，即催化剂在反应器中不卸出，直接采用含氧气体介质再生，但因生产装置停工时间长、再生条件难以控制以及催化剂再生效果不理想而渐渐被淘汰；另一种为器外再生，是将待再生的失活催化剂从反应器中卸出，送到专门的催化剂再生工厂进行再生，并更换新鲜催化剂。但是器外再生，为置换新鲜催化剂而频繁地更换正在运行的反应器中的催化剂或停开反应器，会给反应器操作带来很大的麻烦，并造成成本上升和安全隐患（不再生而直接卸出的催化剂易着火或生成羟基镍）等问题。根据上面对现有催化剂再生工艺的分析，尝试设计一种 CH_4、CO_2 重整过程中的 CO_2 消炭循环再生催化剂工艺。前人已经有过对甲烷化反应系统及甲烷化催化剂再生工艺专利的研究。该工艺设计了两个并联的固定床反应器，其中一个反应器进行甲烷化反应的同时，另一个反应器进行在 CO_2 参与下的催化剂消炭再生反应，然后在甲烷化反应器催化剂失活后可以将两个反应器用途互换，即每个反应器交替进行甲烷化反应和催化剂消炭再生反应，以此来实现连续生产。其中 650℃ 的甲烷化反应的反应热或余热向 400℃ 的催化剂消炭再生反应提供所需热量，消炭所用的 CO_2 来自甲烷化产物气体的分离（图 2-13）。

甲烷化反应与甲烷、二氧化碳重整反应的积炭机理类似，且两者均多选用镍基催化剂，因此这种专利中所描述的甲烷化反应催化剂的再生方式也同样适合甲烷、二氧化碳重整反应的催化剂，为甲烷、二氧化碳重整反应的催化剂再生工艺提供了一种选择。但考虑到此种设计中需要一段时间（依催化剂失活速率决定）进行一次反应器用途的互换，并且每次均需要重新调配反应器运行参数，使其保持最佳的反应条件，仍有缺陷。

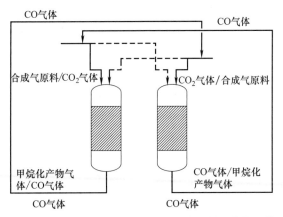

图 2-13 一种甲烷化反应系统及甲烷化催化剂再生的工艺图例

因此，结合对化学链燃烧（CLC）中金属载氧体催化剂的循环考察，可以另外设计一种类似于化学链燃烧工艺的甲烷、二氧化碳重整反应中失活催化剂的化学链式 CO_2 循环消炭再生工艺。

CLC 系统中包括 2 个反应器，即空气反应器（氧化反应器）和燃料反应器（还原反应器），基本原理是将燃料与空气直接接触的传统燃烧借助于载氧体的作用分解为 2 个气-固反应：一方面利用载氧体分离空气中的氧；另一方面载氧体将分离出的空气中的氧传递给燃料，进行燃料的无火焰燃烧。这里仅考虑与载氧体有关的反应：

空气反应器中：$O_2 + Me_xO_{y-2} \longrightarrow Me_xO_y$

燃料反应器中：$Me_xO_y \longrightarrow O_2 + Me_xO_{y-2}$

CLC 的原理实质上是金属载氧体反应器外的负载循环与释放再生，这很容易联想到催化剂的积炭失活和还原再生，下面便给出两者的原理示意图（图 2-14 和图 2-15）进行对比分析。

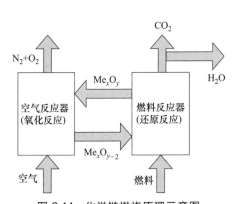

图 2-14 化学链燃烧原理示意图

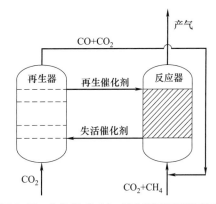

图 2-15 化学链式 CO_2 消炭循环原理示意图

由图 2-14 和图 2-15 可见，两种循环虽然有本质的区别，但仅就循环物质的再生和再利用方面两者比较相似，即化学链式 CO_2 消炭循环中催化剂承载的是积炭，这与金属承载氧原子规律是类似的。由相似的原理和循环规律构思化学链式 CO_2 消炭循环的催化剂再生过程可以用与 CLC 相类似的工艺设计和设备。

2.4.4　反应机理

目前，CH_4 和 CO_2 重整的反应机理、控制步骤以及积炭规律等一些理论尚存争议[67]。CH_4 和 CO_2 重整的总反应为：

$$CH_4 + CO_2 \Longrightarrow 2H_2 + 2CO \tag{2-7}$$

一般认为，重整反应包含了以下反应[52,84]：

$$CO_2(g) \Longrightarrow CO(ads) + O(ads) \tag{2-8}$$

$$CH_4(g) \Longrightarrow CH_x(ads) + (4-x)H(ads) \tag{2-9}$$

$$CH_x(ads) + O(ads) \Longrightarrow CO(ads) + xH(ads) \tag{2-10}$$

$$CO(ads) \Longrightarrow CO(g) \tag{2-11}$$

$$xH(ads) \Longrightarrow \frac{x}{2}H_2(g) \tag{2-12}$$

以上式中，ads 表示吸附态。

在控制步骤上，多名学者认为 CH_4 解离和 C—H 键的断裂是速率控制步骤；Du 等[78]等认为 CO_2 的解离是反应的速率控制步骤；Osaki 等[80]则认为吸附含碳物质（CH_x）与 CO_2（或吸附氧原子）的反应（2-10）是速率控制步骤。

催化剂上的积炭反应目前普遍认为主要包括两个反应：

CH_4 裂解：$CH_4 \Longrightarrow C + 2H_2$　　　$\Delta H_{298K} = 74.9 kJ/mol$

CO 歧化：$2CO \Longrightarrow CO_2 + C$　　　$\Delta H_{298K} = -172.4 kJ/mol$

CH_4 分子首先在金属表面上分解脱氢产生表面含碳物质 CH_x，它可能被来自 CO_2 分子解离吸附产生的表面氧物种除去，转化成 CO 和 H_2，也可能未及时转化而在金属表面上发生深度脱氢形成积炭[66]。积炭有两种，一种为石墨炭，另一种为丝状炭，前者覆盖在催化剂表面时，使催化剂活性降低，导致催化剂失活；后者则不会[70]。因此可在催化剂中添加适当的助剂，抑制石墨炭的生成，从而提高催化剂的活性与抗积炭性能[85]。

Shamsi 等[86]的研究指出，在高压下，由 CH_4（即 CH_4 深度裂解）和 CO_2（即 CO 歧化）产生的积炭大致相同，而在低压下，积炭主要来自 CO_2。根据热力学定律可知高温有利于 CH_4 裂解反应，低温有利于 CO 的歧化反应。史克英等[87]采用 TG、XRD、SEM、EDAX 和脉冲色谱技术研究了 Ni/Al_2O_3 和 Ni/ARM 催化剂的甲烷脱氢积炭反应特征，结果显示甲烷脱氢是主要的积炭反应，且脱氢反应的积炭行为与催化剂上 Ni 的分散状态有关。

综上所述，要想使重整反应单元正常运行，催化剂的性能是关键，然而由于催化反应的复杂性，目前制备催化剂的目的集中在如何进一步提高现有催化剂活性并开发新催化剂。催化剂易积炭、易烧结的问题已经得到了很好的解决。方修忠[88]采用蒸发诱导自组装法制备了有序介孔 Ni-Al$_2$O$_3$ 催化剂、CeNi/m-SiO$_2$ 催化剂、Ni/Y$_2$Zr$_2$O$_7$-GNC 催化剂,三种催化剂均表现出优异的抗积炭性能。任盼盼[89]研究了不同焙烧温度的天然埃洛石衍生的硅铝复合氧化物(SA-H)载体镍催化剂,适量乙酸钠作为矿化剂制备的 ZrO$_2$ 载体负载的催化剂 Ni/ZrO$_2$(SAc$_{0.5}$),采用葡萄糖负载促进剂和碳源制备了新型的 Mo$_2$C-Ni/ZrO$_2$ 催化剂,强的金属-载体相互作用提高了催化剂的抗积炭和抗烧结性能。Feng 等[90]将微量的 MgO 助剂添加在 Ni/Al$_2$O$_3$ 催化剂上,结果表明微量 MgO 助剂促进了 CO$_2$ 在 Ni 颗粒表面的裂解活化,进而可以及时消除 Ni 金属表面由甲烷裂解产生的碳物质,防止其迁移、聚集和生成石墨炭,从而提高催化剂的抗积炭性能。在焦炉煤气转化的过程中,由于大量 H$_2$ 与 CO 的存在,一些与 H$_2$ 和 CO 相关的副反应对转化过程的影响也需要重点考察[64]。

2.5 高温脱硫技术

2.5.1 高温脱硫在整个多联产系统中的地位

在煤气化过程中,原料煤中的大部分硫会进入到煤气中,煤气中 90％的硫以硫化氢的形式存在[91],尽管羰基硫(COS)、二硫化碳和硫醇、噻吩等有机硫化物很少,但若不经过处理,煤气中的硫化物进入化学品合成工段会引起催化剂中毒,影响工艺操作并造成产品质量的下降;进入到燃气轮机发电系统内会腐蚀机器、降低燃气轮机寿命等,这些都将影响到整个多联产系统的正常运行。张金昌等[92]指出在 IGCC 技术中,高温气体净化系统必须把总硫含量降低到 100×10^{-6} 以下,在多联产技术中若将燃料气用于熔融燃料电池技术,则总硫含量必须降到 1×10^{-6} 以下。

目前,煤气脱硫方法有很多,按工艺可分为常温(低温)脱硫和高温脱硫。常温脱硫分为干法和湿法两大类。常温干法脱硫一般在 $25 \sim 35$℃下进行[93],主要用于化工、冶金、铸造、电力等部门,成熟的工艺有干法、半干法脱硫工艺[94];常温湿法脱硫按煤气处理的先后顺序分为前脱硫和后脱硫两种形式[95],目前常温脱硫技术有比较成熟可靠的运行经验,并且已经广泛应用于冶金、化工及燃气生产行业,但是常温煤气净化的方法需将煤气冷却至常温进行脱硫,而粗煤气的出口温度通常在 1300℃左右[96],这一过程必然损失了热煤气的部分显热和潜热,使得净化部分的热效率降低,而且还带来污水处理等问题。此外,下一个工艺单元需要的反应升温会导致 IGCC 的效率下降。高温净化过程是把粗煤气在较高的温度下进行除尘和脱硫,然后把煤气以较高的温度送入到下一工艺单元,这一过程充分利用了高温煤气的显热和潜热,使得多联产的净效率提高 2％～3％。此外,它简化了系统,降低了设备的造价和减少了污染水的处理负担。因此高温脱硫技术在多联产系统气体净化过程中占有非常重要的地位。

高温煤气脱硫主要是指煤气中的硫化氢和金属氧化物的粒状脱硫剂反应，吸收硫的废剂进行氧化再生继续利用。就国外高温脱硫的温度来看，多为 550～650℃，再生温度在 600～700℃ 之间，我国从脱硫剂热粉化和提高脱硫温度回收显热两方面综合考虑，选用的高温煤气热脱硫区以 400～600℃ 为宜，然后再开发 650℃ 以上温区的高温热脱硫工艺[97]。

2.5.2　高温脱硫技术的新方法、新技术

多联产系统中高温脱硫的发展备受关注和重视，美国和欧洲等国家把高温煤气脱硫净化作为高效的第二代多联产系统发展的主要内容。高温（400～700℃）脱硫技术的关键在于脱硫剂的研制。高温煤气脱硫剂脱硫指煤炭完全气化后，在中高温下，主要借助于可再生的单一或复合金属氧化物脱硫剂与煤气中硫化物的反应，使硫化物分离出来的过程[98,99]。其脱硫原理是在高温条件（一般 >350℃）下，金属氧化物和硫化物发生化学反应，生成金属硫化物，从而脱除气相中硫化物。生成的金属硫化物在氧化性气氛中再生，实现脱硫剂的循环应用。以脱除 H_2S 为例，介绍以金属氧化物为脱硫剂的脱硫、再生基本原理。其脱硫原理如下[100]：

脱硫过程：$MO_x(s) + xH_2S \longrightarrow MS_x(s) + xH_2O(g)$

再生过程：$MS_x(s) + 1.5xO_2(g) \longrightarrow MO_x(s) + xSO_2(g)$

还原过程：$MO_x \xrightarrow{H_2/CO} MO_y (0 \leqslant y \leqslant x)$

再生得到的 SO_2 可进一步转化、生产有经济价值的化工产品单质硫、硫酸、亚硫酸盐或液态 SO_2。

尽管许多金属氧化物都可以作为高温煤气脱硫剂，但每种都有它自己的优势和劣势。实际选择时应根据脱硫温度、硫含量、要求的脱硫精度、煤气成分（如 H_2O、CO、H_2）和脱硫剂的价格等结合考虑。下面就常见的几种脱硫剂的国内外研究情况进行简单综述。

① 单一氧化锌金属氧化物高温煤气脱硫剂有较高的脱硫精度，但纯氧化锌脱硫剂的硫容很低。因此近年来，国内外主要研究的高温煤气脱硫剂集中在复合金属氧化物上，如铁酸锌。结果表明，在 600～650℃ 范围内，其具有较高的反应活性。在实验室规模的固定床反应器中进行的测试发现，出口硫化氢质量浓度仅为 1.58～4.74mg/m³，并且在氧化气氛下比较容易再生，经过多次硫化-再生循环后，虽然反应活性有所下降，但是脱硫率变化并不是很大。对其进行研究发现硫化温度在 350℃ 时，铁酸锌表现出较好的性能，既可满足较好的脱硫效率又可以达到较高的硫容量，同时也表现出良好的抗磨损性能，具有一定的工业应用潜力[101]。

② 钛酸锌和铁酸锌类似，也是新一代正在研究的高温煤气脱硫剂，而且因其较高的脱硫精度和优良的再生性能，可经历多次硫化-再生循环，而逐渐成为高温煤气脱硫

剂的开发重点[102]。北京煤化所在氧化锌-氧化钛体系的基础上，加入了多种助剂，有效提高了脱硫剂的脱硫活性、再生性能和抗粉化性能[103]。在对其进行再生行为研究时发现较高的再生反应温度不仅有利于提高脱硫剂的再生反应速率，而且可以减少在再生过程中硫酸盐的生成，因此在高温脱硫过程中很受欢迎。

③ TDA 研究中心受美国能源部（DOE）的委托，为降低脱硫成本，提高脱硫效率，采用了两段法脱硫工艺[91]，首先用氧化锡脱硫剂脱除 90% 或者一半的硫化氢，然后再用铁酸锌（钛酸锌）脱除剩余的硫化氢，使出口中硫化氢的含量大大减少；并且在对其再生行为研究时发现，当脱硫剂再生温度达到 700℃ 时，空气含量对其再生性能没有太大的影响。多家研究中心在脱硫过程中都得到了不同的副产品，从而认为这种脱硫剂是一种新的长寿命的高温煤气脱硫剂，这种方法脱硫费用低，具有很大潜力。

④ 利用熔融的碳酸盐作为脱硫剂，不仅可以脱硫又可以脱除氯[104]。从理论上计算可以知道这种脱硫方法有足够的脱硫能力和再生能力。在实际实验过程中发现合成气中含有少量的二氧化碳和水蒸气对脱硫效果没有不利的影响，最佳的再生气体组成是 50% 的水蒸气和 50% 的二氧化碳。这种脱硫方法随着操作温度的提高，无论对脱硫过程还是再生过程，都是有利的。但是由于碱金属与碱土金属是燃气轮机最大的腐蚀剂，尤其是在高温下，因此这种脱硫剂还没有得到广泛的应用。

⑤ 氧化铈由于其在再生过程中能产生单质硫以及其较好的稳定性，是一种很有发展前途的脱硫剂[105,106]。在脱硫的过程中，氧化铈要经过还原、硫化和再生阶段。在对其进行活性评价时发现，氧化铈的还原产物越多，脱硫效率也越高，也就是说氧化铈的预还原过程是至关重要的，它能直接影响脱硫的精度。利用两段法脱硫工艺，用氧化铈作为粗脱硫剂，而用锌基脱硫剂作为精脱硫剂，符合 IGCC 的特殊要求。由于在产物中直接生成单质硫，单质硫可以通过冷凝进行分离，得到的固态硫或液态硫更易储存和运输，也可以作为硫酸厂生产硫酸的原料。因此可以认为用氧化铈作为脱硫剂较经济合理。

⑥ 同氧化铈和其他脱硫剂相比，氧化铁更为广泛地被人们利用和研究，因为原料资源丰富且价廉易得，并且脱硫速率高、硫容高、易再生，且能在氧-水蒸气混合气氛下再生直接得到单质硫。太原理工大学进行了以钢厂赤泥为原料的高温煤气脱硫剂的研制及脱硫与再生工艺的研究[99]。在对其进行活性评价及再生行为研究时发现，氧化铁的再生性能较好，是一种比较理想的高温煤气脱硫剂。

⑦ Cu 基吸附剂具有良好的热力学性能，且在氧化和还原气氛中吸附率较高，因此也是目前主要研究的材料[107]。

⑧ 锰基脱硫剂在 400～1000℃ 都比较稳定，因此在硫化和再生过程中更具有灵活性，也可以用于较高温度的脱硫[27]。

⑨ 钙基脱硫剂，主要有方解石、石灰石或者熟石灰粉粒等[108]。

许世森等[109]提出选用成熟的常温脱硫技术设置高温脱硫工艺路线。李春虎等[110]认为高温煤气脱硫要分以下步骤：首先开发适于在 550～600℃ 温度区间内的脱硫剂和净化工艺，之后再开发 650℃ 以上温度区间的高温脱硫工艺。与此同时，他从高温煤气脱硫的经济性角度考虑，也把脱硫工艺分为两步：先用廉价的氧化铁脱硫剂脱掉 80%～90% 的 H_2S，再用 $Zn\text{-}Fe_2O_4$ 将剩余的 H_2S 脱除。

脱硫剂一直是高温煤气净化技术中的一个热点话题，很多专家学者一直致力于对此的研究，例如对铁钙型脱硫剂进行了硫化和还原的热重研究；从助剂的选择、助剂的矿物性质等方面考察了助剂对脱硫剂的强度和粉化等性质的影响；以及目前研究较热的金属锰、铜等，锰的氧化物在中高温条件下有较快的硫化速率和较高的脱硫精度，结合 IGCC 技术及经济分析，认为金属锰是较为理想的脱硫组分。结合最新技术，还可采用新材料作为脱硫剂的成分，如纳米材料和高岭土材料。在 IGCC 联合循环电厂设备的实际运行中，以钢厂赤泥为脱硫剂并且加入高岭土材料作为助剂而制成的脱硫剂是一种大力发展的尝试，且由于其价格的低廉，原料的可利用性，可以作为电厂主要的高温煤气脱硫剂。同时这将为 IGCC 联合循环的高效、低污染创造了有利的条件。国外很多研究机构采用了将脱硫剂掺在多孔陶瓷粉料中进行成型、烧结。

2.5.3 高温脱硫技术目前存在的问题及展望

高温煤气脱硫技术使用的脱硫剂不仅要符合高活性和高硫容量，反应速率快，稳定性、耐磨性、再生性能都要好，副反应易于掌控这些要求外，还要充分考虑其经济性，通常要求能够连续使用 100 个循环以上。国外开展配合 IGCC 的高温煤气脱硫技术已有 30 多年的历史，但是直至目前为止，高温煤气脱硫仍有很多问题有待解决，所以至今尚未实现工业化。大型的 IGCC 电站（250～300MW 等级）均采用常温湿法脱硫工艺。关于高温煤气脱硫，只有美国 Tempa IGCC 电站有 10% 的旁路，但依然没有能够投入生产运行，说明高温煤气净化技术尚不成熟，这主要是因为，虽然硫容和脱硫效率基本上满足实际要求，但这些脱硫剂在工作时还会出现不少问题，其中最主要问题是严重的粉化现象和副反应等[111]。

① 高温煤气脱硫过程中脱硫剂的粉化。脱硫剂使用过程中的粉化问题制约着脱硫工业进一步工业化。脱硫剂粉化是个复杂的工程现象，它由多种因素造成，主要包括晶变粉化、机械粉化、热粉化、化学粉化。脱硫剂一旦发生粉化现象，就会严重影响脱硫剂的再生，致使脱硫效率显著下降，脱硫剂的损耗和煤气含尘量随之增加，这成为制约高温煤气实现稳定运行和工程化的最大障碍之一。

② 高温煤气脱硫过程中的副反应。高温煤气的气体组成成分较为复杂，会导致硫化过程中出现许多副反应，主要包括变换反应、CO 歧化反应，由 CH_4、CO、CO_2 引起的碳沉积，气化炉焦油裂解引起的碳沉积等，这些副反应不仅会降低煤气的热值，而且还会降低脱硫剂的硫容，从而影响脱硫效果。

③ 脱硫剂再生时存在的问题。主要指脱硫剂再生时硫资源的回收问题，脱硫剂在再生过程中会产生 SO_2、H_2S 或者单质硫等硫资源，为了更好地节约资源和保护环境，

必须将硫资源进行回收利用，但是再生产生的这些硫资源的浓度和量随着时间或条件的变化起伏很大，不利于回收利用，另外多数脱硫剂的再生过程是放热过程，再生时会导致反应器局部过热，造成脱硫剂因烧结而失活，导致脱硫性能下降[27]。

根据国内外高温煤气脱硫剂近期的研究进展，我国今后在该领域的研究开发应重视如下几个方面。

① 采用分两步脱硫的方法，研发阶段性脱硫剂。在高温脱硫线路上可选择粗脱硫和精脱硫两步进行。粗脱硫阶段可选用廉价的废弃原料如工业废料赤泥、气化飞灰和天然矿物锰泥、白云石、石灰石以及 CeO_2 等。粗脱硫后进入第二阶段进行精脱硫，精脱硫阶段硫负荷不高，因此可延长脱硫剂的使用寿命，从而降低费用。精脱硫阶段可发展脱硫精度高的 Zn 基，但由于在使用过程中存在还原现象，因此精脱硫剂 ZnO 研究重点为加入合适的助剂来提高其化学稳定性、结构稳定性以及硫化动力学。

② 实现脱硫除尘一体化，增强脱硫剂活性。近年来，综合考虑固定床、移动床的特点，提出了脱硫除尘一体化工艺[112]。脱硫除尘一体化工艺的核心是要在兼顾脱硫、除尘要求的前提下，进行反应器的设计和操作参数的优化。脱硫过程的操作要求是要使得脱硫剂得到充分利用，脱硫效率达到最佳。除尘过程的操作要求是除尘效率要高，颗粒循环率要低，并且操作过程的压降不可超过工艺的要求。要达到以上要求，首先要有足够的气固接触时间，得以保证高的脱硫和除尘效率，其次固体颗粒在反应器内应有合理的停留时间，从而保证较高的脱硫剂利用率和合适的操作压降。另外脱硫除尘一体化操作过程并不等同于单一地把脱硫过程和除尘过程进行简单组合，其突出特点在于颗粒层内的沉积粉尘导致了过程的气体流动行为、气固化学反应和操作效果的变化，即脱硫和除尘两个过程之间存在着相互的影响和优化匹配的问题[113]。由此可见兼顾脱硫和除尘过程的物理和化学要求，解决联合操作时两个过程的不利影响，是实现集成优化的关键。

③ 研发适用于流化床、移动床的脱硫剂。研究开发同时适用于流化床和移动床的脱硫剂，并且此脱硫剂能够作为脱硫除尘一体化过程的介质，提高脱硫剂耐磨性能和抗压强度[98]。

④ 研究脱硫、硫再生过程直接得到单质硫。由于硫易于储存和便于运输，又是工业上生产多种化工产品所必需的基础原料，市场需求很大，同时硫的资源化也可以弥补脱硫产生的费用。由此可见经脱硫和硫再生过程中直接得到单质硫也是脱硫剂研究开发的发展趋势，形成脱硫、再生和硫资源化的一体化系统工程[114]。

2.6　气体分离技术

气体分离技术主要包括两个环节：一是原料气的分离，在以氧气为气化剂的气化系统中，必须设置"空气分离系统"，简称空分系统；二是产品气的分离，依据不同的

工艺过程分别对 CO_2、H_2 和 CH_4 等气体进行分离。由于气体分离设备投资大，能耗高，因此气体分离技术的选择对整个联产系统的经济性、合理性起到重要作用，目前气体分离技术主要有深度冷冻法、变压吸附法以及膜分离法，和专门分离 CO_2 所采用的化学吸收法和物理吸附法等。

（1）原料气的分离

目前煤气化技术绝大多数是以纯氧或富氧为气化剂进行的，制备纯氧或富氧气体的空分单元是煤气化过程开始前最重要的工艺单元。空分单元是多联产系统中能耗最大的单元，使用深度冷冻法空分耗能占整个 IGCC 发电量的 15% 以上[115]。考虑到在多联产工艺中，各个化工单元相互耦合，辅助工段共用，所以空分装置可以保持一定的规模，连续运作，而不需要依据市场需求的变化改变其生产能力；同时与单纯的电力 IGCC 或单纯的甲醇生产相比，可以增大空分单元的规模，通过规模效应实现节省投资的目的。目前，按照氧氮组分分离所采取的技术方法的不同，制氧技术可以分为：深度冷冻法（简称深冷法）、变压吸附法以及膜分离法等三种制氧方法[116]，如表 2-6 所示。

表 2-6　三种制氧方法的优缺点比较[117-120]

制氧方法	原理	适应性	缺点	氧气产量/(t/d)	氧气纯度/%
深度冷冻法	根据氧氮沸点不同进行分离	方法成熟，适应性好，工艺可靠，产品产量及质量稳定。但空气和氧气、氮气的压缩要消耗大量的电能导致多联产系统效率降低	工艺流程复杂；操作复杂，装置启动时间长（需 40h）；投资成本高，需要特殊的设备材料	>20	≥99
变压吸附法	利用氧氮在不同吸附剂表面吸附量不同而分离	制氧能耗和运行成本低，操作范围广，开停车方便，投资省且建设工期短[121]。通过调节工作压力和吸附时间，可以得到不同质量的气体产品	生产率受产品纯度影响较大；可用来生产中等纯度（90%～93%）的氧气，但是如果进一步提高其产量和纯度就会带来大的能耗且提取率会降低	<200	95
膜分离法	利用氧氮在膜中溶解和扩散系数的差异而分离	选择不同的膜可得到不同产品，适应性较好，可在较大压力范围内进行工作，压力越大，产量越大。近年来逐渐出现了利用电化学原理分离制氧的新型膜材料，分离纯度可达 100%[122]	传统膜选择性低，所得氧气纯度低；而且产量很小，当产气量较大时所需薄膜的表面积很大，价格昂贵	<20	传统膜<40%；新型膜最高可达 100%

传统空气分离制氧气、氮气的方法是深度冷冻法，对于大规模生产来说仍然是经济的。当对氧气和氮气浓度要求不高、规模不大（小于 $2\times10^6\,m^3/h$）时应用变压吸附法是经济可靠的[123]。在日本，1993 年采用变压吸附法（PSA）制氧气量占总氧产量的 33.3%[124]。目前，对 PSA 的研究主要集中于吸附剂的研制。美国能源部 1999 年推出的"梦幻 21"计划（Vision 21）中膜分离技术是项目的先导技术之一，该计划提出使

用大容量、低成本的高温陶瓷膜（离子迁移膜）技术替代昂贵的深冷空分工艺，用于煤气化过程中富氧气体的制备[125]。

按空分设备的工艺流程来分，可分为外压缩流程与内压缩流程。现代全低压空分工艺根据对氧产品压力的不同需求，可分为全低压空分的内压缩流程和外压缩流程[119]。全低压外压缩流程就是空分设备生产低压氧气，然后经氧压机加压至所需压力供给用户，也称为常规空分；全低压内压缩流程就是取消氧压机，直接从空分装置冷箱内生产出中高压氧气供给用户。该流程与常规外压缩流程的主要区别在于，产品氧的供氧压力是由液氧在冷箱内经液氧泵加压达到，液氧在高压板翅式换热器与高压空气进行热交换以汽化复热。两种工艺主要是为满足对氧产品的不同压力要求。在大型多联产系统中，氧气需求量大、纯度高，故多采用全低压内压缩流程。

在多联产系统中，空气分离方法及流程的选择与煤种、气化炉的类型和煤气中各组分的含量有直接关系，与气化工艺也有密切关系，如表2-7所示。

表2-7　不同气化炉的主要操作指标

指　标	鲁奇炉[126]（加压固定床）			温克勒[29]（加压流化床）	壳牌[30]（加压气流床）
	无烟煤	烟煤	褐煤	褐煤	褐煤
气化压力/MPa	2.86	2.24～2.45	2.52～3.03	2.0～3.0	3
氧气消耗/(kg/kg煤)	0.59	0.33～0.41	0.18～0.25	0.48	1
气化温度/℃	1150	1000～1100	950～1052	1000	1700～2000
净煤气组成(H_2/CO)/%	45.3/20.3	39.7/24.2	37.2/19.1	—	66.1/30.1

多联产是以煤气化生产的合成气为原料联产多种产品，其中包括电力的生产。这种项目对空分设备的要求是：氧气纯度为95%以上；氮气除合成氨生产需要外，主要作为输送、安全、吹扫等使用，因此对纯度的要求不高，一般99.9%已足够，且用量低于氧气。

煤气化联产合成氨、甲醇及发电等的工厂，对空分设备的要求基本与合成氨厂相同，对氧气纯度无严格的要求（95%以上），要求提供部分纯度较高的氮气（99.999%）供合成氨工段使用，数量根据合成氨的生产规模而定（每吨合成氨氮气的消耗量为$700m^3$）。流程中氮气及氧气的压力要求分别在3.5MPa及4.0MPa以上。与之配套的空分设备应选择内压缩流程。由于是联产工艺，氨和甲醇合成的尾气可以用于提供 H_2 和 CO 等，剩余的气体可以用于IGCC发电。

（2）产品气的分离

煤气化后的产品气成分主要为 CO、H_2、CH_4 和 CO_2，为了充分利用碳氢资源，有效减少 CO_2 的排放，对煤气组成需进行调整处理，调整的方法主要有 CO 变换和 CH_4 转化。CO 变换，是使煤气中的 CO（部分或全部）与水蒸气反应生成 H_2 和 CO_2 的方法；CH_4 转化采用部分氧化法或水蒸气法，使甲烷转化为 H_2、CO 及部分 CO_2。

在传统的化工生产中，为了追求原料的高转化率，设立水煤气变换反应单元以调整产品气的碳氢比是必要的。一般采用加压气化法生产城市煤气时，在净煤气组成里 CO_2 的含量应为 1.5%（体积分数）左右，过量的 CO_2 只能增加输配系统的投资和金属耗量，因此必须予以清除；由煤变成甲烷的过程中，需要加氢、取碳，在净化过程中，通过 CO 的部分变换，获得氢的同时并取出碳，满足甲烷合成需要的 C/H 比；当加压粗煤气的组成作为合成氨的原料气时，主要利用其中的 H_2、CO 和 CH_4，CO_2 会使氨合成催化剂中毒，合成氨工艺要求 CO 和 CO_2 总含量小于 20×10^{-6}；在煤制甲醇工艺中，对合成气中 H/C 比也有一定的要求，一般采用添加（或脱除）一部分 CO_2 来调节；在 F-T 合成工艺中，主要的合成气组分为 CO 和 H_2[127]，CO_2 的脱除也需要通过水煤气变换反应脱除。而在多联产系统中，由于不是追求单一的化工转化率，未反应的 H_2、CO 仍可以进行发电，所以水煤气变换过程不再是必须的工序，但是在不带有水煤气变换装置的多联产系统中，受化学反应热力学限制，甲醇产量比较低，增加水煤气变换和脱碳过程消耗的能量可通过甲醇产量增加而获得弥补。因此在多联产系统中，增加水煤气变换反应在能量利用方面是合理的[128]。2005 年，太原理工大学提出了"气化煤气、热解煤气共制合成气的多联产新模式"并获得国家重点基础研究规划（973 计划）的资助，新的多联产模式不同于国内外已提出的模式，它将气化煤气富碳、热解煤气富氢的特点相结合，将气化煤气中的 CO_2 与热解煤气中的 CH_4 进行重整转化制备合成气，调整 H/C 比，实现提高效率和 CO_2 减排的目的。这样不仅可以提高原料气的有效成分，而且可以免除 CO 变换反应。通过核算，应用新型的"双气头"多联产可以达到良好的经济和社会效益。以年产 100 万吨焦炭为规模核算，需配套 40 万吨/年煤气化装置，产生的气化煤气和焦炉煤气进行重整反应，可共制 $9.3\times10^8 m^3$ 合成气，可以生产 20 万吨甲醇和 200MW 电力，同时可以减排 CO_2 约 $1.8\times10^8 m^3$，节水 9.5 万吨，节煤率为 12%[129]。

目前对碳氢分离的方法主要有两种：一种是以分离 CO_2 为主；一种是以分离 H_2 为主。CO_2 虽然是温室气体的主要成分，但其也日益成为重要的化工原料，如生产尿素、碳酸氢铵、干冰和纯碱等，所以对其回收和利用是非常必要的。CO_2 回收过程包括分离、运输和储存等几个环节，分离环节是其中关键技术，同时也是耗能较大的一个过程，也是能源系统回收 CO_2 研究所关注的主要过程。

多联产系统的发展一直与 CO_2 的减排密切相关，倪维斗院士等[130]所提出的在以煤气化为核心的多联产能源系统发展的 4 个阶段均不同程度地涵盖了 CO_2 减排的诸多方面，指出：多联产系统在提高能源转化效率的同时，最终要实现能源利用系统 CO_2 的回收利用，达到其近零排放。多联产系统依据 CO_2 分离过程在动力系统中的位置和循环方式的不同，将 CO_2 分离的主要方式分为"燃烧后分离""燃烧前分离""纯氧燃烧"[131]以及"化学链燃烧"[29]。燃烧后分离是最简单的 CO_2 回收的方式，即在发电动力系统的尾部亦即热力循环的排气中分离和回收 CO_2。但由于排气中 CO_2 含量通常低于 $7\%\sim15\%$，而适合低含量 CO_2 分离的化学吸收工艺需要消耗较多的中低温饱和蒸汽用于吸收剂再生，导致系统热转功效率下降8%～13%，所以直接从低浓度的烟气中分离回收CO_2将使电站效率直线下降，增加发电成本，实现CO_2分离的前提是获取高浓度的CO_2烟气；燃烧前分离CO_2是多联产系统中较为常用的，且是热转功效率下降最少的分离方式，该分离过程合成气未与空气混合，通过水煤气变换反应将合成气中的CO气体转化为CO_2和H_2，再通过比较低成本的物理吸收系统将CO_2分离出来，则可以得到相对洁净的富氢燃料气，采用燃烧前分离的发电动力系统，热转功效率下降7%～10%，采用这种方式的多联产系统如Vision 21、Futuregen、Syngaspark、美国阿贡国家实验室（ANL）、中国"绿色煤电"计划以及清华大学提出的煤气化氢电联产等。这种分离方法由于是在未被稀释的合成煤气中进行，能耗较小，系统净效率要比"燃烧后分离"的工艺高1%～2%；纯氧燃烧的O_2/CO_2循环采用纯氧作为氧化剂，燃烧产物主要为CO_2和H_2O，经透平膨胀和余热锅炉放热后，水冷却凝结而仅剩下CO_2，很容易通过压缩液化加以分离，所以几乎没有CO_2分离能耗。但通过空分系统产生燃烧需要的高纯度氧气需要消耗大量的压缩功，因此O_2/CO_2循环系统效率仍然要降低10%～12%。化学链燃烧技术并不通过火焰燃烧的方式来释放燃料的化学能，而是通过固体金属燃料的氧化还原反应过程将燃料化学能释放过程与捕集过程整合为一体：由于燃料与空气没有直接接触，燃气侧的混合气体生成物为高浓度CO_2和水蒸气，并未被氮气稀释。所以只需要采用简单的冷凝方法冷却排气就可以将CO_2分离出来，分离不用消耗额外的能量，并且也不需要专门的分离设备，从而实现了燃料化学能的释放与捕集一体化。此方法可以实现能量的梯级利用，提高能源利用率[132]。

多联产系统中，分离回收CO_2的方式有化学吸收法、物理吸附法、低温分离法和膜分离法等。由于多联产系统中中温热源丰富，因此普遍采用化学吸收方法。常见的化学吸收剂有乙醇胺（MEA）、二乙醇胺（DEA）和甲基二乙醇胺（MDEA）。在多联产系统中采用化学吸收原理来分离CO_2是因为：a. 化学吸收过程在低温下吸收酸性气体，在高温下还原吸收剂，多联产系统中有丰富的中温热源，能够与吸收流程相整合；b. 化学吸收方法能够达到90%以上的吸收率，分离出的CO_2纯度高，便于回收存储；c. 化学吸收的方法能耗低，工业化成熟[128]。李星[133]利用折合热转功效率的评价方法评价多联产系统的性能得出，回收CO_2的多联产系统效率不仅没有下降，反而稍有上升，这一性能优势表明，回收CO_2的多联产系统可以在保持化工能耗与动力系统热转功效率与分产流程接近甚至稍高的情况下实现部分CO_2的分离回收。

从合成煤气中分离H_2的方法较多，常见的分离法有：低温分离法（也称深冷法）、选择吸附法、金属氢化物净化法和膜分离法。其中低温分离法也称深冷法，深冷法[134]是利用在低温条件下，原料气组分的相对挥发度差、沸点差、部分气体冷凝，从而达到分离的目的。选择吸附法是利用吸附剂只吸附特定气体，从而实现气体的分离。选择吸附法包括低温吸附法、变压吸附法和低温吸收法[135,136]。金属氢化物净化法[107]是利用储氢合金在低温下对氢进行选择性化学吸收，生成金属氢化物，氢气中的其他杂质气体则分离于氢化物之外，随废氢排出。金属氢化物在稍高温度（约100℃）发生分解反应释放出氢，从而实现氢的分离。膜分离法[94]是利用膜对特定气体组分具有选择性渗透和扩散的特性来实现气体分离和纯化目的。但从目前分离成本、能耗和分离的 H_2 纯度等角度看，陶瓷质子膜分离法具有较强的竞争力和发展前景。通过质子膜分离技术将煤气中的氢气分离出来（纯度可达 99.99%），在多联产系统中分离出氢气的用途有：可用于质子交换膜燃料电池，主要用于城市交通车辆，可以达到零排放，从根本上解决大城市汽车尾气污染问题。长远来看，氢作为载能体，可作为分布式热、电、冷联供的燃料，实现当地零排放。

氢气的各种分离法各有优缺点，就氢气纯度而言，采用选择吸附法和金属氢化物净化法的效果最好，采用深冷法得到的氢气的回收率最高，而就成本而言，膜分离法较低。因此，应根据不同的气体组分和工况条件（如压力、温度、组成及含量等）选择适当的分离法。当某种单一的氢分离法无法满足高要求时，可适当地选用两种或多种氢气分离法联合使用，即选用多种分离过程的集成技术以达到更高的氢分离效果和更佳的经济性。

近年来，由于氢气分离技术存在一些固有的缺点，如成本高、分离效率低或者得到的氢气纯度不高，使其应用领域受到限制。目前，氢分离的研究热点主要集中在以下几个方面：a.金属氢化物中新型储氢材料的开发与研制；b.金属复合膜的制备，特别是钯合金复合膜；c.新型无机膜及其复合膜的研制，尤其是陶瓷膜；d.集成分离过程的研究开发。

2.7　产品选择及其在联产过程中的特点

多联产的主要目标之一是在尽可能提高系统效率的前提下，将化石能源中的 C、H、O 元素最大限度地转化为能量产品（热/冷能、电能）和可存储并适应社会需求的化工产品，产品载体的选择随多联产工艺、技术的改变和以此化学品为原料的下游工艺链的改变而不同。此外，联产过程中通常存在"以化补电"的现象，这是指以化工产品效益来补偿煤气生产和发电过程中的亏损，以平衡整个工程的经济效益，因此合适化工产品的选择对联产工艺的社会意义和经济效益至关重要。

2.7.1　化工产品选择

适合的化工产品选择的基本原则如下：

① 原料立足于系统本身。化工产品生产所需的原料来自系统本身。

② 生产工艺具有国际先进水平。化工产品的生产技术要成熟可靠，工艺过程简单易行，易于进行原料调配以满足生产。

③ 过程能耗低，"三废"少或较易处理。化工产品的生产过程能耗要求低，过程尽

可能避免"三废"的产生，废弃物易处理，要保证环境和生产协调发展。

④ 产品附加值要高，能打进国际市场且经济效益好。只有高附加值的化工产品才能有较高的经济价值，而具有良好的市场竞争力是实现这种价值的决定条件，所以一定要保证所选择的化工产品的市场经济效益，这样才能保证整个生产系统的经济效益，才能弥补生产过程的经济投资。

⑤ 兼顾国民经济发展需求，立足国家能源结构调整和产业升级的战略需求。

煤基多联产化工产品主要包括燃料甲醇、二甲醚、甲酸、乙二醇、煤制天然气、煤制低碳烯烃（包括 MTO 和 MTP）、煤焦油等，分别简述如下：

① 甲醇。甲醇是最重要的煤化工基础产品，也是重要的化工生产原料，是一碳化学的起点，它主要用于甲醛、乙酸、甲基叔丁基醚、二甲醚和其他化工产品生产。另外，燃料甲醇作为石油、汽油的替代燃料，是一种较清洁的能源。截至 2022 年底，我国甲醇有效产能逾 $9.947 \times 10^7 t$，同比增长 5.7%；进口量为 $1.219 \times 10^7 t$，同比增长 8.89%；出口量为 $1.73 \times 10^5 t$，同比下降 $9.683 \times 10^4 t$；消费量为 $9.224 \times 10^7 t$，同比增长 4.46%。产量、消费量和出口量大幅增长，进口量下降。甲醇生产工艺目前主要是采用铜基催化剂的 ICI 低压、中压法和鲁奇低压、中压法。早期采用锌铬催化剂的高压法已趋淘汰。目前世界甲醇生产技术中，低压法已占统治地位，不但新建厂，而且老厂扩建或改造也全部采用低压工艺。

② 二甲醚。二甲醚（DME）作为燃料，热效率高，无毒无害，对环境的负面影响小，替代对象液化石油气（LPG）和柴油消费量大，是市场前景很好的替代燃料。我国政府对 DME 的发展持积极态度。目前国内外 DME 生产方法主要有两种：合成气一步法和甲醇法，甲醇法又分为甲醇气相法和甲醇液相法。甲醇气相法是目前国内外使用最多的 DME 工业生产方法。合成气一步法由于关键性问题尚未解决，工业化技术尚未成熟，目前正在研究中。按现有技术水平，生产成本比甲醇法高。DME 专利技术供应商主要有日本 TOYO、JFE 和丹麦 TOPSOE，我国的西南化工研究设计院（气相法）、中国科学院大连化学物理研究所（气相法）、清华大学（气相法）、宁波远东化工科技公司（气相法）、山东久泰能源集团（液相法）和山东科技大学（液相法）等。目前，我国一批在建的 DME 项目，大多采用国内具有自主知识产权的技术，建设规模在 $(1 \sim 4) \times 10^5 t/a$ 之间。国内气相法 DME 技术在世界上已经具有较强竞争力。

③ 甲酸。甲酸是重要的基本有机化工原料，主要用于纺织、印染、鞣革等工业和青饲料保鲜。在国内，目前甲酸消费以医药工业用量最大，约占 45%；在化学工业方面主要用于生产 N,N-二甲基甲酰胺（DMF）、甲酰胺和农药等，也可作为橡胶防老剂及凝固剂；作为甲酸一个重要的潜在市场——青饲料保鲜在国内也日益受到重视。甲酸的工业化生产方法主要有：甲酸钠法、丁烷（或轻油）液相氧化法、甲酰胺法、甲酸甲酯法等。

④ 乙二醇。乙二醇是最重要的脂肪族二元醇，是生产聚酯树脂的重要原料。2022 年，我国乙二醇市场表观消费量为 2200 万吨，其中进口量为 751 万吨，进口依存度高

达 34.14%，市场缺口较大。现有煤制乙二醇生产装置多采用 CO 氧化偶联、草酸酯催化加氢工艺。中国科学院福建物质结构研究所、丹化科技、高化学和日本宇部化学和华中科技大学、上海浦景化工、上海戊正科技、五环工程公司/湖北省化工研究设计院及鹤壁宝马集团等在乙二醇生产工艺、装置、催化剂等方面做出了相应的贡献，推动了产业化进程。

⑤ 煤制天然气。天然气是最清洁的民用燃气和工业材料，也是机动车汽油的最佳替代品，具有热值高、环保性能好、廉价等特点。2022 年，我国天然气表观消费量为 $3.646 \times 10^{11} m^3$，同比下降 1.7%。进口压力依然较大，2022 年进口总量达 $1.532 \times 10^{11} m^3$，同比下降 10.2%。随着环境保护法规日益强化和城市空气质量的保护，我国天然气需求将大幅度增加，市场前景广阔。目前，由煤制天然气都是通过甲烷化技术，如托普索甲烷化循环工艺（TREMPTM）技术、DAVY 公司甲烷化技术（CRG），原料直接来源于粗煤气，且工艺流程简单、技术成熟可靠、消耗低、投资省、单位热值成本低。

⑥ 煤制烯烃。乙烯是最基本也是最重要的石化原料。乙烯主要用于生产聚乙烯（PE）、环氧乙烷/乙二醇（EO/EG）、聚氯乙烯（PVC）、乙酸乙烯酯和乙丙橡胶等下游石化产品。目前，我国乙烯主要来源是石脑油裂解。2022 年我国乙烯当量消费能力猛增到 $6.25 \times 10^7 t$，乙烯产能达 $4.93 \times 10^7 t$。尽管当量自给率大幅提高到 78.88%，但供求矛盾仍较大，市场前景广阔。煤制烯烃（MTO）的主要专利技术有美国 UOP/Hydro 技术和我国中国科学院大连化学物理研究所的 DMTO 技术、中国石化的 SMTO 技术。

丙烯主要用于生产聚丙烯（PP）、环氧丙烷/丙二醇（PO/PG）、苯酚/丙酮、丁醇/辛醇、丙烯酸及其酯和乙丙橡胶等下游石化产品。目前，我国丙烯来源主要是石脑油裂解制乙烯联产和炼厂液化气分馏、催化裂解（DCC）。2022 年，我国丙烯表观消费量为 $4.563 \times 10^7 t$，丙烯总产能达 $5.668 \times 10^7 t$，供求矛盾较大，市场前景广阔。甲醇制丙烯（MTP）专利技术供应商有德国 Lurgi 公司和我国清华大学。除了以上的煤基新能源及其化工产品外，国家还在进一步开发和研究新的产品及其技术。如：乙酸、酸酐及乙酰化学品体系工艺技术开发；草酸酯及碳酸二甲酯类体系工艺技术开发；合成气制烯烃（STO）、二甲醚制烯烃（DTO）、合成气制丙烯（STP）工艺技术开发；低碳烯烃及长链 α-烯烃碳化及氢甲酰化体系技术开发等。

⑦ 煤焦油。煤焦油中酚类化合物是特殊的高附加值化学品，其中，苯酚可用于酚醛树脂、己内酰胺及双酚 A 等的合成；邻甲酚用于激素型除莠剂、植物保护剂及防腐剂的合成；间甲酚用于塑料保护剂、润滑剂的添加剂的合成；对甲酚用于塑料、橡胶防老剂的合成及用作食品工业的防腐剂原料等。但煤基液体油中酚的存在，不仅影响油品加工时的安全性，还会产生大量含酚废水，造成环境污染。若将其分离提取，降低煤焦油制备液体燃料成本的同时，也提高了煤基液体油的经济性。典型的煤热解工艺中，如德国 LR 工艺和中国回转炉（MRF）工艺，这两种工艺生成的煤热解焦油按照 360℃ 切割馏分，低于 360℃ 的焦油成分约占 45%，其中酚类化合物含量约占 15%～25%。目前，分离酚类化合物的方法主要有碱洗法、溶剂萃取、沉淀法、络合法、离

子液体萃取和低共熔法，以及采用金属有机骨架化合物吸附分离酚类化合物法。其中，碱洗法由于操作简单、萃取效率高、易于实现等特点，是目前唯一工业化的酚类化合物分离方法。其原理如下所示：

$$PhOH + NaOH \longrightarrow PhONa + H_2O$$
$$PhO^- + H^+ \longrightarrow PhOH$$

油中酚类化合物与强碱反应生成溶于水的酚钠盐，收集水相，加酸性溶液还原出分子态的酚。研究中通常先将油品蒸馏切割成不同的馏分段[137,138]，再用氢氧化钠针对性抽提各馏分段中的酚类化合物，产率均在85%以上。但是强碱、强酸的使用对设备腐蚀严重，生成了大量含酚废水，且碱性环境下酚类化合物易氧化，造成大量损失。此外，碳酸钠和硫氢化钠也曾被用于油品中酚类化合物的抽提，分离原理和氢氧化钠碱洗类似。但是碳酸钠抽提时压力高达 0.5～1.5MPa，对设备要求严格；硫氢化钠抽提会产生有毒的硫化氢，很大程度上限制了其应用。

低共熔溶剂（DESs）是由氢键供体（或盐）和氢键受体结合形成的一种低共熔物。DESs 无显著蒸气压，热稳定性强，毒性低、价格低、生物降解性好。采用 DESs 的分离方法称为低共熔法，该方法是绿色化工分离的新方向。2012 年，酚类化合物作为氢键供体与季铵盐形成 DESs 分离油品中酚类化合物的想法被首次提出。首先将一定量的氯化胆碱（ChCl）加入模拟油，酚与 ChCl 形成 DESs，利用 DESs 与油相不互溶分离出油品中的酚；再用乙醚对 DESs 进行反萃取，酚进入乙醚中，重结晶回收 ChCl，蒸馏酚和乙醚混合物得到酚。目前用于油品中酚类化合物分离的氢键受体（或盐）有季铵盐、酰胺及其同系物、咪唑及其同系物、胆碱衍生物盐。研究发现，氢键受体烷基取代基长度、结构对称性，以及酚类化合物的烷基取代基位置等对分离效果均有影响，且并不是所有酚类化合物都能通过低共熔法分离。通常情况下，真实油品中均含有水，水亦能与 ChCl 形成 DESs，且水与 ChCl 的作用比酚与 ChCl 的作用更强，直接降低了酚类化合物的萃取率，而且氯离子水溶液对金属设备有强的腐蚀性。有研究发现，采用低共熔法分离油品中酚类化合物时中性油夹带现象也十分显著，且夹带量在氢键受体加入不足时随着温度的升高而增多。低共熔法分离油品中酚类化合物的研究尚处初步阶段，研究对象几乎均是模拟油，分离剂在真实油品中物理化学性质的稳定性以及其是否能保持分离模拟油时的效率需进一步探讨。

2.7.2 联产过程技术特点

立足于多联产系统本身，化学品生产系统的选择既要考虑对上游气化系统、变换系统和净化系统的影响，还要考虑对下游发电系统的影响。

（1）以煤气化为基础的多联产系统

目前商业化的气化炉多为德士古（Texaco）和壳牌（Shell），这两种气化炉生产的气化煤气性质见表 2-8。

表 2-8　多联产工艺中典型气化煤气的性质[139]

煤气成分	成分含量/%	
	Texaco (1300~1400℃,2.6~8.5MPa)	Shell (1400~1600℃,2.0~4.0MPa)
CO	40.2	60.2
H_2	37.2	23.6
CO_2	21.8	1.3
CH_4	50×10^{-6}	$<100 \times 10^{-6}$
H_2S	0.3(含COS)	0.07(含COS)
N_2	0.8	7.5

根据表 2-8 可以发现两种气化工艺中气化煤气中 CO 的含量都高于 H_2。化学品的合成过程中,合成气的气体组成比例与化学品的生产密切相关,其中 H_2 和 CO 的摩尔比则是其中最重要的指标之一。例如,F-T 合成中,$n(H_2)/n(CO)$ 的最佳比例为略大于 2,甲醇合成中要求为 2,二甲醚合成中要求为 1。由于气化煤气中 $n(H_2)/n(CO)$ 比值均小于 1,因此在多联产系统中要么选择适合气化煤气组成的合成工艺,要么通过调整合成气的气体组成比例以满足化学品合成的需要。

在不进行调气的情况下,使用富 CO 的合成气进行化学品生产,可以省去调气系统,提高整个系统的运行效率。综合分析现有的化学品合成技术,在不进行调气的情况下,选择 APCI 开发的采用 $CuO/ZnO/Al_2O_3$ 系列铜基催化剂的浆态床液相法甲醇合成工艺与多联产系统进行有机耦合是最佳路线。该工艺可以采用 $n(H_2)/n(CO)$ 的值小于 1 的合成气为原料,反应温度约 250℃,反应压力 5MPa,这一工艺条件和 Texaco 或 Shell 气化炉的产气条件较为接近。浆态床合成工艺中 CO 的最高转化率为 50%,出口气中 H_2 的含量已经很低。从多联产系统的经济性来讲,可以对甲醇一次合成后的低氢含量驰放气不做处理,直接串联发电。这样可以使整个多联产系统省去了调气系统、驰放气循环系统,整个流程更简单、经济效益更好。

除了浆态床液相法甲醇合成工艺外,其他的合成系统均无法使用 $n(H_2)/n(CO)$ 的值小于 1 的合成气进行生产,因此必须对合成气的气体组成进行调节。可是在多联产系统中增加调气系统会带来两方面的问题:一是设备投资和运行费用的增加;二是不同气化技术的合成气比例有很大不同,这对商业化系统的运行是不利的。

目前的调气方法主要有两种:一种是常见的水煤气变换,即通过 $CO + H_2O \longrightarrow H_2 + CO_2$ 的反应,将气化煤气中的 CO 转化为 H_2。该工艺技术已经十分成熟,然而在进行水煤气变换时一方面消耗了 CO,降低了 C 元素的利用效率;另一方面消耗大量的 H_2O,这对具有大量煤炭资源但水资源缺乏的地区是个不利的因素。因此水煤气变换比较适用于 $n(H_2)/n(CO)$ 的值变化不大的情况,例如 F-T 合成或一步法合成二甲醚。另一种调气方法是引入富 H_2 的焦炉气的"双气头"多联产系统。由于气化煤气富 CO,焦炉煤气富 H_2(见表 2-9),将二者根据一定的比例耦合重整,则可以得到符合要求的合成气。

表 2-9 气化煤气 (Shell) 和焦炉煤气的组成 (体积分数)

煤气种类	CO 含量/%	H_2 含量/%	CO_2 含量/%	CH_4 含量/%	N_2 含量/%
气化煤气	65.1	25.6	0.8	0.01	8.03
焦炉煤气	5.86	58.1	2.35	24.9	3.9

使用气化煤气和焦炉煤气的"双气头"系统，一方面可以节约宝贵的氢资源，将用作燃烧的焦炉煤气用于化学品合成；另一方面可以利用 $CH_4 + CO_2 \longrightarrow 2CO + 2H_2$ 的重整反应，将原料气中 CO_2 转化为 CO，增加合成气中有效组分的含量。尽管由于催化剂积炭问题的制约，低温重整（600～800℃）工艺目前还在研究过程中，而高温重整反应（>1000℃）由于能耗不经济等问题使重整系统仍未工业化运作，但"双气头"概念的建立，使多联产系统可以在节水、减排 CO_2 的同时，得到合适组分比例的合成气进行化学品的生产，不但可以进行 F-T 合成和二甲醚的合成，而且可以进行 $n(H_2)/n(CO)$ 的值高达 5 的气相法甲醇合成。

除了 $n(H_2)/n(CO)$ 以外，化学品合成单元所要求的温度、压力以及杂质组分的含量都要尽量满足多联产系统的情况，例如合成氨工艺，由于其所需压力为 10～20MPa，温度为 500℃，与多联产系统主线路中的工况差别太大，如果耦合该单元，必须耗费大量的能量来使系统达到高温高压，必然会大大降低多联产系统的整体效率。因此，目前合成氨工艺不适合与多联产系统进行耦合。

（2）以煤热解为基础的多联产系统[27]

从煤的自然属性上来讲，煤的组分复杂，各组分反应活性不一，如含富氢组分的挥发分，其反应活性高，但其固定碳组分反应活性较差。无论是在燃烧、气化还是其他热转换过程中，组分的不同性质和转化特性决定了其反应进行的难易程度。因此不应忽视其自身属性而将煤看作成单一的气化煤种，而应依据其组成以及反应性的不同进行分级转化利用。虽然单项新技术（整体煤气化联合循环发电、超临界燃煤发电、增压循环流化床发电、煤液化以及天然气制液体燃料等）均从不同程度上提高了煤炭发电量和利用率，大大降低了污染物排放，但是为了追求单个过程中较高的转化率，如整体煤气化联合循环发电技术，该技术往往需在高温高压的运行条件下才能实现，导致技术复杂、投资生产成本高以及装备产能无法充分利用等诸多问题，整体上降低了能源利用率。根据煤种特性、转化途径和目标产物不同，煤炭分级转化的基本思路如图 2-16 所示，将煤炭中较易热解、气化的部分提取转化为煤气和焦油，煤气可用于生产高附加值的工业原料，焦油可通过进一步加工工艺分馏出烷烃和芳香烃、酚类（一般集中在低馏分段）等，通过高压加氢反应制取汽油、柴油等燃料油，难热解、气化的剩余半焦则送至燃烧炉中燃烧产生蒸汽用于发电或供热，煤炭分级转化通过集成各生产技术路线的优势，实现系统内物质交换和能量转换过程的最优化，既保留了整体煤气化联合循环发电的全部优点，又弥补了煤炭发电以及利用单项新技术难以同时满足效率、成本与环境等多方面要求的缺陷。提高煤炭利用率，降低污染排放，从根本上实现了煤炭的分级转化综合利用。煤炭分级转化多联产技术不仅适用于我国储量大且品种多样的煤炭资源现状，而且可用于大量旧电厂、小型电厂和新建工厂的改造。因此煤炭分级转化发电技术应用前景十分广阔。

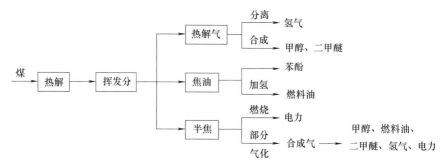

图 2-16　以煤热解为基础的煤分级转化利用多联产系统

近年来，煤炭分级转化多联产利用技术的研究开发受到越来越多国内外研究机构的广泛关注与重视。国家能源局《煤炭清洁高效利用行动计划（2015—2020 年）》中，重点提出推进煤炭优质化加工、分质分级梯级利用等的示范工程，积极构建煤炭清洁转化、液化与气化等清洁化利用的技术，加快煤炭由单一燃料向原料和燃料并重转变，继续推进煤炭焦化、气化、煤炭液化、煤制天然气以及煤制烯烃等关键技术攻关和示范。

多联产系统的核心是多系统的有机耦合，简化流程，减少设备投资，提高系统效率。由于受到多联产系统能源效率、环境保护和能源成本相互平衡的制约，限制了化学品合成的任意性，因此在选择化学品合成系统时要进行综合全面的分析。

2.7.3　液体燃料/化学品合成在多联产系统中的作用与地位

作为碳氢资源的有效载体，化学品不仅可以储存能量，而且可以通过不同比例的元素组合实现对原料中碳氢元素的最合理调配。以煤气化为核心的多联产技术在引入化学品合成后，系统的拓展性和功能都比单独的热电联产有了极大的提高。多联产系统将动力与化工过程按最优原则有机地耦合，联产高附加值液体燃料，降低了产品成本，同时简化系统，从而降低投资和运行成本，提高系统经济性和可靠性，在节能减排上有显著的效益。在联产过程中，化学品的合理选择和组合将对以煤气化为核心的多联产系统整体效率提高起到重要的作用。

（1）经济效益

含化学品合成单元的多联产系统通过扩大规模降低了比投资。例如，将 IGCC 与甲醇合成过程耦合，相同的产品输出时，由于规模经济的原因，联产系统的气化和空分单元的设备投资比甲醇和发电单产系统的相应投资之和节省 11%。此外，甲醇等是高附加值的产品，通过联产甲醇可以明显提高 IGCC 电站的经济性[140]。

如果多联产系统包含两种以上的产品输出，则该系统的另一个优势是可以根据市场情况调节输出产品的结构，以获得最好的经济效益。一种情况是根据市场情况调节原料在甲醇合成和发电间的分配，增加收益大的产品输出量；另一种情况是当电网要求降低电力输出时，可以保持气化单元和空分单元仍然工作在满负荷或相对高的负荷（与纯 IGCC 对应的气化负荷相比），而增加甲醇的生产量，这样既可以使投资大的设备尽可能发挥作用，又可以通过增加甲醇产量来取得收益[140]。

（2）操作灵活性

电力系统的负荷随昼夜时间和季节的变化十分明显，因而合理的系统应该具有良好的变工况特性，以适应不同的电力需求。IGCC 电站由于投资成本高、燃料成本低、气化系统操作灵活性差，使 IGCC 系统的变负荷性能难以满足负荷多变的要求。含有化学品合成单元的多联产系统克服了这一缺陷，化学品合成单元因不受产量约束，可保持变工况条件下较高的循环效率，避免气化单元和空分单元的再启动，有利于延长设备寿命，使系统具有良好的全工况特性。一个案例的计算结果是，年产甲醇 3.7×10^5 t 的液相甲醇合成装置与 9E 燃气轮机联合循环串联的多联产系统可以实现的发电负荷调节范围为 $55\% \sim 100\%$（气化单元运行工况不变）[140]。

（3）环境效益

煤基化工产品的生产需要大量碳，动力系统则为减少 CO_2 而避免使用碳基燃料，两者结合形成的煤基动力系统与煤基化工产品生产过程联合的多联产系统常常可以达到提高系统效率并减少 CO_2 排放的目的[141]。从系统碳平衡来看，输入多联产系统煤中的碳一部分固定在化工产品、液体燃料产品中，一部分随尾气排入大气，还有一部分被 CO_2 分离单元如 Selexol/NHD 等集中回收。化学品合成在多联产过程中占有极其重要的地位，该过程可以将煤中 C、H、O 元素进行充分利用，将碳固定在化学品合成单元产品中，从而减少温室气体 CO_2 的排放。研究表明，不采用水煤气变换的富 CO 一次通过串联式联产系统的单位发电 CO_2 排放量可比目前先进的煤粉电厂减少 11%，而采用水煤气变换的富 H_2 一次通过联产系统可将单位发电的减排比例提高到 50% 以上，减排效果十分明显[142]。

（4）战略意义

随着国际上石油供应日趋紧张和各国对液体燃料供应安全的重视，利用合成气制取液体燃料的技术也越来越得到重视[43]。化学工业的可持续发展必须建立在合理的能源结构及对能源的有效利用基础上，我国化学工业的原料路线建立在缺油少气相对富煤炭的基础上，当石油和天然气耗尽或者价格上涨到一定水平后，煤炭将成为我们经济地大规模获取化学品的唯一选择。多联产技术在发电的同时，可以使用合成气（CO/H_2）生产多种多样的化学品，通过甲醇这个关键的中间产品，我们可以获得非常丰富的衍生物（烯烃、乙酸等），也可以通过合成气直接生产油品和各种化学品。例如，将清洁燃料甲醇的生产和纯发电 IGCC 耦合在一起的多联产系统，将有可能大幅降低甲醇成本和 IGCC 发电成本，缓解我国液体燃料短缺和燃煤发电带来的环境污染、高硫煤的利用等一系列问题[130,142]。

结合我国当前在多联产领域的技术、装备和投资现状，直接发展热电多联产技术时机尚不成熟，而含化学品合成的煤基多联产系统，将煤电与煤化工耦合，建立煤电化联产的综合技术路线，则在技术上有保障，经济上更合理。这种煤炭利用的"能源-化工一体化"模式，同时实现了发电与基础化工品的综合高效利用，是符合我国能源战略中煤炭利用清洁化、高效化的技术出路，并能最终实现多联产技术不断优化、成熟，降低经济成本。

综上，煤基多联产系统工程是将现代煤化工与清洁煤发电技术相耦合，同步实现"能源-化工一体化"的解决方案，同时实现了煤的清洁、高效利用，既可在一定程度上规避高油价给经济性带来的风险，又可为替代燃料生产提供方案，可以说是保障能源安全、改善能源结构、实现节能减排、为现代煤化工产业和能源的清洁高效利用带来革新的重大技术融合式创新。

2.7.4 化学品的选择及费-托合成技术

费托（F-T）合成方法是 1923 年由德国科学家 Frans Fischer 和 Hans Tropsch 发明的，简称 F-T 合成（Fischer-Tropsch synthesis）[18]。F-T 合成就是以 CO 和 H_2 合成气为原料，在一定反应温度和反应压力的条件下，利用铁系催化剂生产各种烃类以及含氧化合物的过程。F-T 合成可以得到的产品包括气体和液体燃料，以及石蜡、乙醇、丙酮、烯烃等。F-T 合成的基本化学反应是由 CO 加 H_2 生成饱和烃和不饱和烃。生成饱和烃的反应式如下：

$$nCO+(2n+1)H_2 \longrightarrow C_nH_{2n+2}+nH_2O \qquad -158kJ/mol（250℃）$$

当催化剂、反应条件和气体组成不同时，还可进行以下平行反应：

$$CO+2H_2 \rightleftharpoons -CH_2-+H_2O \qquad -165kJ/mol（227℃）$$
$$CO+3H_2 \rightleftharpoons CH_4+H_2O \qquad -214kJ/mol（227℃）$$
$$2CO+H_2 \rightleftharpoons -CH_2-+CO_2 \qquad -204.8kJ/mol（227℃）$$
$$3CO+H_2O \rightleftharpoons -CH_2-+2CO_2 \qquad -244kJ/mol（227℃）$$
$$2CO \rightleftharpoons C+CO_2 \qquad -134kJ/mol（>227℃）$$

根据热力学平衡计算，上述平行反应在 50～350℃ 有利于甲烷生成，温度越高越有利。生成产物的概率顺序为 CH_4＞烷烃＞烯烃＞含氧化合物。反应产物中主要为烷烃和烯烃，其中合成气富含 H_2 时有利于生成烷烃，如果不出现催化剂积炭，富 CO 将导致烯烃和醛的增多。产物中正构烷烃的生成概率随碳链的长度而减小，正构烯烃的生成概率则相反。产物中异构甲基化合物很少。

目前 F-T 合成使用的催化剂主要为 Fe、Co 等，其中用于工业生产的主要是 Fe 基催化剂。Fe 基催化剂主要有两种：沉淀铁催化剂活性较高，但是机械强度比较差，只能在低温下（220～270℃）使用，主要用于固定床反应器；熔铁催化剂强度较高，但是活性差，要求在高温（320～340℃）使用，主要用于气流床反应器。总体上来说，Fe基催化剂价格便宜，而且对F-T合成具有较高的活性，但耐磨性和寿命比较差，且易与F-T合成产物H_2O发生水煤气变换反应（WGS），使产品的选择性和产率受到影响[143]。与Fe基催化剂相比，Co基催化剂不受WGS的影响，活性、寿命和转化率也比较理想，但要获得合适的选择性，必须在低温（170～190℃）下操作，从而导致反应速率下降。

F-T合成一般要求原料气中$CO+H_2$体积含量为80%～85%，这样反应速率和转化率比较理想，同时可以避免反应放出的热过多所造成床层温度过高。反应气中$n(H_2)/n(CO)$值在0.5～3之间，低于0.5不能利用，因为易发生CO分解，造成催化剂积炭失活[144]。此外，合成气中水和硫的含量也要严格控制，其中硫的最大含量为$(2～4)\times10^{-6}$，工业化最大含硫量$(0.2～0.4)\times10^{-6}$[143]。

目前用于F-T合成的反应器主要有固定床、气流床、流化床和浆态床四种，其中前两种已经在工业上使用了多年，而后两种反应器则是今后F-T合成反应器的发展方向。

（1）固定床反应器

固定床反应器为管壳式，类似于换热器，其结构如图2-17所示。管内装催化剂，壳程通入沸腾的冷却用水，以便移走反应热，反应温度可由管间蒸汽压力加以控制。此种反应器为鲁奇鲁尔化学公司的技术，简称Arge。1956年南非的SASOL一厂就开始使用该反应器来生产合成燃料，采用活化的沉淀铁催化剂，每立方米催化剂的气体流量为1800m³/h（新鲜气：循环气=1:2），操作压力为2.5～2.6MPa，反应温度为220～245℃[44,144,145]。

固定床反应器不存在催化剂与产物的分离问题，形式灵活、操作简单、抗硫和抗积炭性能比较好，但是该装置结构复杂，给制造和维修带来了很大的不便，装置放大很困难[146]，而且蜡的生成量很大。目前除了使用Co基催化剂的SMDS工艺以外，其他的新建设备已很少采用该反应器。

（2）气流床反应器

使用气流床反应器的主要产物为气体和汽油馏分烃类，重油和蜡比较少。气流床反应器

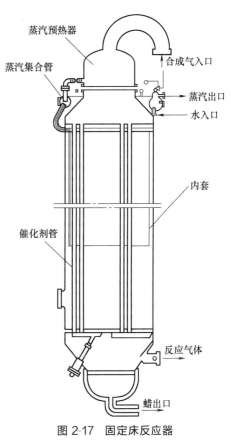

图2-17 固定床反应器

的结构如图2-18所示，催化剂悬浮在反应气流中，并被气流夹带至沉降室，沉降后循

环使用。该反应器是凯洛哥（Kellogg）公司的技术，简称 Synthol。气流床反应器在南非 SASOL 的三个厂中都在使用，采用熔铁粉末催化剂，操作压力 2.0～2.3MPa，反应温度 300～340℃。部分反应热由循环冷却油带走，用于生产 1.2MPa 的蒸汽。

气流床反应器同固定床反应器相比，产能高，热效率高，催化剂的装卸和再生也比较容易，而且气体和汽油馏分的烃类比较多；但存在装置投资高、操作复杂、催化剂耗量大的问题，而且进一步放大虽然较固定床反应器要容易，但依然在技术上存在困难[146]。

（3）流化床反应器

固定式流化床反应器的结构如图 2-19 所示。在流化床床层内置冷却盘管，床层上方有足够空间可分离出大部分催化剂，剩余催化剂则通过反应器顶部的多孔金属过滤器被全部分离出并送回床层[146]。

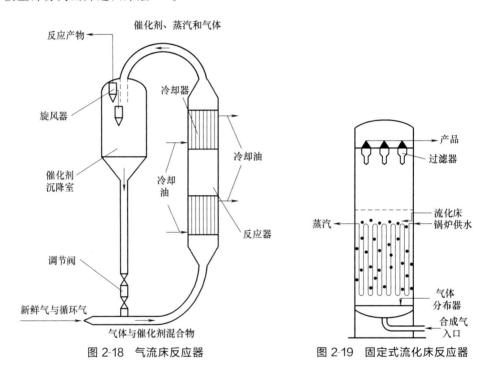

图 2-18　气流床反应器　　　　图 2-19　固定式流化床反应器

固定式流化床在继承了气流床优点的基础上，转化率和产能进一步提高，并且比较好地解决了催化剂损耗量大的问题，反应器的放大也比较容易，是比较理想的反应器。

（4）浆态床反应器

浆态床反应器结构如图 2-20 所示。合成气从反应器底部进入，通过气体分布板以气泡形式进入浆态床，通过液相扩散到悬浮的催化剂颗粒表面进行反应，生成烃和水，同时热量从浆相传递到冷却盘管并产生蒸汽。轻质气态产品、水以及未反应的合成气通过液相扩散到气流分离区，通过床层到达顶端的气体出口；而重质液态烃与浆相混合，通过专门分离工艺予以分离[146]。

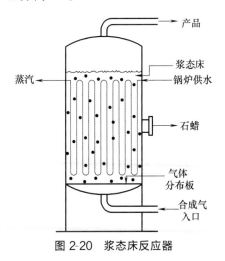

图 2-20 浆态床反应器

与固定床和气流床反应器相比，浆态床反应器具有以下优点：a.反应物混合均匀，传热性能好，反应热可以及时移走，可实现等温操作，进而提高了反应速率；b.浆态床反应器使用铁基催化剂时可以使用 $n(H_2)/n(CO)$ 值低的原料气，因为铁基催化剂不但具有 F-T 合成催化活性，同时可以催化水煤气变换，以补充不足的 H_2，此外富 CO 合成气有助于烃的选择性的提高；c.单位反应器体积产率高，结构简单，价格便宜，易于放大；d.可以在线装卸催化剂，压降低，因此操作条件十分稳定，从而更易于控制产物的选择性，提高粗产品的质量。

目前浆态床反应器最大问题是其传质阻力较大，因为在浆态床中 CO 的传递速率比 H_2 慢，导致催化剂表面的 CO 浓度较低，不利于生成长链烃[138]。虽然浆态床反应器还存在一些技术难题未解决，但从发展趋势看是 F-T 合成的未来发展方向。

2.7.5 液体燃料的选择及合成技术[147,148]

在煤基多联产系统中，除了可以通过 F-T 合成或 MTG 等间接液化工艺制取液体燃料外，煤热解产生的焦油经加氢提质工艺可转化为清洁燃料。

煤焦油根据干馏温度和方法的不同，可分为：低温煤焦油（500～700℃）、中温煤焦油（700～900℃）和高温煤焦油（900～1000℃）。高温煤焦油大部分来源于炼焦行业，其产率约为 3%～4%。中温煤焦油大部分来源于立式炼焦工艺。低温煤焦油主要来源于煤的低温干馏，适用煤种大部分为无黏结性的非炼焦用煤，如褐煤和高挥发分烟煤。

煤焦油受煤种、反应工艺、反应条件等因素的影响，其组成与理化性质存在一定差别，如表 2-10 所示。以争取最大元素利用率为原则，针对不同种类的煤焦油需采取不同的加氢精制工艺。

表 2-10 不同种类煤焦油的基本性质

性质		单位	低温煤焦油	中温煤焦油	高温煤焦油
产率		%	9~10	5~6	3~4
密度		g/cm³	0.9427	1.0293	1.1204
运动黏度		mm²/s	59.6	124.3	159.4
杂质含量	N	%	0.69	0.75	0.72
	S	%	0.29	0.32	0.36
	O	%	8.31	7.43	6.99
	H₂O	%	2.13	2.46	3.82
物质分类	脂肪烃	%	60	50.5	—
	芳烃	%	—	—	35~40
	沥青	%	12	30	57
	杂质	%	2.35	2.61	3.42
	酚类	%	25	15~20	1.5
馏程	初馏点	℃	214	128	235
	10%馏出温度	℃	258	214	288
	50%馏出温度	℃	351	357	398
	90%馏出温度	℃	462	455	534
	终馏点	℃	510	—	556

2.7.5.1 高温煤焦油加氢制取液体燃料

高温煤焦油可以直接作为燃料油、炭黑原料油等应用于材料加工和高分子合成，这一用途占高温煤焦油总量的30%~40%。煤焦油经加氢制取燃料油产品，主要工艺是切除尾馏分后直接加氢，即360℃前的馏分（轻馏分段）经蒸馏去除机械杂质，切除胶质与沥青质后，得到的轻质组分进行加氢处理。首套具有代表性的工业化高温煤焦油轻馏分油加氢装置是黑龙江七台河宝泰隆10万吨/年的焦油加氢项目，建成于2009年，采用加氢精制与加氢裂化相结合的工艺，使用固定床加氢技术，所用催化剂是由上海胜邦石油化工有限公司开发的高温煤焦油加氢改性催化剂，产品为轻质燃料油和石脑油，迄今已运行了四年以上。内蒙古庆华集团也采用相同的技术于2012年建成了10万吨/年的焦油加氢项目。宁波化工设计院通过对宝泰隆装置优化改造，完成了安阳利源焦化集团15万吨/年的高温煤焦油加氢项目，主要的工艺是将油中沥青分离后直接用于加氢，同时建立了10万吨/年低温煤焦油加氢联合装置。我国的高温煤焦油轻馏分油加氢技术路线已经成熟，工艺已打通，已经有了许多投产项目，另外仍有许多在建的项目，高温煤焦油全馏分加氢技术已完成10万吨/年级工业示范。

2.7.5.2 中低温煤焦油加氢制取液体燃料

中低温煤焦油加氢工艺根据反应原料分类，通常可以分为轻馏分加氢和全馏分加氢。

① 轻馏分加氢。轻馏分加氢是指先将中低温煤焦油原料进行蒸馏切割，得到的轻质馏分进行加氢制取燃料油。通常采用固定床加氢反应器，对中低温煤焦油中的轻质馏分进行加氢处理，脱除杂原子、饱和烯烃和芳烃，生产出石脑油。根据中低温煤焦油蒸馏中切割点的不同，相应的工艺也会发生变化。张毓莹等[149]提出了一种单段法煤焦油加氢改质工艺。将煤焦油进行常压蒸馏和/或减压蒸馏，切割点为300~380℃，轻质组分中再切除210~230℃的富萘馏分段，剩余的轻质馏分油作为反应原料。轻质馏分油与氢气混合经加氢精制反应脱硫、氮和部分芳烃，产物直接进入加氢裂化反应器进行深度脱硫和脱芳烃，最终经分离得到目标产物。为了延长催化剂和反应器的使用寿命，可在两步加氢反应中设置中间闪蒸塔和高压汽提塔，有利于脱除第一步反应生成的气相杂质。李猛等[150]将煤焦油分别以100~200℃和250~410℃为切割点，将馏分油切割为轻馏分、中馏分和重馏分。加氢工艺流程如图2-21所示。中馏分进入Ⅰ段加氢保护区反应，得到的产物与氢气混合进入Ⅰ段加氢精制反应区，流出的产物与轻馏分混合依次进入Ⅱ段加氢保护区、Ⅱ段加氢精制区反应，产物经冷却、分离和分馏后得到燃料油产品。轻馏分加氢工艺流程简单，投资和操作费用相对较低，但是由于燃料油产品的产率取决于煤焦油原料中轻质馏分的含量，因而资源利用率较低。

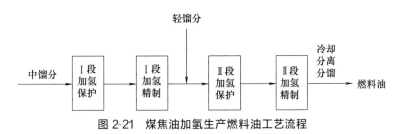

图 2-21　煤焦油加氢生产燃料油工艺流程

② 全馏分加氢。为了提高煤焦油资源的利用率，提高目标产品产率，全馏分加氢工艺引起了大家的广泛关注。由于中低温煤焦油中含有一部分的沥青、胶质等，如果直接进行加氢，容易造成反应器管道堵塞、催化剂失活等问题，无法保证装置的稳定性，因此，全馏分加氢需要对煤焦油中的重馏分进行特别处理。根据对煤焦油重馏分的不同处理方法，全馏分加氢可以分为延迟焦化、加氢联合工艺和加氢裂化工艺。李春山等[151]和梁长海等[152]都发明了一种延迟焦化与加氢反应相结合的工艺，其工艺流程如图2-22所示。煤焦油经分馏，分割为轻质油和重质油，其中的重质油进入延迟焦化反应区，生成轻质油和焦炭，轻馏分油进入加氢反应区发生加氢改质，加氢产物经蒸馏得到燃料油。延迟焦化与加氢反应联合工艺的优点是煤焦油中的一部分重质组分变为了轻馏分，提高了液体产率，但是工艺流程复杂。

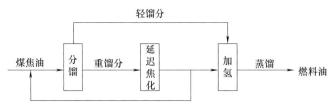

图 2-22 延迟焦化-加氢联合工艺流程图

加氢裂化工艺根据反应器不同，可分为固定床加氢裂化工艺和悬浮床/浆态床裂化工艺。固定床裂化工艺是将煤焦油中的重油通过固定床加氢裂化转化成为轻油组分。固定床裂化过程中，煤焦油较多的杂原子经反应后生成的 H_2S、NH_3 和 H_2O 等可能造成裂化催化剂永久失活，煤焦油中沥青、胶质等也容易造成催化剂失活和催化剂层堵塞。为了缓解这些问题，通常在加氢精制段采用多级级配催化剂，在加氢裂化段使用两段串联或两段并联工艺。固定床裂化工艺虽然提高了焦油的利用率，但是流程相对比较复杂，且对原料油有一定的限制。

煤炭科学研究总院研发出了一种非均相催化剂的煤焦油悬浮床加氢方法。将煤焦油进行蒸馏，分为三部分，切割点分别为 260℃ 和 370℃，产物对应为酚油、柴油和重馏分油。其中的酚油通过脱酚处理提纯出酚类化合物；370℃ 以上的重质组分进入悬浮床加氢裂化，产物经分离，重质组分再循环进入悬浮床裂化，轻质组分与柴油、脱酚油共同进行加氢提质，生产出燃料油。该工艺的优点是原料适应性广，资源利用率高，但是工艺流程也较复杂。中国科学院过程工程研究所开发了一种浆态床与固定床结合的煤焦油全馏分加氢工艺流程。煤焦油经预处理与裂化催化剂均匀混合进入浆态床裂化，获得初加氢产物，再经分馏，其中的重质组分经过滤除去催化剂和焦炭，和中间馏分及催化剂一起循环回浆态床反应器，轻质组分进入固定床加氢精制单元，进行加氢脱杂和加氢饱和反应。该工艺的优点是原料适应性广，但是存在浆态床中催化剂损失大的问题。中国科学院青岛能源所正在推动煤焦油全馏分液相加氢技术的工业示范。

参考文献

[1] 白效言，曲思建，张飏，等.内旋式移动床煤热解新工艺开发及试验 [J].化工进展，2020，39(3)：984-991.

[2] 曹咸春.褐煤热解技术的现状及发展趋势 [J].煤炭加工与综合利用，2018(4)：73-76,80.

[3] 郭志航.褐煤热解分级转化多联产工艺的关键问题研究 [D].杭州：浙江大学，2015.

[4] 刘思明.低阶煤热解提质技术发展现状及趋势研究 [J].化学工业，2013，31(1)：7-13，22.

[5] 李文英，邓靖，喻长连.褐煤固体热载体热解提质工艺进展 [J].煤化工，2012，40(1)：1-5.

[6] 周琦.低阶煤提质技术现状及完善途径 [J].洁净煤技术，2016，22(2)：23-30.

[7] 白效言，张飏，王岩，等.低阶煤热解关键技术问题分析及研究进展 [J].煤炭科学技术，2018，46(1)：192-198.

[8] 潘生杰.低阶煤分质利用转化路线的现状分析及展望 [J].洁净煤技术，2017，23(5)：7-12.

[9] 刘振宇.煤化学的前沿与挑战：结构与反应 [J].中国科学：化学，2014，44(9)：1431-1439.

[10] Tromp P J J, Moulijn J. Slow and rapid pyrolysis of coal [M]. Boston：Kluwer Academic Publishers，Springer

Netherlands：Dordrecht，1988.

[11] Liu J，Hu H，Jin L，et al. Integrated coal pyrolysis with CO_2 reforming of methane over Ni/MgO catalyst for improving tar yield [J]. Fuel Processing Technology，2010，91(4)：419-423.

[12] Wang P，Jin L，Liu J，et al. Isotope analysis for understanding the tar formation in the integrated process of coal pyrolysis with CO_2 reforming of methane [J]. Energy and Fuels，2010，24(8)：4402-4407.

[13] Li X，Xue Y，Feng J，et al. Co-pyrolysis of lignite and Shendong coal direct liquefaction residue [J]. Fuel，2015，144：342-348.

[14] Soncini R M，Means N C，Weiland N T. Co-pyrolysis of low rank coals and biomass：Product distributions [J]. Fuel，2013，112：74-82.

[15] Zhao H B，Jin L J，Wang M Y，et al. Integrated process of coal pyrolysis with catalytic reforming of simulated coal gas for improving tar yield [J]. Fuel，2019，255：115797.

[16] Wang M，Jin L，Li Y，et al. In-situ catalytic upgrading of coal pyrolysis tar coupled with CO_2 reforming of methane over Ni-based catalysts [J]. Fuel Processing Technology，2018，177：119-128.

[17] Han J，Wang X，Yue J，et al. Catalytic upgrading of coal pyrolysis tar over char-based catalysts [J]. Fuel Processing Technology，2014，122：98-106.

[18] Jin L，Bai X，Li Y，et al. In-situ catalytic upgrading of coal pyrolysis tar on carbon-based catalyst in a fixed-bed reactor [J]. Fuel Processing Technology，2016，147：41-46.

[19] Ren X，Cao J，Zhao X，et al. Catalytic upgrading of pyrolysis vapors from lignite over mono/bimetal-loaded mesoporous HZSM-5 [J]. Fuel，2018，218：33-40.

[20] Kong X，Bai Y，Yan L，et al. Catalytic upgrading of coal gaseous tar over Y-type zeolites [J]. Fuel，2016，180：205-210.

[21] Wang M，Jin L，Li Y，et al. In situ catalytic upgrading of coal pyrolysis tar over carbon-based catalysts coupled with CO_2 reforming of methane [J]. Energy and Fuels，2017，31(9)：9356-9362.

[22] 刘振宇.煤快速热解制油技术问题的化学反应工程根源：逆向传热与传质 [J].化工学报，2016，67(1)：1-5.

[23] Li X，Li L，Li B，et al. Product distribution and interactive mechanism during co-pyrolysis of a subbituminous coal and its direct liquefaction residue [J]. Fuel，2017，199：372-379.

[24] Feng J，Xue X，Li X，et al. Products analysis of Shendong long-flame coal hydropyrolysis with iron-based catalysts [J]. Fuel Processing Technology，2015，130：96-100.

[25] Liu Z，Guo X，Shi L，et al. Reaction of volatiles—a crucial step in pyrolysis of coals [J]. Fuel，2015，154：361-369.

[26] Zhang C，Wu R，Xu G. Coal pyrolysis for high-quality tar in a fixed-bed pyrolyzer enhanced with internals [J]. Energy and Fuels，2014，28(1)：236-244.

[27] 陈一樊.分级转化系统中热解半焦气化特性的研究 [D].南京：南京理工大学，2017.

[28] 史俊高，安晓熙，房有为.我国低阶煤热解提质技术现状及研究进展 [J]，中外能源，2019，24(4)：15-23.

[29] 刘镜远.合成气工艺技术与设计手册 [M].北京：化学工业出版社，2002.

[30] 郑安庆.双气头多联产系统的模拟与评价 [D].太原：太原理工大学，2008.

[31] Zhang R，Chen Y F，Lei K，et al. Thermodynamic and economic analyses of a novel coal pyrolysis-gasification-combustion staged conversion utilization polygeneration system [J]. Asia-Pacific Journal of Chemical Engineering，2018，13：1-19.

[32] Atsonios K，Kougioumtzis M A，Grammelis P，et al. Process integration of a polygeneration plant with biomass/coal co-pyrolysis [J]. Energy and Fuels，2017，31(12)：14408-14422.

[33] 苏建伟，牛海宁.丙烷脱氢制丙烯技术进展 [J].化工科技，2006(4)：62-66.

[34] 高恒，刘宏建.煤气化技术现状、发展及产业化应用 [J].煤化工，2009，37(1)：37-39.

[35] 黄戒介，房倚天，王洋.现代煤气化技术的开发与进展 [J].燃料化学学报，2002，30(5)：385-391.

[36] 李伟锋，于广锁，龚欣，等.多喷嘴对置式煤气化技术 [J].氮肥技术，2008，29(6)：1-6.

[37] 任永强，韩启元.干法进料气流床煤气化技术的现状与发展 [J].煤化工，2008，36(1)：4-9.

[38] 孙正泰.煤气化国有技术发展锋芒初展 [J].中国石油和化工，2008，(15)：20-21.

[39] 相宏伟，唐宏青，李永旺.煤化工工艺技术评述与展望Ⅳ.煤间接液化技术 [J].燃料化学学报，2001，29(4)：
289-298.

[40] 于遵宏，于广锁.多喷嘴对置式水煤浆气化技术的研究开发与产业化应用 [J].中国科技产业，2006(2)：
28-31.

[41] 张东亮.中国煤气化工艺（技术）的现状与发展 [J].煤化工，2004，32(2)：1-5.

[42] 许世森，张东亮，任永强.大规模煤气化技术 [M].北京：化学工业出版社，2006.

[43] 骆仲泱，王勤辉，方梦祥，等.煤的热电气多联产技术及工程实例 [M].北京：化学工业出版社，2004.

[44] 许祥静，刘军.煤炭气化工艺 [M].北京：化学工业出版社，2005.

[45] 沙兴中，杨南星.煤的气化与应用 [M].上海：华东理工大学出版社，1995.

[46] 龚欣，郭晓镭，代正华，等.新型气流床粉煤加压气化技术 [J].现代化工，2005，25(3)：51-52.

[47] 徐振刚.IGCC 用煤气化技术的选择与发展 [J].煤炭学报，1995(2)：125-129.

[48] 林汝谋，金红光，蔡睿贤.燃气轮机总能系统及其能的梯级利用原理 [J].燃气轮机技术，2008，21(1)：
1-12.

[49] 张东亮，许世森.煤气化技术的发展及在 IGCC 中的应用 [J].煤化工，2001，1(1)：10-12.

[50] 马文清.鹤壁煤制甲醇项目煤气化工艺介绍及炉型选择 [J].煤质技术，2007(3)：46-48.

[51] 于涌年.煤气化联合循环发电示范状况和煤气化工艺对比 [J].煤化工，1994(1)：5-12.

[52] 许世森.IGCC 系统中煤气化工艺的选择 [J].华东电力，1995(1)：2-6.

[53] 焦树建.对目前世界上五座 IGCC 电站技术的评估 [J].燃气轮机技术，1999，12(2)：1-15.

[54] 史本天，郭新生，刘英萍，等.IGCC 发电系统中煤气化工艺的选择 [J].燃气轮机技术，2006，19(1)：
21-25.

[55] 战谊，邓润生，郭新生，等.我国首座 IGCC 电站工程示范性的研究与思考 [J].燃气轮机技术，2003，16(3)：
13-17.

[56] 王乃计，尚庆雨.大型气化联产热、冷、电、燃料及化工产品 [J].煤化工，2001，10(5)：3-6.

[57] 李大尚.GSP 技术是煤制合成气（或 H_2）工艺的最佳选择 [J].煤化工，2005，33(3)：1-6.

[58] 张玉柱，吴春来.不同床层煤炭气化方法的比较及气化工艺的选择 [J].西北煤炭，2006，4(1)：27-29.

[59] 刘会雪，刘有智，孟晓丽.高温气体除尘技术及其研究进展 [J].煤化工，2008，36(2)：14-18.

[60] 王建永，汤慧萍，谈萍，等.煤气化合成气除尘用过滤器研究进展 [J].材料导报，2007，21(12)：92-94.

[61] 冯胜山，许顺红，刘庆丰，等.高温工业废气过滤除尘技术研究进展 [J].中国铸造装备与技术，2009(1)：1-7.

[62] 贺永德.现代煤化工技术手册 [M].北京：化学工业出版社，2020.

[63] 舒帆.影响旋风除尘器除尘效率的因素分析 [J].粮食加工，2008，33(3)：73-77.

[64] 李慧敏.焦炉煤气制天然气的重要意义 [J].山西化工，2019，39(1)：103-104.

[65] 谢克昌，张永发，赵炜."双气头"多联产系统基础研究——焦炉煤气制备合成气 [J].山西能源与节能，2008
(2)：10-12.

[66] 王明华，李政，倪维斗."双气头"多联产中试装置的流程设计研究 [J].煤炭转化，2007，30(2)：48-52.

[67] 陈吉祥，王日杰，张继炎，等.甲烷与二氧化碳重整制取合成气研究进展 [J].天然气化工，2003，28(6)：
32-37.

[68] 李穗玲，李白滔.甲烷二氧化碳催化重整制合成气的催化剂研究新进展 [J].石油与天然气化工，2008，37(4)：

285-290.

[69] 张国杰.炭材料催化二氧化碳重整甲烷制合成气 [D].太原：太原理工大学，2012.

[70] Bao X，Meng K，Lu W，et al. Performance of Co/MgO catalyst for CO_2 reforming of toluene as a model compound of tar derived from biomass gasification [J]. Journal of Energy Chemistry，2014，23(6)：795-800.

[71] 陈洋庆，李白滔.甲烷二氧化碳重整反应中催化剂的抗积炭性能研究进展 [J].石油与天然气化工，2009，38(1)：20-24.

[72] 陈兴权，赵天生.甲烷二氧化碳重整催化剂的研究进展 [J].宁夏石油化工，2003，22(1)：15-17.

[73] Wang R，Liu X B，Chen Y X. Effect of metal-support interaction on coking resistance of Rh-based catalysts in CH_4/CO_2 reforming [J]. Chinese Journal of Catalysis，2007，28(10)：865-869.

[74] Pompeo F，Nichio N N，Souza M M V M. Study of Ni and Pt catalysts supported on α-Al_2O_3 and ZrO_2 applied in methane reforming with CO_2 [J]. Applied Catalysis A，2007，316(2)：175-183.

[75] Mattos L V，Rodino E，Resasco D O. Partial oxidation and CO_2 reforming of methane on Pt/Al_2O_3，Pt/ZrO_2，and Pt/Ce-ZrO_2 catalysts [J]. Fuel Processing Technology，2003，83(1)：147-161.

[76] 邹骏马.新型碳化硅载体的制备及其在甲烷二氧化碳重整中的性能研究 [D].北京：北京化工大学，2016.

[77] 王苏.甲烷二氧化碳重整形貌可控催化体系的设计 [D].北京：北京化工大学，2016.

[78] Du X J，Zhang D S，Shi L Y，et al. Morphology dependence of catalytic properties of Ni/CeO_2 nanostructures for carbon dioxide reforming of methane [J]. Journal of Physical Chemistry C，2012，116(18)：10009-10016.

[79] 魏永刚，王华，何方，等.甲烷与二氧化碳催化重整制取合成气的研究进展 [J].应用化工，2005，34(12)：721-725.

[80] Osaki T，Mori T. Role of potassium in carbon-free CO_2 reforming of methane on K-promoted Ni/Al_2O_3 catalysts [J]. Journal of Catalysis，2001，204(1)：89-97.

[81] Hou Z，Yokota O，Tanaka T. Characterization of Ca-promoted Ni/α-Al_2O_3 catalyst for CH_4 reforming with CO_2 [J]. Applied Catalysis A，2003，253(2)：381-387.

[82] Zhi G，Guo X，Wang Y，et al. Effect of La_2O_3 modification on the catalytic performance of Ni/SiC for methanation of carbon dioxide [J]. Catalysis Communications，2011，16(1)：56-59.

[83] 王冰，郭聪秀，王英勇，等.Ni-Sm_x/SiC 催化剂甲烷二氧化碳重整性能研究 [J].燃料化学学报，2016，44(5)：587-596.

[84] 吴俊荣.甲烷与二氧化碳重整制合成气研究进展 [J].广州大学学报（自然科学版），2003，2(5)：430-437.

[85] 李春义，余长春，沈师孔.Ni/Al_2O_3 催化剂上 CH_4 部分氧化制合成气反应积碳的原因 [J].催化学报，2001，22(4)：377-382.

[86] Shamsi A，Johnson C D. Effect of pressure on the carbon deposition route in CO_2 reforming of CH_4 [J]. Catalysis Today，2003，84(1-2)：17-25.

[87] 史克英，徐恒泳，范业梅，等.天然气和二氧化碳转化制合成气的研究.甲烷脱氢积炭反应特征 [J].分子催化，1996，10(1)：41-46.

[88] 方修忠.高效抗积碳 Ni 基甲烷重整制氢催化剂的制备和性能研究 [D].南昌：南昌大学，2016.

[89] 任盼盼.新型镍基甲烷水蒸气-二氧化碳双重整催化剂的制备与性能研究 [D].大连：大连理工大学，2016.

[90] Feng X，Feng J，Li W. Insight into MgO promoter with low concentration for the carbon-deposition resistance of Ni-based catalysts in the CO_2 reforming of CH_4 [J]. Chinese Journal of Catalysis，2018，39(1)：88-98.

[91] 梁美生，李春虎，谢克昌.高温煤气脱硫剂的研究进展 [J].煤炭转化，2002，25(1)：13-17.

[92] 张金昌，王树东.IGCC 高温煤气脱硫技术研究进展 [J].煤气与热力，1998(2)：10-13.

[93] 许世森.论整体煤气化联合循环（IGCC）中煤气净化技术的选择 [J].动力工程，1995，15(5)：50-55.

[94] 饶苏波，胡敏.干法脱硫工艺技术分析 [J].广东电力，2004，17(3)：21-25.

[95] 姜崴.焦炉煤气脱硫方法的比较 [J].科技情报开发与经济，2007，17(15)：278-279.

[96] 焦树建.论 IGCC 电站中气化炉型的选择 [J].燃气轮机技术，2002，15(2)：5-14.

[97] 杨直，李春虎.整体煤气化联合循环（IGCC）中高温煤气脱硫技术进展 [J].山西化工，2001，21(2)：15-17.

[98] 赵苏杭，袁宏伟，刘晶敏.高温煤气脱硫技术进展 [J].煤质技术，2008(2)：43-46.

[99] 侯鹏飞，上官炬，张海红.含氧气氛下氧化铁基高温煤气脱硫剂再生行为 [J].煤炭学报，2009，34(1)：84-88.

[100] 许世森，李春虎，郜时旺.煤气净化技术 [M].北京：化学工业出版社，2006.

[101] 许鸿雁，李春虎，梁美生，等.铁酸锌高温煤气脱硫剂的活性评价及表征 [J].化工环保，2004，24(3)：165-168.

[102] 卫小芳，黄戒介，赵建涛，等.钛酸锌脱硫剂硫化过程的动力学分析 [J].燃料化学学报，2005，33(3)：278-282.

[103] 赵建涛，黄戒介，卫小芳，等.钛酸锌高温煤气脱硫剂再生行为的研究 [J].燃料化学学报，2007，35(1)：66-71.

[104] 梁美生.铁酸锌高温煤气脱硫行为及气氛效应研究 [D].太原：太原理工大学，2005.

[105] Zeng Y，Kaytakoglus S，Harrison D P. Reduced cerium oxide as an efficient and durable high temperature desulfurization sorbent [J]. Chemical Engineering Science，2000，55(21)：4893-4900.

[106] 曹晏，张建民，王洋，等.高温煤气脱硫技术研究进展 [J].煤炭转化，1998，21(1)：31-35.

[107] 刘晓娟，周新萍，王路科，等.国内外高温脱硫剂的研究进展及发展方向 [J].辽宁化工，2015，44(3)：262-264.

[108] 张文博.碳气凝胶高温煤气脱硫剂的制备与性能研究 [D].上海：上海电力学院，2018.

[109] 许世森，危师让.分析评价大型 IGCC 电站中煤气净化工艺的设备和技术特点 [J].洁净煤技术，1999，5(1)：47-51.

[110] 李春虎，郭汉贤.煤气化-蒸汽联合循环发电（IGCC）技术中的高温煤气热脱硫 [J].煤炭转化，1995，18(4)：26-30.

[111] 谢克昌.煤化工发展与规划 [M].北京：化学工业出版社，2005.

[112] 吴晋沪，曹晏，王洋.除尘脱硫一体化系统理论分析 [J].化学工程，2003，31(6)：64-70.

[113] 牛俊粉，田贵山，魏春城，等.高温煤气脱硫除尘一体化工艺的影响因素 [J].山东理工大学学报（自然科学版），2008，22(2)：76-79.

[114] 杜霞茹，黄戒介，房倚天，等.高温煤气脱硫剂及再生特性研究 [J].煤炭转化，2003，26(2)：6-11.

[115] 倪维斗，李政.以煤气化为核心的多联产能源系统——资源/能源/环境整体优化与可持续发展 [J].煤化工，2003(1)：3-10.

[116] 邢翼腾.IGCC 电站空分系统的研究与建模 [M].北京：清华大学，2003.

[117] 赵桂春，刘树茂.变压吸附在气体分离单元的应用 [J].煤化工，2006，34(4)：53-55.

[118] Smith A R，Klosek J，Woodward D W. Next-generation integration concepts for air separation units and gas turbines [J]. Journal of Engineering for Gas Turbines and Power，1997，38(4)：298-304.

[119] Cornelissen R L，Hirs G G. Exergy analysis of cryogenic air separation [J]. Energy Convers Manage，1998，29(16-18)：1821-1826.

[120] 郑修平.浅析空分装置工艺流程的选择 [J].甘肃科技，2004，20(11)：41-46.

[121] 靳九如，徐建平.国内变压吸附制氧技术的发展现状及应用创新 [J].通用机械，2020(7)：12-15.

[122] 吕爱会，邓橙，朱孟府，等.高原环境下制供氧技术研究进展 [J].当代化工，2018，47(1)：105-108.

[123] 张佳平，唐伟，耿云峰，等.变压吸附空分制氧和 CO 分离在煤化工中的应用 [J].现代化工，2007(增刊2)：

121-125.

[124] 耿云峰, 耿晨霞. 变压吸附 (PSA) 空气制氧技术进展 [J]. 煤化工, 2003, 31(1)：33-36.

[125] 王庆一. "梦幻21" 煤基能源工厂：多联产, 高效率, 零排放 [J]. 中国煤炭, 2001, 27(9)：5-8, 62.

[126] 徐振刚, 步学朋. 煤炭气化知识问答 [M]. 北京：化学工业出版社, 2008.

[127] 邓渊. 煤炭加压气化 [M]. 北京：中国建筑工业出版社, 1982.

[128] 张晋. 以煤气化为核心的多联产系统的能量分析 [D]. 北京：清华大学, 2003.

[129] 谢克昌. 21世纪中国煤化工技术的发展和创新 [J]. 东莞理工学院学报, 2006, 13(4)：1-4.

[130] 倪维斗, 张斌, 李政. 多联产能源系统与二氧化碳减排 [J]. 中国能源, 2005, 27(4)：17-22.

[131] 金红光, 张希良, 高林, 等. 控制 CO_2 排放的能源科技战略综合研究 [J]. 中国科学：技术科学, 2008, 39(9)：1495-1506.

[132] 涂聪. CO_2 捕集能耗分析与煤基甲醇-动力多联产系统技术经济关联性研究 [D]. 北京：中国科学院研究生院 (工程热物理研究所), 2014.

[133] 李星. 回收 CO_2 的甲醇-动力多联产系统探索 [J]. 华电技术, 2008, 30(8)：75-78.

[134] Sircar S, Golden T C, Rao M B. Activated carbon for gas separation and storage [J]. Carbon, 1996, 34(1)：1-12.

[135] 孙酣经, 梁国仑. 氢的应用、提纯及液氢输送技术 [J]. 低温与特气, 1998, 16(1)：28-35.

[136] 梁国仑. 气体工业名词术语 [J]. 低温与特气, 2001, 19(1)：45-45.

[137] 王汝成, 孙鸣, 刘巧霞, 等. 陕北中低温煤焦油中酚类化合物的抽提研究 [J]. 煤炭转化, 2011, 34(1)：34-38.

[138] 郑仲, 于英民, 胡让, 等. 神木中低温煤焦油酚类物质的分离与利用 [J]. 煤炭转化, 2016, 39(1)：67-70, 75.

[139] 许华, 赵德胜, 于晓秋, 等. 煤气化技术的发展与应用 [J]. 辽宁化工, 2012, 41(2)：181-183.

[140] 冯静, 倪维斗, 曹江, 等. 多联产配置是推进我国 IGCC 系统发展的重要途径 [J]. 燃气轮机技术, 2007, 20(4)：1-5.

[141] 段立强, 林汝谋, 蔡睿贤, 等. CO_2 零排放的整体煤气化联合循环系统研究进展 [J]. 燃气轮机技术, 2002, 15(3)：31-35.

[142] 麻林巍, 倪维斗, 李政, 等. 以煤气化为核心的甲醇、电的多联产系统分析 (上) [M]. 北京：清华大学, 2003.

[143] 代小平, 余长春, 沈师孔. 费-托合成制液态烃研究进展 [J]. 化学进展, 2000(3)：268-281.

[144] 肖瑞华, 白金锋. 煤化学产品工艺学 [M]. 北京：冶金工业出版社, 2003.

[145] 郭树才. 煤化工工艺学 [M]. 2版. 北京：化学工业出版社, 2006.

[146] 石勇. 费托合成反应器的进展 [J]. 化工技术与开发, 2008(5)：31-38.

[147] 夏良燕. 多联产中低温煤焦油加氢工艺及催化剂研究 [D]. 杭州：浙江大学, 2015.

[148] 石振晶. 煤热解焦油析出特性和深加工试验研究 [D]. 杭州：浙江大学, 2014.

[149] 张毓莹, 蒋东红, 胡志海, 等. 一种单段法的煤焦油加氢改质方法：CN101307256B [P]. 2013-01-09.

[150] 李猛, 吴昊, 高晓冬, 等. 一种由煤焦油生产柴油的方法：CN103215070B [P]. 2015-02-04.

[151] 李春山, 王红岩, 曹益民, 等. 一种煤焦油加氢组合延迟焦化的全馏分综合利用方法：CN102533332 [P]. 2012-07-04.

[152] 梁长海, 陈霄, 李闯, 等. 一种煤焦油制酚类化合物和清洁燃料油的方法：CN103205275A [P]. 2013-07-17.

2 煤基多联产的单元和共性技术

3

煤基多联产系统理论分析

多联产系统全局优化，首要任务是构建能够体现所希望表达特性的目标函数，多联产系统由于产品中包括化学品和热产品两种不同性质的产物，因此，如何构建合理的、能够同时反映这两种不同属性产物的目标函数就成为系统优化的前提。

鉴于多联产系统技术的积极发展态势，很多国家和地区的研究机构、高等院校都对多联产系统的集成、优化和评价开展了广泛的研究。由于多联产系统综合了化工生产单元与动力单元，涉及单元较多、系统复杂、设备投资巨大，研究时需要频繁改动工艺流程，运行费用高，容易造成人力、物力、财力的浪费。因此，目前国内外的研究都是在建立多联产系统模拟流程的基础上，对多联产系统进行集成、优化、评价，不但能大幅降低成本，而且安全可靠、操作方便。

3.1 多联产系统集成优化理论基础

多联产系统耦合集成的关键在于协调化学品和热产品间的关系，即化学品可被储存的特性和热、电使用的即时性决定了二者在某种程度上的优化是对立的。因此，多联产集成理论是工艺条件优化的前提和关键。此外，由于多联产系统综合了化工生产流程和能源动力系统，工艺单元复杂，局部最优不等于整体最优，工段间的配合与工艺参数的匹配将决定整个体系的效率和效益。

多联产系统的基本思想是通过工艺过程中单元的合理有效配置，产品链的全面综合规划，将化工过程和动力系统的各种先进技术组合在一起，形成能源生产和资源利用技术的"联合舰队"，利用流程单元的有机耦合提高系统效益。通常，对系统整体的优化是以系统总效率为目标函数，从热能工程出发，对过程单元进行合理配置，对工艺参数进行优化，可实现提高产品产率、产量，降低资源消耗、污染排放，简化系统流程，降低固定投资，达到降低生产成本的目的。从热、电集成考虑，以能量利用率对系统配置进行优化的优点是系统的能耗达到了最小化，但如果考虑整个联产系统的鲁棒性，联产系统仅以热、电为产品，而忽略从化工工艺角度优化提高系统产率，必然会造成化工生产过程的产能不足，增加化工产品的生产成本。但传统的化工工艺优化在追求高产率的同时往往会导致能耗上升、污染增加、过程复杂化、初始投资大大增加。因此，系统集成优化研究具有统领全局的重要作用，即如何设计系统结构和参数，优化系统全局的能量流与物质流，使其不仅具有较高的设计工况效率，而且满足各种变工况运行和操作要求（可操作性）以及在此条件下的可靠性、可用性和可维护性要求，使得系统在整个寿命周期内具备最大的能量利用效率、元素（组分）转化效率、经济效益和环境效益。

多联产系统集成优化主要包括以下三个方面的核心内容：

① 系统的建模与评价。由于动力和化工过程的耦合，多联产系统体现了比单独动力或化工系统更为复杂的特性和更多工艺单元的组合，如何构建适合新系统的数学模型，是需要解决的首要问题。同时，对模拟结果只有进行恰当的分析和评价，才能有效指导系统的改进和优化。而多联产系统所关注的目标趋于多元化，系统复杂度逐步增加，给系统的分析评价带来了新的挑战。系统分析的深度和广度比传统方法有了较大的扩展，迫切需要多种新的系统分析方法和建立多目标（能量、元素、经济、环境等）综合评价方法。

② 系统性能理论分析。分析多联产系统的能量梯级转换和利用过程以及物料，尤其是碳/氢/氧元素转换的过程，从而认识和揭示提高及控制能量利用效率的原理和机制；认识多联产系统性能随工艺配置形式、单元技术选择、系统参数设置的作用规律，并创建用于指导联产系统设计的准则。性能理论的研究，将为设计、优化和创新系统流程奠定理论基础。

③ 系统的集成优化方法。根据建立的数学模型和评价指标，在分析多联产系统性能随工艺条件、单元技术选择、系统参数设置的作用规律基础上，形成系统设计和优化的一套方法、步骤，最终表现为新系统方案的集成与创新。

系统模拟与评价方法是工具，为系统改进提供标准和导向，并催生基本理论的发现和创新；系统性能研究则为其他两方面的发展提供理论指导；系统集成方法则是在其他两者基础上，形成系统构思的基本原则和系统改进的方法、多目标优化的方法。三方面相互影响，在实践中共同发展，但又相互独立，具有各自的体系和特色，是多联产系统集成优化理论中必不可少的组成部分。

当前，多联产系统集成和优化理论仍缺乏深层次、系统的研究，理论体系尚不够完备，优化方法、评价准则等相关理论研究滞后于工程应用发展。因此，开展多联产系统集成优化理论体系的研究并将其应用于工程实践中，是推进多联产系统发展与推广的至关重要的基础性研究工作。目前普遍被认可的多联产系统集成优化基本原则与思路可归纳为："组分对口，分级转化；温度（品位）对口，梯级利用；能量转换、物质转化与污染物控制一体化"。如图 3-1 所示，该原则基于多联产系统的本质特征，以打破传统分产系统各自片面注重产品产率和循环发电效率为思路，旨在寻求能源利用、物质转化、环境保护三者的协调与统一。

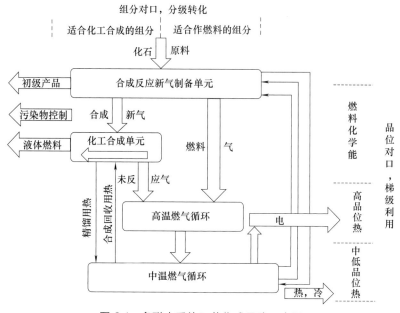

图 3-1　多联产系统工艺集成思路示意图

3.1.1　多联产系统中"组分对口，分级转化"原理[1]

该原理强调资源品质与组分对口的综合高效利用。首先，要对化石原料进行组分转化和调整的优化整合，经合成气制备单元（热解、焦化、气化和重整以及变换等转化工艺）转化为合成气；然后，通过分段气化、优化调整或无调整等组分调控手段，将适合于化工的组分送去化工合成，而其他组分则作为燃料气送往动力系统。且化工过程不必片面追求转化率，尽量将有效成分转化为产品，而未反应气可送往动力系统燃用，以实现组分的第二次分级转化和原料转化与化工合成两者优化整合。系统集成时应采取相应的优化整合手段，以体现这个原则。

由于基础原料往往含有多种不同特性的有效成分，分级转化的意义在于控制有效元素组成匹配从而得到有序转化利用，通过明确原料中不同组分间的相互依存关系、多种组分转化的相互影响规律，有目的地实现不同特性有效组分的分步骤提取、逐级转化；避免复杂的成分调整过程及其导致的能量消耗，通过系统集成满足不同化工产品对合成气组成要求不同的灵活性，实现分级转化的同时最大化利用有效组分。

例如，进入系统的煤炭先经过合成气制备单元（包括热解、气化、焦化或重整等原料转化过程和水煤气变换反应、净化分离等合成气组分调整过程）被转化为合成气，然后通过外源元素引入、部分调整或无调整等组分分级转化调控手段，使合成气有效成分的组成符合合成反应化学计量比的需要，无效成分（即杂质）的含量达到合成反应限定的标准（如甲醇合成反应的理论最佳氢碳比为 2∶1，氢碳比接近这一计量比和硫含量符合甲醇合成反应标准的合成气更适合于用来合成化工产品）。将适合于化工合成的组分以合成反应新鲜原料气的形式送往化工合成单元，而不适于化工合成的组分则可以作为燃料气直接送往动力系统。而且，进入化工合成单元的合成气不需要全部转化为化工产品，不必片面追求转化率，可采用一次通过或适度循环等工艺方案，将合成反应气中的有效成分尽量转化为产品，剩余未反应气则作为燃料气送往动力系统，从而实现组分的第二次分级转化和原料转化，达到了化工合成过程与动力子系统的有机匹配耦合。上述过程，一方面使剩余未反应气（燃料气）组分与热力循环工质对口，以利于低能耗地分离燃烧产物中的 CO_2 等。例如，对于常规以空气为工质的热力循环，提高燃料中氢的浓度会减少燃烧产物中的 CO_2 含量，有利于降低污染物分离与处理的能耗；另一方面使燃料气的品位与燃料能量释放过程热能的品位尽量对口，即通过组分分级转化等措施，把更低品位的燃料送往动力系统，以减小燃料化学能在燃烧释放热能过程中的品位损失，提高了整个生产系统的能量利用效率。

3.1.2　多联产系统中"温度（品位）对口，梯级利用"理念

该理念强调从能的"质与量"相结合的思路进行系统集成优化。因为能量转换利用时不仅有数量的问题，还有能量品位的问题。能的品位是指单位能量所具有可用能的比例，是标识能的质量的重要指标。可以把能量大致划分为化学能与物理能两大类。物理能（热）品位 A_{Th} 常常被认为释放或接受热量的热源温度所对应的卡诺循环效率，或直接用热源温度的高低来代表热的品位高低。燃料的化学能同样也存在品位概念，但化学能品位 A_{Ch} 问题比较复杂，还没有明确的说法，从理论上看它与燃料的组分有关，但在实际应用时更重视"组分对口"的应用价值的衡量杠杆。

能量传递与转化过程中的品位差是造成可用能损失的本质原因，不同品位能的合理匹配可以带来过程㶲损失的减少。因此，多联产系统集成时不仅要重视原料化学能的综合梯级利用，而且要同样重视物理能的整合转换利用，即关注化工过程与动力系统相结合的方式与程度，将化工生产流程中副产的能量依据"品位对口"的原则送往动力系统转化为功，动力系统可以向化工流程提供最适合的热源或高效的动力，从而实现能的综合梯级利用。此外，多联产系统的能量集成还可以通过以下方案进行优化整合。a.不同的用能系统及其构成过程的能量统一按"品位对口"原则，梯级优化利用。例如，燃料重整反应过程用热，不再沿用传统的燃料直接燃烧释放热能的方法，而从蒸汽系统中抽取温度对口的中低温热量等。b.系统中相关过程产生的各种高品位

的热能（650～1500 ℃）优先用于对口的高温区域的热力循环系统；各种中品位的热能（300～650 ℃）优先用于对口的中低温区域的热力循环系统或提供给吸收中温热量的过程；各种低品位的热能（≤300 ℃）优先提供给吸收低温热量的过程或作为有效热输出来供热。c.系统流程（包括质量流和能量流）和主要独立变量同步设计优化，这需要通过大量的反复迭代的模拟分析来完成。

3.1.3　多联产系统物理能与化学能综合梯级利用

长期以来，化工行业与电力行业基本相互独立发展。传统化工行业的核心是如何将原料通过组分转化、未反应气再循环等方式，将原料中的有效成分最大限度地转化为化工产品，主要关注化学能的转化。传统电力行业的特点是以化石燃料为原料，以电力和热能(包括冷能)为产品，内部过程以热力循环为核心，其关注的是如何有效利用物理能。但是，从热力学第二定律分析结果看，热力循环中可用能损失最大的部分来自燃烧过程，也就是燃料化学能向物理能的转化过程，仅有80%的化学能转化为物理能供热力循环使用，大约20%的能量在燃烧过程中损失掉。因此，热力系统中最大的品位损失并非在物理㶲部分，而是发生在化学㶲转化为物理㶲的燃烧过程。直接燃烧过程的不可逆性造成的巨大㶲损失，是导致目前动力系统能量利用效率较低的最主要原因。

减少燃烧过程的㶲损失，关键就在于降低燃料品位（A_{Ch}）与燃烧产物（烟气）品位（A_{Th}）的品位差ΔA（$=A_{Ch}-A_{Th}$）。由于提高热力循环初温的方法效果甚微[2]，因此，要减小ΔA，只能改变燃料的品位，而这一过程就必须通过相应的化工过程来实现，进而达到燃料化学能梯级利用的目的。以金红光等[3]研究的煤基甲醇-电多联产系统为例分析系统能量利用本质（图 3-2），燃料的品位在A_{Ch}与A_{Th}之间变化，可以明显看到，在合成甲醇以前，合成煤气品位A_1与产物品位A_{Th}的差值为（A_1-A_{Th}）。合成甲醇后，合成气化学㶲一部分转化为更高的甲醇品位（A_{Ch}），另一部分则从A_1降低到A_2（A_2为未反应气品位）。从物质能量属性的品位角度看，燃料（合成煤气）的品位转化为物理㶲的差值从（A_1-A_{Th}）减少到（A_2-A_{Th}），化学㶲除在高品位区内有效利用生产出甲醇外，另一部分则降低到品位较低的未反应气。甲醇合成后的未反应气如果作为动力循环的燃料，就可以实现降低燃料与燃烧产物（烟气）之间品位差ΔA的目的。煤基甲醇-电多联产系统，是在传统动力系统基础上，利用化工过程，有效地实现了燃料的化学能品质的改变，进而耦合到动力系统生产中，体现了物理㶲的"温度对口，化学能梯级利用"理念，突破了传统的复合循环热力系统的概念。化学㶲与物理㶲综合梯级利用打破了通过提高循环初温来提高物理能接收品位的单一思路，力争通过化学反应途径降低燃料释放的品位与燃烧产物接收的品位差，进而达到减少燃烧过程㶲损失的目的。更重要的是，这种集成思路注重燃料的品位与卡诺循环效率之间的品位差是可利用的，是循环性能提升的潜力所在。传统的燃料直接燃烧方式无法达到这一目的，寻找新的能量释放方式与系统集成方法将这部分能的品位差利用起来，以实现化学能与物理能的综合梯级利用，是未来提高能源动力系统性能的重要途径。

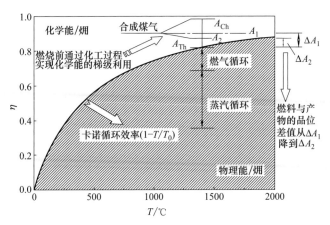

图 3-2　化学能与物理能综合梯级利用示意图

3.1.4　多联产系统能量转换与污染物控制一体化原理

污染物的产生主要是由于元素利用过程中无效元素的排放，具体到多联产过程中的环境问题主要体现在所使用的原料煤由于转化效率和工艺方式造成的 C、H、O 元素的损失。具体表现在：气头的生产过程中灰的排放和利用，合成气净化过程中硫氮的资源化，化学品合成过程中催化剂的回收使用以及系统所排放的二氧化碳。对于前三点，本书前面章节已有涉及，本节将重点讨论多联产过程中控制二氧化碳排放及其工作原理。

联产的目的就是要最大限度节能、降耗和减排，但是，如果将二氧化碳的产生过程用状态函数的概念来考虑，二氧化碳减排的量仅取决于所消耗的原料煤数量，无论发电效率如何高，燃烧 1t 煤产生 2.66t 的二氧化碳是化工热力学所决定和不可避免的，经济社会对能源刚性需求的必然性将会使减排成为一句空话。多联产系统中化学品的介入就是希望将原料煤中的碳合理地转移到化学品中，尽管从生产化学品的全生命周期考虑，所有的产品都将转变为低化学势的产物，但由于延长了碳使用的生命周期，自然环境所具有的碳循环平衡将在一定程度上得以保持。因此，多联产中动力产品与化学品的科学、合理比例将对二氧化碳的减排起到重要作用。

研究表明，能源系统控制污染物排放，特别是温室气体 CO_2 排放的突破口与关键节点是污染物源头脱除或产生过程中脱除。所以，打破传统的"先污染后治理"的能源利用模式，在成分转化与化学能利用过程中实现一体化控制污染物是能源动力系统解决污染物排放问题的最有效途径。应从掌握能源转换系统中 CO_2 的生成、反应、富集、迁移机理出发，将能源转化利用与温室气体控制一体化，降低甚至避免分离过程额外的能量消耗，实现生产化学品或液体燃料的同时，分离回收利用 CO_2，这是多联产系统集成优化的一个重要原则思路。相对于常规动力系统，多联产系统整合了化工生产流程，具有强大的灵活调整物流组分的能力，这为实现一体化解决能量利用与环境问题提供了突破口。多联产系统特别重视在原料转化处理过程中控制污染物（如 SO_x、NO_x、CO_2）排放，此阶段污染物相对集中、浓度高，易于处理，可以用较低的能耗实现污染物的分离回收。同时，还关注把产生污染的化工/燃烧过程和污染物控制过程一体化结合，寻求更低能耗的控制 CO_2 排放途径。

目前对于多联产过程中 CO_2 的减排已有共识，那就是低能耗的收集分离 CO_2 必须在它被其他气体稀释之前进行，否则分离所需要的能量将抵消所获得的 CO_2 减排效果。中国科学院工程热物理研究所的金红光等[4]认为，当系统集成时，可按下列设计思路来最大程度体现这个原则：a. 分离与处理 CO_2 要在它未被其他气体（氮）稀释时进行，否则相关能耗将无法承受；b. 控制系统 CO_2 排放要从源头抓起，通过合成煤气组分的定向转移，使碳组分更多供给生产化学品需要，而更多氢组分供给动力系统燃用，从而使系统 CO_2 总的排放量大为减少；c. 把合成煤气按既定的目标进行处理，并要针对不同燃料组分设计相关热力循环及其 CO_2 控制策略富集碳组分，例如 O_2/CO_2 热力循环、化学链燃烧循环等。按组分对口的思路，不同热力循环组合也是控制与处理 CO_2 的一条有效途径。CO_2 控制的难点在于 CO_2 分离过程将伴随无法承受的能耗，通过 CO_2 循环利用创新来控制 CO_2 很可能成为新系统集成的一个重要突破口，将带来变革性的影响。

目前，围绕温室气体控制一体化的多联产系统，国内外从能量利用的角度已进行了很多的研究。从物质转化角度，多联产的 CO_2 源头控制的科学问题有：a. 化石燃料的动力转换与化学品转化过程中，碳形态、碳迁移的规律与 CO_2 富集机理；b. 动力生产、化学品生产的过程关联中，能量、物质移动对 CO_2 富集的作用，能耗代价等。主要研究内容包括：a. 建立 CO_2 减排量综合方程（包括多联产系统节能带来的 CO_2 减排量的方程，多联产系统中化学合成单元带来的 CO_2 减排量的方程，多联产系统中化学品潜在的 CO_2 排放量的方程），并进行减排机理的分析，找出 CO_2 减排的内在原因；b. 进行温室气体控制一体化多联产系统的技术经济分析；c. 建立化工燃料的动力转换-化学品生产-CO_2 控制的系统构建机制；d. 建立温室气体控制的多联产评价指标体系。

3.2 多联产系统的协同效应与节能减排潜力

CO_2 减排能耗过高是传统能源动力系统面临的另一难题。由于没有将分离过程与能量利用综合考虑，传统能源动力系统通常在下游工艺中分离 CO_2，以牺牲热力循环效率实现 CO_2 的捕集，直接导致热力循环效率降低 1/4 以上。能源动力系统 CO_2 捕集不单单是分离工艺本身的问题，将能量利用与 CO_2 分离有机地组合在一起才是科学减排的关键。能源利用过程与 CO_2 分离过程之间本身就存在着密切的联系。动力系统中可用能损失最大的部分并非热转功的过程，而是来源于燃料化学能向物理能转化的过程。燃料所含有的化学能做功能力有近 1/3 在燃烧过程中损失，也就是说，燃料化学能的有效利用是动力系统性能提高的最大潜力所在，寻找新的化学能转化与释放方式实现燃料化学能的梯级利用是未来先进能源系统的核心问题之一。

从温室气体控制角度看，CO_2 分离主要涉及化学反应过程与分离过程。CO_2 是由化石燃料中的含碳成分氧化后生成的，这个氧化过程既是 CO_2 的生成过程，也是燃料化学能的转化与释放过程。也就是说，CO_2 的分离和燃料化学能的转化与释放紧密相关，化学能转化利用过程与 CO_2 分离过程的耦合关系是能源系统分离 CO_2 的主要突破口。

多联产系统集成 CO_2 控制一体化不仅重视传统动力系统中热量的温度对口、梯级利用，而且重视化学能梯级利用，突破传统的复合热力循环技术，体现了领域渗透与综合的创新理念。另外，多联产系统集成 CO_2 控制一体化强调系统集成与过程整合，而在流程上多可沿用传统单产系统的成熟工艺，没有严重的技术障碍，投资不确定性较小，因而具有很强的现实意义与良好的经济性能[5]。

多联产系统集成 CO_2 控制一体化的核心思想在于：利用化工过程，在完成燃料化学能梯级利用的基础上，从 CO_2 产生的源头低能耗捕集，也就是在化学能转化和释放过程中同时完成了 CO_2 的富集和分离，避免了提供额外能量来驱使 CO_2 的富集和分离，真正意义上实现了过程的耦合、能量的梯级利用和合理匹配，有效提高了系统能量利用效率，从而同时解决能量利用与 CO_2 减排难题。如图 3-3 所示[6]，相比 IGCC 燃烧前分离 CO_2（方案 2），煤基甲醇-电-协调控制（CCS）多联产系统（方案 3）不仅减排强度方面与之相当，而且能量利用效率还要高出约 12%。IGCC 燃烧前分离，只能将 CO_2 的浓度提高到 36%，将化工过程与发电系统耦合，使得化学能梯级转化利用的同时，可利用化工过程本身特点完成 CO_2 的富集，可以将 CO_2 浓度提高至 50% 以上，有效地降低 CO_2 的捕集能耗。

然而，无论是 IGCC 还是多联产系统，其 CCS 过程中都存在以下共同的问题：CCS 技术应用能耗大，而且无法对碳资源进行利用；大多有关 CCS 的研究与应用也仅仅停留在 CO_2 的捕集阶段，后续的运输和埋存处理仍存在很大问题。"仅仅捕捉而不埋存是毫无意义的"[7]。事实上，CO_2 的运输对管道材料要求苛刻，运输成本会随着运输距离延长而增加，同时存在巨大的 CO_2 埋存地质风险[7,8]。然而，考虑 CO_2 的预处理、运输以及永久的地理埋存过程，则系统的成本和能耗更会急剧增加[9-11]。此外，从元素利用的角度讲，无论哪种分离技术和方法都属于先污染后治理的无可奈何之举，如果能在多联产系统中最大限度地将碳元素转化到化学品中，从源头上

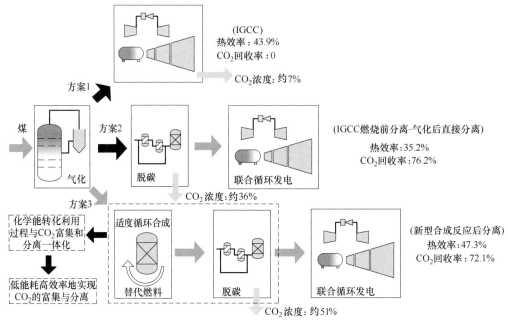

图 3-3　不同 CO_2 捕集过程对系统的影响

减少 CO_2 的形成，延长碳元素循环的生命周期，才真正是多联产系统对 CO_2 减排的最终目的所在。

CO_2 的埋存并不是最理想的 CO_2 减排方法。换一种思路而言，CO_2 作为碳资源的一种携带形式，若能作为含碳原料在化工过程中某一生产环节伴随化学能逐级释放参与反应从而转化，最终固定到化学产品中，既可以实现 CO_2 的内部转化利用，还能避免大规模 CO_2 捕集引起的系统投资和能耗问题。利用能源化工过程和动力系统自身特点，通过工艺过程设计和操作参数优化来实现系统 C 元素最大化利用，将 CO_2 在系统内部有机地转化固定在甲醇、二甲醚（DME）、碳酸二甲酯（DMC）、F-T 合成油等替代液体燃料中是实现 CO_2 减排的一种极具潜力的途径，如图 3-4 所示。

Oki 等[12] 设计了基于 IGCC 的 CO_2 循环作为气化剂的富氧燃烧系统，新系统不仅合成气产量增加，而且在实现 CO_2 捕集的前提下，能量效率仍可以维持在 IGCC 水平，约 40%，整个系统不需要额外的 CO_2 富集分离单元[12,13]。在甲醇生产过程中，将 CO_2 作为气化剂返回到气化炉可以有效实现 CO_2 的转化，增加有效气含量，这样就降低了甲醇合成回路的循环量，进而减少了合成气机组的蒸汽消耗，90% 负荷下驰放气量由最高 35000 m^3/h 降到最低 3000 m^3/h[14]。该技术的运用，使得煤气化装置生产的合成气完全符合甲醇合成的化学工艺技术要求，从而使煤气化甲醇装置在满负荷运行状态下每天增产甲醇 200 t，CO_2 排放减少 72 kt/a（以 300 天计算）[15]。从以上研究和应用结果可以看到，多联产系统集成 CO_2 控制一体化，通过化工过程与动力系统的耦合，改变了能量利用方式，同时改变了 CO_2 的迁移和富集路线，最终

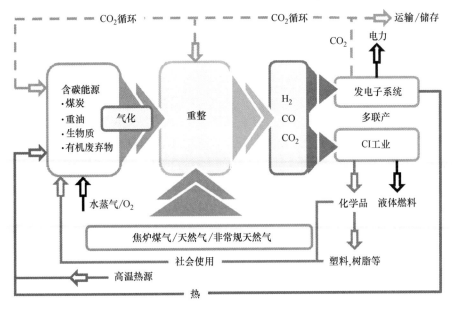

图 3-4　煤基多联产系统集成 CO_2 控制一体化

实现能量利用、元素利用与 CO_2 减排的协同。研究和发展多联产系统与 CO_2 控制一体化集成技术，对于推动煤炭转化与动力系统实现高能效低成本的 CO_2 排放控制具有重要的现实意义。

3.3　多联产系统全生命周期可持续评价分析

由于动力和化工过程的耦合，多联产系统体现了比单独动力或化工分产系统更为复杂的特性和更多工艺单元的组合，如何应用原有的过程模拟方法实现新系统的模拟与过程验证，是需要解决的首要问题。同时，对模拟的结果只有进行恰当的分析和合理的评价，才能有效指导系统的改进和优化。而多联产系统所关注的目标趋于多元化，系统复杂度逐步增加，给系统的分析评价带来了新的挑战。系统分析的深度和广度比传统方法有了较大的扩展，迫切需要多种新的系统分析方法和建立多目标（能量、元素、经济、环境等）综合评价体系与方法。

在煤炭资源的开采到最终的产品利用和污染物排放处理的整个过程中，煤炭生产转化环节无疑起到关键作用，系统的集成优化是提升生产环节效率的重要手段。但是，在煤炭生产的整个过程中，除了在生产加工转化过程中存在能源的利用、温室气体排放和经济性等方面问题外，与其相关的环节（煤炭资源开采、运输以及产品的运输过程），都涉及资源和能源消耗、温室气体排放以及费用支出问题[16-18]，它们共同构成了煤炭资源利用的全生命周期，因此仅从煤炭加工转化利用环节考虑CCS问题是不全面的[19]。从囊括煤炭开采到液体燃料的生产，直至终端产品利用和伴随整个周期内CO_2排放着眼，在基于能量利用、经济效益和CO_2排放角度分析评价整个过程更具有科学性。能源利用系统的热力性能、经济性能和减排性能的研究进展，以及全生命周期评价方法的研究必然成为一次能源转化及过程研究的前提和基础。

全生命周期评价方法（life cycle assessment，LCA）是一种贯穿于产品、工艺以及活动整个生命周期的评价方法，对产品生产过程的环境影响进行系统的分析、评价。对于 LCA，各个权威组织定义不同。国际标准化组织（International Organization for Standardization，ISO）的定义是汇总和评估一个产品（或服务）体系生命周期间的所有投入及产出对环境造成的和潜在影响的方法；国际环境毒理学与环境化学学会（The Society of Environmental Toxicology and Chemistry，SETAC）的定义是通过对能源、原材料消耗及污染物排放的识别与量化来评估有关一个产品的过程或活动的环境负荷的客观方法；欧盟的定义是基于对产品、生产过程活动从原材料的获取到其最终处置的调查，定量评估产品的环境负荷的方法。煤基多联产系统大多在 ISO 14040 标准下，将生命周期评价从统筹的范围概括为以下四个部分[20,21]：定义目标和边界范围、清单分析、影响评价以及结果解释，其相互之间存在一定的联系。

① 定义目标和边界范围。系统边界的界定是进行 LCA 评价的第一步，也是 LCA 的基础，是整个生命周期评价的重要环节。在多联产系统中首先是边界范围的确定，主要包括时间上的范围和空间上的范围，对应过程生命周期和产品生命周期。其次是功能单位的选取，功能单位的选取是生命周期评价的关键，明确功能单位，能够方便不同工艺过程的比较。最后得到的数据达到功能单位的统一，在此基础上再进行环境影响的分析比较。系统边界的划定是生命周期评价的基础，边界一旦划定，进出系统的物质流动也就随之确定，因此边界的划定非常重要。

② 清单分析。这一阶段主要是对整个生命周期过程有关环境、经济、能量、政策等因素的输入和输出量数据的收集、整理和分析。对于清单分析，主要包括三个范围：上游过程清单分析；主要过程清单分析；下游过程清单分析。在 LCA 的清单分析过程中，一般分为前景数据和背景数据两种，前景数据包括产品系统生产过程中实际能源和物质的消耗，背景数据则包括获得所需能源或原材料所引起的自然环境的能源和资源的变化。

③ 影响评价。之前的影响评价主要目的是了解和评价生命周期过程中不同阶段对生产系统的潜在环境影响。现在的影响评价主要趋向于从环境、经济、社会、技术和政策等多方位进行评价。

④ 结果解释。基于以上步骤分析，做出结果解释。评价的最后阶段，需要将前面的评价结果进行总结和讨论，并在此基础上给出相关结论和建议。同时对最终评价结

果进行灵敏度分析，借此说明评价体系的局限性和适用范围。

3.3.1 评价体系

评价体系从单一的经济评价上升到多维评价体系。影响评价主要包括分类、特征化、量化等步骤。生命周期评价具有不确定性，其结果受多种因素影响。㶲经济分析是热力学分析与经济分析相结合而产生的一种复合型分析方法。能源系统的全生命周期分析目前主要有两种分析类型：一是从过程生命周期[22]考虑，从设备的建设、运营、退役和回收角度分析，这种类型的分析和评价主要考虑过程的资源与燃料消耗以及排放和废弃物处理等，沿用传统的分析方法——各个环节消耗积累计算分析即可；二是从产品生命周期的角度分析，主要针对燃料的利用过程，从开采、运输、生产到产品的过程，分析过程伴随着能耗和温室气体排放。全生命周期评价方法的初衷就是在于产品系统的生命周期的各个环节对环境的影响评价，因此单独对温室气体评价方面比较成熟。

3.3.2 评价指标

根据不同评价体系所涉及的评价指标，评价指标同样可以分为不同维度、不同类别，主要包括能量方面、环境方面、经济方面、技术方面和社会方面。

3.3.2.1 能量方面

为了更好地对系统进行评价，对系统的两种能量效率进行了计算比较，即根据热力学第一定律的热值效率和热力学第二定律的㶲值效率，计算公式如下。

热值加和效率 η_1：

$$\eta_1 = \frac{\sum F_i Q_i + Q_p}{\sum F_f Q_f} \qquad (3\text{-}1)$$

当量发电效率 η_2：

$$\eta_2 = \frac{\sum F_i E_i + E_p}{\sum F_f E_f} \qquad (3\text{-}2)$$

式中，F_i 为化学品 i 的流量，kg/s；Q_i 为 i 的低位热值或高位热值，MJ/kg；Q_p 为发电量，MW；E_i 为化学品 i 的㶲值，J；F_f 为原料的流量，kg/s；E_f 为原料的㶲值，J；E_p 为发电㶲值，J；Q_f 为原料的低位热值或高位热值，MJ/kg。

由式（3-1）可知，电能和液体燃料的能量品位等价，但在实际生产中，电能的品位要远高于液体燃料的化学能，二甲醚、甲醇等作为液体燃料时一般都需通过燃烧或燃料电池转化为机械能或电能，转化效率远小于1，而电能一般可全部转化为机械能。

考虑到电能和液体燃料化学能的品位差异原理，定义当量发电效率 η_2。

3.3.2.2 环境方面

环境方面主要有酸化潜力（AP）、富营养化潜力（NEP）、人体毒理潜力（HTP）、光化学臭氧合成潜力（POCP）、全球变暖潜力（GWP）、臭氧耗竭潜力（ODP）等。环境影响评价方法——特征化方法，对污染物清单进行特征化处理，如式（3-3）：

$$EI_j = \sum EF_{j,i} \times Q_i \tag{3-3}$$

式中，EI_j 为第 j 种环境影响类型的特征化值；$EF_{j,i}$ 为第 i 种因素对第 j 种环境影响类型的贡献；Q_i 为第 i 种污染物的消耗量。

对于环境，多联产系统主要关注的是温室气体（GHG）、新鲜水耗和固体废弃物的排放。温室气体排放包括生命周期分析中燃料和电力消耗的直接和间接排放。生产相同产品的系统一般是通过比较单位产品的温室气体排放（LCGHGUP）来评价的，如公式（3-4）所示[23]。而对于相同的原料生产不同的产品时一般通过比较其单位利润的温室气体排放（LCGHG）来进行评价，如公式（3-5）所示[23]。其中 k 表示温室气体类型。P_k 是气体 k 相对于 CO_2 的全球变暖潜能值。通常以 CO_2、NO_x 和 CH_4 为主要温室气体组分，NO_x 和 CH_4 的 P_k 值分别为 298 和 34[24]。$E_{i,j}$ 是 i 子过程中的 j 类能耗。$EF_{i,j,k}$ 是 i 子过程中与 j 能源类型消耗相关的 k 温室气体排放因子。FEF_k 是与子过程有关的直接排放因子。考虑到过程用电情况，$1kW \cdot h$ 的电力燃烧 $1.1kg$ 标准煤，排放的 CO_2 约为 $2.86kg$[25]。P 是年利润，PY 是产品产量。

$$LCGHGUP = \frac{\sum_{i=1}^{m}\sum_{j=1}^{n}\sum_{k=1}^{3} P_k \times E_{i,j} \times EF_{i,j,k} + \sum_{i=1}^{m} P_k \times FEF_k}{PY} \tag{3-4}$$

$$LCGHG = \frac{\sum_{i=1}^{m}\sum_{j=1}^{n}\sum_{k=1}^{3} P_k \times E_{i,j} \times EF_{i,j,k} + \sum_{i=1}^{m} P_k \times FEF_k}{P} \tag{3-5}$$

随着水资源的日益稀缺和人类环保意识的日益增强，降低水的消耗和提高水的有效利用已成为能源化工企业的重要优化目标。用水量指标表示为单位产出消耗的淡水，如式（3-6）所示：

$$水耗 = \frac{\sum 新鲜水消耗量}{\sum 产品} \tag{3-6}$$

3.3.2.3 经济方面

经济方面的评价指标主要有投资成本、能源效率、生产成本和利润。㶲经济评价指标、生命周期的经济性分析、产品周期成本预算都基本遵循传统的算法，包括产品供应成本 C_S 和产品供应后产品利用过程的成本 C_U，总成本 C_{SUM} 计算如式（3-7）：

$$C_{SUM} = \sum (C_S + C_U) \qquad (3-7)$$

系统关键技术的发展一定程度上反映到经济性中为投资或者成本下降。这种经济性随技术发展的变化关系可以通过学习曲线来描述。学习曲线表达式如下：

$$C_N = C_0 \times N^b \qquad (3-8)$$

$$b = \lg(1 - R_L)/\lg 2 \qquad (3-9)$$

式中，C 为成本；N 为积累产量个数；R_L 为学习率；C_0 为第一个产量的成本。

随着技术的发展成熟，生命周期各个环节都在发展进步，对应各个环节的成本也随之发生变化，从而整个周期的经济性也随之发生变化。综合评价方法是从全生命周期各个环节评价扩展到与技术发展相结合的综合评价。

Aspen Icarus Process Evaluator（Aspen IPE）过程评价软件[1]是 Aspen 技术公司提供的一个软件系统，用于估算过程设计的投资费用、操作费用和利润率。Aspen IPE 具有与过程模拟程序连接的自动电子专家系统。该软件用于：a. 推广过程模拟的结果；b. 产生加工设备的精确尺寸和费用估算；c. 进行初步的机械设计；d. 估算购置和安装费用、间接费用和总投资，完成工程设计-订货-建设的计划日程表和利润率分析。

在进行过程设计的估算时，Aspen IPE 采用以下五个关键步骤。

① 将模拟计算结果调入 Aspen IPE。Aspen IPE 从利用主要过程模拟软件模拟所得的结果开始，程序接受由 Aspen Plus、Hysys. Plant（HYPROTECH 公司的动态流程模拟软件）、CHEMCAD、PRO/Ⅱ和其他模拟软件提供的结果。

② 将过程模拟单元（即模块或子程序）变换为描述更详细的过程设备模型。例如，将模拟流程中的 HEATX（两股物流的换热器）模拟单元变换成浮头式列管换热器；将 RadFrac（精馏塔）模拟单元变换为设有再沸器、冷凝器和回流罐等的完整板式塔和相关的包括管道、仪表、绝缘材料和涂料等安装事项的装置整体。

③ 对设备进行尺寸估算，并在进行修改时重新进行尺寸估算。

④ 估算项目的投资费用、操作费用和总投资。

⑤ 对所得结果进行评价，并在必要时进行修改和重新估算。

由于多联产系统涉及多种产品输出，采用效率可以较好地反映系统能量利用效率[26]。从"煤炭开采—洗选—运输—煤制甲醇—甲醇罐车—化工厂"路线的全生命周期过程中物耗、能耗、CO_2 排放分析等方面进行 3E 评价[27]。生命周期 3E 评价方法作为一种评价产品或服务，在其全生命周期内评价环境、能源以及经济性性能，从其诞生起就得到了广泛的研究和应用（图 3-5）。

新系统的盈利能力评价方法，应结合系统的固定投资来考虑。用总年成本（TAC）、生产当量成本（PEC）和年平均投资回报率（ROI）来评价项目的经济可行性。它们的计算由式（3-10）～式（3-15）进行。

$$TCI = (1 + IF) \sum I_i \left(\frac{Q_j}{Q_i} \right)^z \left(\frac{Q_k}{Q_j} \right)^e \qquad (3-10)$$

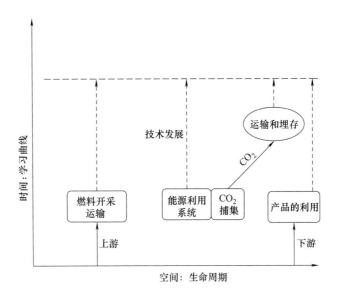

图 3-5　技术发展对全生命周期分析的影响

$$ACI = TCI/(1 - DR + 1)^{-n} \tag{3-11}$$

$$TAC = ACI + O\&MC + VAC \tag{3-12}$$

$$P = RE - TAC \tag{3-13}$$

$$PEC = \frac{TAC - (RECH - TAX)}{PY} \tag{3-14}$$

$$ROI = \frac{P}{TAC} \tag{3-15}$$

以上式中，TCI 为总固定投资；IF 为能源化工设备安装费系数，通常取 0.4；I_i 和 Q_i 分别表示参考设备的成本和规模；Q_j 为参考系统的设备规模；Q_k 为新设计工艺规模；z 为比例因子；e 为设备系数，常用值为 0.9；ACI 表示年度资本投资；DR 表示折现率，%；n 表示设备寿命；O&MC 代表运营和管理成本；VAC 为可变成本，包括燃料、电力和水的成本；RE 为每年产品的总收入；PEC 为生产的等价成本；RECH 为化工副产品的收入；P 为年利润；TAX 为产品税；PY 为产品产率。

3.3.2.4　技术方面

技术方面的评价是能源化工过程可持续性的更广泛方面。它通常用来表征过程实现、维护和其特定改进功能的能力，如系统可靠性、系统可操作性等指标[28]。技术成熟度指标是指过程实现其特定功能的能力。只有能源化工过程的技术成熟可靠，才能在商业规模上得到实施和推广。因此，提出的技术指标是技术成熟度。技术成熟度是一个定性指标，使用分类标度法的概念将其量化在 0～1 范围内，其中 1 表示最佳情况，即技术已实现大规模工业运行；0.75 表示示范项目或试验阶段；0.5 表示小型试验阶段；0.25 表示实验室研究阶段；0 表示最坏情况，即相关基础研究尚未开始[29]。

3.3.2.5 社会方面[30]

社会方面主要考察健康与安全指数、社会接受度、社会发展等指标。生命周期 3E 评价方法也存在一定的局限性，它偏重的是环境影响评价和经济性评价。生命周期 3E 评价方法强调分析产品或行为在生命周期各个阶段对环境的影响，包括能源利用、污染物排放和资源消耗，以及其经济性方面的表现。而对于社会性影响没有涉及。对于选定的多联产过程进行生命周期评价，为提高能量利用效率或减少环境排放，或者提高其经济可行性，可能会采取不同的措施。而这些措施对社会所造成的影响会不同，进而影响其实施，因此，社会性因素可能会成为重要的甚至是决定性的因素。

3.4 多联产系统中工艺匹配及优化需考虑的问题

多联产系统的概念实质上是要把化工过程和发电过程有机地耦合在一起，力争实现能量利用、经济性和环保性能的最优化。尽管由于多联产涉及的主要过程技术，如煤气化、化工合成（如甲醇）和燃气轮机联合循环均为成熟技术，因此具有相当的可行性，但是要把其发展为一个完整的、经济上具有竞争力的实用技术，依然存在较大的挑战。这个挑战除了体现在已有成熟技术为适应多联产系统的特殊需要改变和改进外，更重要的则体现在系统集成层次上，即如何设计系统结构、功能和参数，使其不仅具有较高的设计效率，而且满足各种变工况运行和操作要求（可操作性）以及在此条件下的可靠性、可用性和可维护性要求，使得系统在整个生命周期具备最大的经济性。

尽管在多联产系统中化工和动力的原料气通常均为 CO 和 H_2，但化工和动力流程在运行特性上各有特点。对于化工流程来说，由于反应器及反应介质的要求，化工生产的连续运行周期通常较短，但为保证产量，年总运行时间通常较长，约 7000h；动力系统为了保证电网的稳定性，需要长时间稳定运行，但由于电力负荷的原因，年总运行时间要小于化工生产单元，通常在 5000～7000h 左右，二者集成在同一系统中，各工艺单元运行的匹配上就存在一定的问题。

此外，多联产系统的优化是各个工艺单元的综合体现，需要通过对各工艺单元间的操作条件调整达到系统总能耗与化学品总转化率的最大化。但能耗与转化率在某些程度上是矛盾的，各工艺单元间操作参数又由于相对独立，弹性较小，因此作为系统的整体优化需要找到一个可以同时贯穿在整个体系中的目标函数，并且能够综合反映系统的能量利用率和元素利用率，甚至对环境和经济性的影响也需包括在所构建的目标函数内。举例如下：

$$单元 1，1_{元素} = f(T，p，工艺)$$
$$\vdots$$
$$单元 n，n_{元素} = f(T，p，工艺)$$

对于整个系统来说：

$$\pi_{元素} = f_{1元素} \times f_{2元素} \times \cdots \times f_{n元素} = \prod_{i=1}^{n} f_{i元素}$$

$$\varepsilon_{能量} = g_{1能量} \times g_{2能量} \times \cdots \times g_{n能量} = \prod_{i=1}^{n} g_{i能量}$$

$$\varphi_{经济} = h_{1经济} \times h_{2经济} \times \cdots \times h_{n经济} = \prod_{i=1}^{n} h_{i经济}$$

因此，为了得到能够反映体系共同特性的特征指标，整体优化的关键在于构造合适的 f、g、h 函数。在得到合适的、能够体现系统工艺特性和反映工况变化的目标函数后，对系统的优化问题就转化为一个多元的非线性优化问题。

目前对多联产系统评估过程中的难点和问题在于[4]：a.把多联产系统看成是不同用能系统的简单叠加；看作是相对独立的化工生产流程与动力系统的简单机械联合；化工生产流程与动力系统基本保持与分产相同的结构；仅通过回收部分驰放气等简单措施连接化工与动力两部分，而对寻求更适合联产系统的化工或化学反应过程的认识不到位。b.把多联产系统简单理解为多产品系统。化工过程系统历来就是多产品（或多联产）的，热工领域也有热电联产或冷热电联产系统，但不能把传统多产品的化工过程等同于目前的多联产系统。c.由于产品（化学品、热、电）具有不同的属性，在多联产系统评估过程中通常按照某一标准（标准煤、热）折算，但正是由于折算，掩盖了不同产品具有的特性，在系统经济性的评估中，模糊了具有不同使用周期的产品性质，评估的结果不易体现化学品所具有的 CO_2 减排特性及元素在使用循环过程中的属性。

3.5　双气头多联产系统的优化与评价

多联产系统整体效率是每个工艺单元效率的综合体现，但由于单元间工艺条件相对独立，系统整体优化综合评价时，各单元作为独立变量单独取值，相当于未知数个数多于方程个数；各单元独立变量的选择对系统效率影响较大，多联产系统的优化是各个工艺单元的综合体现，需要通过对各工艺单元的操作条件进行调整以达到系统总能量利用率与化工产品总转化率的最大化，但能量利用率与转化率在某些角度上是矛盾的，为追求转化率而增加循环倍率，不考虑系统其他工艺单元间的相互影响，能量利用率将会变得不再有利；此外，各工艺单元间操作参数相对独立，一些工艺单元的操作参数弹性较小，系统的整体优化需要找到一个可以贯穿在整个体系中的目标函数，此函数不仅能够较好地综合反映系统的能量利用率和元素利用率，甚至对环境和经济性的影响也需要包含在所构建的目标函数内。这个方法表示如下：

$$
\text{单元 } 1 \begin{cases} g_{1能量} = g(\alpha_1,\ \beta_1,\ \cdots,\ \text{TEC}) \\ f_{1元素} = f(\alpha_1,\ \beta_1,\ \cdots,\ \text{TEC}) \\ h_{1经济} = h(\alpha_1,\ \beta_1,\ \cdots,\ \text{TEC}) \end{cases} \cdots\cdots \quad \text{单元 } n \begin{cases} g_{n能量} = g(\alpha_n,\ \beta_n,\ \cdots,\ \text{TEC}) \\ f_{n元素} = f(\alpha_n,\ \beta_n,\ \cdots,\ \text{TEC}) \\ h_{n经济} = h(\alpha_n,\ \beta_n,\ \cdots,\ \text{TEC}) \end{cases}
$$

每个独立单元对于整个系统来说：

$$
\varepsilon_{能量} = g_{1能量} \times g_{2能量} \times \cdots \times g_{n能量} = \prod_{i=1}^{n} g_{i能量}
$$

$$
\pi_{元素} = f_{1元素} \times f_{2元素} \times \cdots \times f_{n元素} = \prod_{i=1}^{n} f_{i元素}
$$

$$
\varphi_{经济} = h_{1经济} \times h_{2经济} \times \cdots \times h_{n经济} = \prod_{i=1}^{n} h_{i经济}
$$

基于以上各目标函数与各单元间的关系，就可对整个系统进行目标函数优化。

$$
F(\varepsilon,\ \pi,\ \varphi) = \begin{cases} \varepsilon = \prod\limits_{i=1}^{n} g_i(\alpha_i,\ \beta_i,\ \cdots,\ \gamma_{\text{TEC}}) \\ \pi = \prod\limits_{i=1}^{n} f_i(\alpha_i,\ \beta_i,\ \cdots,\ \gamma_{\text{TEC}}) \\ \varphi = \prod\limits_{i=1}^{n} h_i(\alpha_i,\ \beta_i,\ \cdots,\ \gamma_{\text{TEC}}) \end{cases} \xrightarrow{\text{优化}} \begin{cases} \varepsilon_{\text{opt}} = \prod\limits_{i=1}^{n} g_i(\alpha_i,\ \beta_i,\ \cdots,\ \gamma_{\text{TEC}})_{\text{opt}} \\ \pi_{\text{opt}} = \prod\limits_{i=1}^{n} f_i(\alpha_i,\ \beta_i,\ \cdots,\ \gamma_{\text{TEC}})_{\text{opt}} \\ \varphi_{\text{opt}} = \prod\limits_{i=1}^{n} h_i(\alpha_i,\ \beta_i,\ \cdots,\ \gamma_{\text{TEC}})_{\text{opt}} \end{cases}
$$

$$
\Rightarrow F_{\text{opt}}(\varepsilon,\ \pi,\ \varphi)
$$

目前大部分优化研究都还停留在局部单元，这种优化将参数和系统流程分开，忽略它们之间的相互影响，不能体现联产系统的集成思想和实际反映系统整体性能，造成结果偏差较大。主要由于系统整体会随着优化过程中局部操作参数和工艺流程的改变而变化，传统的数学方法模型无法解决上述问题。多联产系统模拟流程图如图3-6所示。

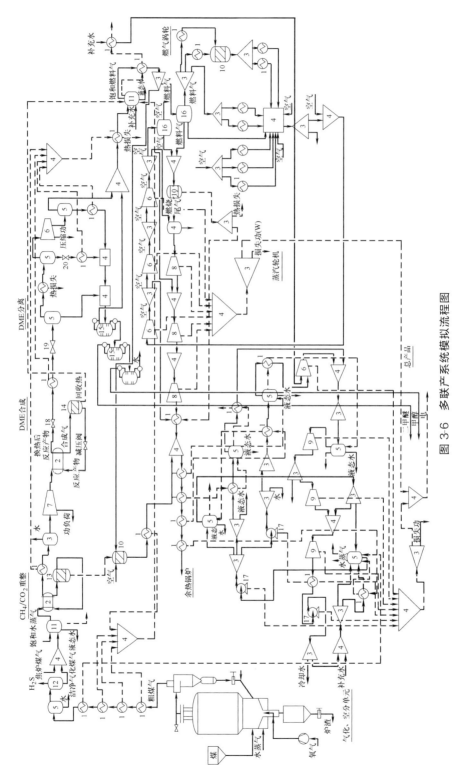

图 3-6　多联产系统模拟流程图

1—换热器；2—多级换热器；3—分配器；4—混合器；5—闪蒸器；6—汽轮饱和器；7—多级压缩机；8—燃气透平；
9—蒸汽透平；10—燃烧室；11—混合饱和器；12—脱硫装置；13—重整反应装置；14—液相二甲醚反应器；
15—精馏塔；16—物流复制器；17—给水泵；18—截油阀；19—背压阀；20—减压阀

3.6 关键单元工艺和参数优化

为了得到能够反映体系共同特性的特征指标，需构建合理的、能够体现系统工艺特性和反映工况变化的 $\pi_{元素}$、$\varepsilon_{能量}$、$\varphi_{经济}$ 等目标函数。本节将从化工角度出发，以元素利用为主，在兼顾能量利用率的基础上，对系统进行整体评价优化，主要以系统元素利用率 $\pi_{元素}$ 和能量利用率 $\varepsilon_{能量}$ 两个评价指标为例，来详细阐述多目标函数的优化过程。

3.6.1 元素利用率 $\pi_{元素}$ 函数的建立

对于元素利用分析，在化工生产领域目前尚无准确的衡量标准，但是从 Suh[8] 的文献分析，对于特定的化工行业，所评价的元素或者物质，需要一定程度上反映整个生产系统的资源利用程度、经济性以及对环境的影响，由此可以挖掘资源能源在利用过程中的节约潜力，有利于提高系统资源利用效率和实现生产系统经济、环保的可持续发展。多联产系统以煤炭作为初始原料，煤富含碳元素，碳元素的利用不仅反映了产品产率（资源利用率、经济效益的体现），还在一定程度上反映了系统对 CO_2 减排的贡献，因此，以碳元素作为分析对象考察系统的元素利用率符合元素分析流的要求[10,11]。在双气头煤基多联产系统中，涉及元素利用的关键单元主要是 CO_2/CH_4 重整单元和DME 合成单元，对这两个单元的研究，可以反映整个系统的元素利用情况。

由于每个单元反应性质不一样，因此，元素的利用形式也不一样。对于重整单元，其中 CO_2 和 CH_4 组分为原料气，CO 作为有效气体组分的同时，也参与了体系的反应。根据郑安庆等[13]的研究表明，CO_2 和 CH_4 中的 C 元素全部都转化到有效气体 CO 中。因此，在重整单元，可以定义元素的有效利用率为：

$$f_R = \frac{F_{r,CO}^{out}}{F_{r,CO_2}^{in} + F_{r,CH_4}^{in} + F_{r,CO}^{in}} \times 100\% \tag{3-16}$$

式中，f_R 为重整单元元素有效利用率；F_{r,CO_2}^{in}、F_{r,CH_4}^{in}，$F_{r,CO}^{in}$ 为进入重整单元的 CO_2、CH_4 和 CO 气体流量，$kmol/s$；$F_{r,CO}^{out}$ 为重整单元出口 CO 气体流量，$kmol/s$。

对于合成单元，由于参与反应的主要气体为 CO，目标产物有甲醇、DME 两种形式，而其他的含碳组分（如 CH_4 等）并没有直接参与单元的反应，因此合成单元定义元素的有效利用率为：

$$f_S = \frac{F_{CH_3OH} + 2 \times F_{DME}}{F_{S,CO}^{in}} \times 100\% \tag{3-17}$$

式中，f_S 为合成单元元素有效利用率；F_{CH_3OH}、F_{DME} 分别为甲醇和二甲醚流量，$kmol/s$；$F_{S,CO}^{in}$ 为进入合成单元 CO 流量，$kmol/s$。

对于整个系统而言，元素利用率可表示为：

$$\pi_{\text{元素}} = f_R \times f_S \tag{3-18}$$

以上各式中涉及的物流数据均可以在 Aspen Plus 软件中计算直接获得。元素利用率 $\pi_{\text{元素}}$ 不仅反映了多联产系统过程中各单元的碳利用率，而且一定程度上反映了系统生产效率和 CO_2 排放情况。然而，元素的最终利用程度由各单元自身实际反应体系环境决定（温度、压力、气体组成配比、空速以及催化剂质量等），式（3-18）可以表示为 $\pi = f(T_i, p_i, x, \cdots)$。按照此思路，对系统整体元素利用率的优化则可以通过对各单元参数变量的优化来实现。

3.6.2　能量利用率 $\varepsilon_{\text{能量}}$ 函数的建立

目前，对于能量利用特征函数的构建，一般是基于热力学第一定律的能量平衡效率分析和评价。但是，考虑到能量生产或转化过程中能量的潜在做功能力下降，以及不同能量形式之间的品位差异，仅从能量守恒的角度还不能反映系统用能的本质。兼顾热力学第一定律和第二定律，结合能量的"量"和"质"，充分考虑不同产品间的能量品位差异，将不同能量品位的能量形式转化成统一标准，弥补热力学第一定律能量平衡分析的不足，可以很好反映系统能量利用的本质。基于能源动力系统的分析和评价方法目前得到广泛认可和应用[13-17]。本小节内容将以㶲（有效能）作为能量利用评价的指标。在多联产系统中，各单元的㶲平衡满足下面关系式：

$$E_i X_{\text{in}} = E_i X_{\text{out}} + E_i X_{\text{loss}} \tag{3-19}$$

式中，$E_i X_{\text{in}}$ 为单元 i 输入物流总能量，$E_i X_{\text{out}}$ 为单元 i 输出物流总能量，$E_i X_{\text{loss}}$ 为单元 i 损失能量，系统所涉及的能量单位均为 MW。对于稳态的多组分物流，在能量分析中一般忽略动能和势能的影响，物流的总能量 EX 主要由三种形式构成：化学㶲（EX_{chem}）、物理㶲（EX_{phy}）及混合㶲（EX_{mix}）[18]，即：

$$EX = EX_{\text{chem}} + EX_{\text{phy}} + EX_{\text{mix}} \tag{3-20}$$

一般情况下，仅考虑物理㶲和化学㶲。对于单元 i 的能量利用率 g_i 可以表示为：

$$g_i = \frac{E_i X_{\text{out}}}{E_i X_{\text{in}}} \times 100\% \tag{3-21}$$

那么，整个系统能量利用率 $\varepsilon_{\text{能量}}$ 则可表示为：

$$\varepsilon_{\text{能量}} = g_1 \times g_2 \times \cdots \times g_n = \prod_{i=1}^{n} g_i \tag{3-22}$$

式（3-22）反映了联产系统每个单元的能量利用率对整个系统能量利用率的贡献。EX 是化学能和物理能的综合体现，同时也是化学元素组成、温度和压力的函数，其数值由物流组成（x_i）及其所处状态（T，p）所决定，即 $\varepsilon = g(T_i, p_i, x_i)$，$EX$ 具体计算可参考文献[18]。因此，对系统能量利用率的优化也可以转化为关键单元操作参数和工艺条件的优化。

3.6.3 约束条件的选择与优化

样本分析系统所采用的煤种（包括其元素和工业分析）以及生产流程中各单元设备的初始值如表 3-1、表 3-2 所示。

表 3-1 原料煤（空气干燥基）的元素分析与工业分析

工业分析/%				元素分析/%					低位热值/(MJ/kg)
M	V	FC	A	C	H	O	N	S	27.1
2.81	11.31	71.1	14.78	77.73	2.33	1.08	0.99	0.28	

注：M—水分；V—挥发分；FC—固定炭；A—灰分。

表 3-2 关键单元初始参数值

操作单元	操作条件
气化炉	1021℃
	5.0MPa
CH_4/CO_2 重整反应器	900℃
	0.1MPa
	3000L/(h·kg 催化剂)
DME 合成反应器	260℃
	6.0MPa
	5000L/(h·kg 催化剂)
燃气轮机	15.7(压缩比)
	1288℃(点火温度)
	604℃(排气温度)
COG/GCG	0.875mol/mol

基于目前我国多联产系统研究的现状和区域能源特征，太原理工大学提出的以气化煤气和焦炉煤气为气头，以 CH_4/CO_2 重整调整煤气组分中 CO/H_2 的比例，以甲醇、二甲醚为化学品的双气头多联产模式目前正在进行中试，以现场工艺参数为蓝本的流程模拟主要从以下几个方面进行改进。

① 目前多联产系统模拟研究大部分都是采用热力学平衡法对反应进行模拟。采用热力学平衡模拟只能反映体系变化的方向和极限情况，而实际生产中的反应体系是远离热力学平衡，受动力学平衡限制，要得到准确的模拟结果，就必须对系统中的反应（如 CH_4/CO_2 重整、液相甲醇合成、液相二甲醚合成）采用动力学模拟。而对于煤气化模拟则可采用文献中提出的有限制的热力学平衡，对热力学平衡进行修正，使其能够反映真实的煤气化反应。

② 目前很多文献对建立的模拟流程都没有进行验证，但模拟流程是研究的基础，如果模拟模型的准确性不能保证，那么后面所做的系统优化、评价研究就没有意义，因此建立经过验证结果可靠的模型是多联产模拟研究的关键。

③ 从化工角度出发，以元素利用率为目标函数对化工生产流程进行优化，以提高设备的利用率和化工产品的产率，降低生产成本。

在多联产系统优化集成过程中，有些工艺条件不能改变或者变化范围很小（如甲醇合成由于催化剂的限制，温度、压力变化范围较小），而有些工艺条件（如未反应气循环倍率等）却可以在较宽的范围内变化。因此可以在限定其他条件下实现这些可变工艺条件和操作参数的优化，以求达到各单元和工艺过程的合理匹配，最终实现原料组分对口、合理转化、能量梯级利用的整体效果。考虑到气化部分工艺参数变化弹性较小，产气组成基本不变，以及气化过程能量损失比例基本固定，对气化单元后续生产过程的考察即可以体现系统整体性能情况。因此，此处仅对气化单元后续流程部分进行操作参数及工艺条件的集成优化。

在单元操作参数优化处理过程中，相对于工艺参数变化范围较小（所选双功能催化剂温度操作范围 260～300℃，压力操作范围 5～8MPa）[12,19]的合成单元，重整单元操作参数弹性变化范围更大，且其能耗和转化率对系统的整体性能具有更大更直接的影响。重整单元的温度、压力、空速等参数关系到 $CO_2 + CH_4$ 的转化率，以及后续过程换热匹配、压缩机功耗和供热单元的能量消耗等，涉及了系统元素和能量利用过程，这些参数的选取合理与否，直接影响到系统整体效率的好坏。因此，此处以重整温度 T_r、重整压力 p_r、重整空速 V_r 作为优化参数对象，对系统进行整体优化。

影响多联产系统整体性能的参数有很多，除了系统一些局部单元的操作参数，如温度、压力、空速等参数以外，同时影响着系统化工与动力之间耦合关系的参数主要有两个，一个是焦炉煤气与气化煤气的配比，另一个是未反应气循环倍率。焦炉煤气与气化煤气的配比直接影响到重整单元出口气体组成，即影响了合成气中 H_2/CO 比，从而影响合成单元中合成气的转化率，和进入动力子系统的未反应气的数量和成分，进而影响到整个系统的元素利用率和能量利用率。为了进一步提高合成气的转化率，采用未反应气部分适当循环方式，而循环倍率也同样会影响合成气的转化率和进入动力子系统的未反应气的数量与成分，以及整个系统元素利用率和能量利用率。为此，也将焦炉煤气与气化煤气（COG/CGG）流量比 λ、未反应气体循环倍率 ω 作为优化对象，对系统元素利用率和能量利用率进行了考察。

系统整体优化的目标函数可以表示为：

$$F(\pi, \varepsilon) = F(T_r, p_r, V_r, \lambda, \omega) \tag{3-23}$$

由于系统各单元之间保持相对独立，因此系统的整体优化可以通过对单一变量逐一优化来实现。具体步骤如下：a.任意选取一个独立变量作为优化对象，分析其在变化范围内对系统目标函数的影响，从而可以确定最佳的变量值。b.将已经优化的变量值作为初始值，选取另一独立变量进行优化，按照 a 中的步骤可以确定另一个变量的最佳值。c.按照上述步骤和方法可以依次实现其他所有操作参数和工艺条件的优化。

3.6.3.1　重整反应温度的优化

保持 p_r、V_r、λ、ω 初始值不变，通过分析 T_r 对目标函数的影响，可以得到图 3-7。

重整反应是强吸热反应，对温度敏感，随着温度升高，CO_2+CH_4 的转化率增大，增大了元素的有效利用率，但所需要的能量消耗也在增加。当温度达到 1000℃ 左右，重整反应达到化学反应平衡，其出口组成基本保持不变，合成单元元素利用率保持不变。从图 3-7（a）可以看出，系统的元素利用率也就会呈现出随着温度的升高而增大，最后趋于平缓的趋势。

图 3-7（b）为重整反应温度对系统能量利用率的影响。重整反应所需能量由重整辅助单元燃烧炉（RAU）燃烧一部分未反应气体来提供，随着重整反应温度的提高，送往 RAU 的未反应气体增多，增加了重整过程的能耗。重整单元出口有效气体含量的增加，合成单元处理量增大，DME 和甲醇的合成过程不可逆程度增大，造成合成单元较大的能量损耗。发电单元能量利用率随着温度的升高而增大，主要是因为温度升高，增加了去 RAU 未反应气的量，在减少了燃气轮机燃烧室过程大量的燃烧热损失的同时，回收了 RAU 的大量余热，使得发电单元整体能量利用率有所提高。但是反应温度过高（>850℃），重整单元和合成单元能耗过大，这部分损失的能耗并不能通过发电单元能量利用的增加来补偿，因此在温度较高时，系统的能量利用率反而随着温度升高而降低。

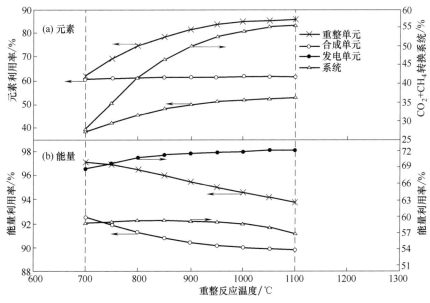

图 3-7　重整反应温度对系统整体效率的影响

然而，在图 3-7（a）中元素利用率随着温度升高而增加，而图 3-7（b）中，能量利用率却是先增加后降低或持续降低的，两个目标函数的变化趋势不一样。如何选取一个合适的温度，从而保证两个函数的取值使得系统整体最优化就显得尤为重要。基于前文相关分析，多联产系统集成优化过程实际上是一个求解多个目标函数的数学计算过程。显然，对一个具体联产项目而言，多联产系统的整体集成与优化是为了寻求系统的整体性能最优，但是在实际优化过程中，要做到所有的目标函数同时达到最优是不可能的，而是要寻求各目标函数的综合效果达到最优。因此，在对一个具体的联产项目进行集成系统优化时，必须根据实际情况和项目的具体要求对各目标函数进行综合评价[20]。

各目标函数的综合评价可以用下面的式子表示：

$$系统整体最优 = \varphi(\pi_i \times \varepsilon_i) \tag{3-24}$$

式中，φ 为目标函数；i 为不同目标；π 为元素加权因子；ε 为能量加权因子。

图 3-8 给出了多目标函数优化过程的方案，很明显，对各目标函数进行综合评价的关键是各目标函数权重的确定。此处所建立的目标函数 $\pi_{元素}$ 和 $\varepsilon_{能量}$ 分别考察了系统的元素利用率和能量利用率，在两个目标函数不能同时达到最优化的情况下，为了使系统整体效益最佳，在目标函数取值上，要考虑各自的权重。多联产整体效益的提高主要体现在耦合集成后高附加值化工产品降低了生产成本，简化了生产系统，降低了投资和运行成本[18,20-22]。多联产系统最终价值体现在化工过程的耦合实现了能量梯级利用，提高了系统效率和降低了生产成本。由此可见，多联产系统优越性的体现应当首先满足系统化工产品的要求，在此基础上再对能量利用过程进行分析优化的方法更具科学性。因此，在对两个目标函数的优化处理过程中，前者的权重要高于后者，即 $\pi_{元素}$ 权重 $>$ $\varepsilon_{能量}$ 权重，优先考虑元素利用率。然而各目标函数的权重并不能用简单的数学方法求解，而是根据每个工程项目的自身特点和具体要求决定[19]，在没有获得具体的权重数据的前提下，此处中只给出了定性的分析研究，为了权衡两个目标函数之间差距，防止结果偏差过大，此处在优先保证元素利用率最优的情况下，优化变量值的选取对能量利用率值的选取波动范围（指最大值与选取值之差）不超过 $\pm 2\%$ 为可接受范围。基于以上的分析，综合考虑系统元素利用率，系统 $CO_2 + CH_4$ 转化率与系统能量利用率，选取重整温度 T_r^{opt} 为 1000℃。

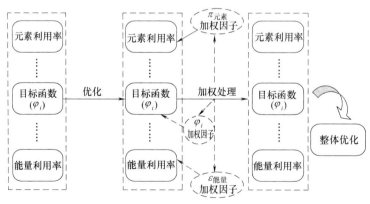

图 3-8　多目标函数优化处理方法

3.6.3.2　重整反应压力的优化

从上述重整反应温度的优化过程来看，对于实现单独变量 X 对多目标函数的优化，实质就是要确定变量 X 的值或范围，进而同时满足不同关于 X 的函数 $[f_1(X)$、$f_2(X)$、$f_3(X)$……] 取得最优值，由于 $f_1(X)$、$f_2(X)$、$f_3(X)$……之间非线性相关，对于相同的自变量 X，不可能使得所有函数同时取得最优函数值。因此，需要根据所研究对象考察的某一个或几个目标函数的综合权重来最终确定 X 值。当存在多个相对独立的自变量（X_1、X_2、X_3……）时，则可以固定其他自变量（X_2、X_3……）的初始值，首先对其中某一个自变量 X_1 进行优化，得到最优的 X_1^{opt}，相应的 $f_1(X)$、$f_2(X)$、$f_3(X)$……的最优值为 $f_1(X_1^{opt})$、$f_2(X_1^{opt})$、$f_3(X_1^{opt})$……；接下来再选取第二个自变量 X_2，固定已经优化的自变量最优值 X_1^{opt} 和其他自变量（X_3、X_4……）的初始值，优化得到 X_2 的最优值为 X_2^{opt}，相应的最优函数值为 $f_1(X_2^{opt})$、$f_2(X_2^{opt})$、$f_3(X_2^{opt})$……；依照上述方法，则可以完成所有相对独立自变量（X_1、X_2、X_3……）的优化过程，进而可以确定最优自变量数值（X_1^{opt}、X_2^{opt}、X_3^{opt}……）和多个目标函数对应的最优函数值 $[f_1(X_1^{opt})$、$f_2(X_1^{opt})$、$f_3(X_1^{opt})$……；$f_1(X_2^{opt})$、$f_2(X_2^{opt})$、$f_3(X_2^{opt})$……；$f_1(X_3^{opt})$、$f_2(X_3^{opt})$、$f_3(X_3^{opt})$……]，即实现了多个相对独立变量对多目标函数的优化过程。

在本案例分析中，需要优化的五个相对独立变量包括重整反应温度（T_r）、重整反应压力（p_r）、重整反应空速（V_r）、焦炉煤气与气化煤气摩尔流量比（λ）以及未反应气循环倍率（ω）。主要考察五个相对独立变量对于元素利用率（$\pi_{元素}$）、能量利用率（$\varepsilon_{能量}$）和 CO_2+CH_4 转化率（$f_{CO_2+CH_4}$）三个目标函数的影响，从而确定各自对应的最优值。因此，在完成了重整反应温度 T_r 优化的基础上，可以根据上述研究方法，进一步依次进行 p_r、V_r、λ、ω 的优化。

保持 T_r^{opt}、V_r、λ、ω 初始值不变，通过分析 p_r 对目标函数的影响，可以得到图 3-9。重整反应是一个体积增大的反应，压力对于重整反应影响较大，从图 3-9（a）中可以看到，过大的压力会使得重整反应受到抑制，甚至逆向进行，不利于 CO_2+CH_4 向 $CO+H_2$ 的转化，进而影响下游甲醇和 DME 的合成，合成单元元素利用率减小。另外，从图 3-9（b）中可以看出，重整压力的变化对系统的能量利用过程也有较大的影响，随着压力的增大，重整单元的反应㶲损失和热量供应都减小。由于重整过程受到抑制，出口合成气有效气体流量降低，合成单元处理气体量的减少导致反应㶲损失和热损耗都不同程度的降低。由于重整单元 CO_2+CH_4 转化率降低，导致合成单元有效气体转化为化学品程度也降低，更多未反应气体作为燃料气进入到燃气轮机，使得燃烧㶲损失增加，发电单元能量利用率随着压力增大而减小。当压力较小时，发电单元能耗相对较低，而重整单元和合成单元能量利用率增大。因此，系统能量利用率随着压力的增大呈现先增大后减小的趋势。比较图 3-9（a）与（b）可以发现，当压力在 0.1～0.2MPa 变动时，系统能量利用率的变化幅度约为 1.2%，而系统元素利用率和系统 CO_2+CH_4 转化率变化均在 5.0% 左右。同上分析，综合考虑系统多个目标函数的权重，系统重整压力 p_r^{opt} 选取 0.1MPa。

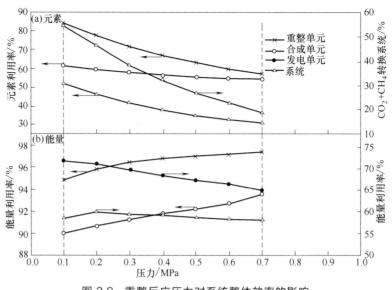

图 3-9 重整反应压力对系统整体效率的影响

3.6.3.3 重整反应空速的优化

T_r^{opt}、p_r^{opt}、λ、ω 初始值不变的条件下，通过分析 V_r 对目标函数的影响，可以得到重整反应空速的变化对系统元素利用率与系统能量利用率的影响规律（图 3-10）。保持合成气总流量不变，通过改变载入催化剂的质量来改变空速与催化剂的质量比，实现空速的相对变化。重整反应空速增大，原料气在催化剂上停留的时间缩短，降低了

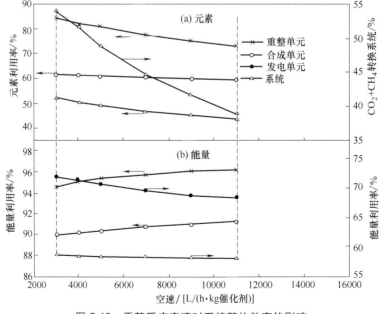

图 3-10 重整反应空速对系统整体效率的影响

CO_2+CH_4 的转化率，进而减少了合成气中有效组分 $CO+H_2$，降低了合成单元化学品输出，重整单元与合成单元元素利用率均随重整反应空速的增加而降低，但能量利用率呈现增加趋势。重整单元与合成单元有效气体利用转化程度降低，使得更多燃料气进入到发电单元，发电单元燃烧㶲损失增加较快，发电单元能量利用率随着重整反应空速增大而减小。由于发电单元能耗损失较大，尽管重整单元与合成单元能量利用率增加，但不足以弥补发电单元的能耗损失，因此系统能量利用率略有下降。因此，综合考虑各函数的变化趋势和权重，重整空速 V_r^{opt} 取 $3000L/(h·kg$ 催化剂)。

3.6.3.4 焦炉煤气与气化煤气流量比的优化

保持 T_r^{opt}、p_r^{opt}、V_r^{opt} 和 ω 初始值不变，通过分析 λ 对目标函数的影响，可以看出，由于焦炉煤气富氢、气化煤气富碳，合成气中的 H_2/CO 比例可通过焦炉煤气和气化煤气的流量比调节。焦炉煤气量增加使得重整单元体系 H_2 含量急剧增大，过量的焦炉煤气使得 H_2 和 CO 的积累速度大于消耗速度，不利于 CH_4/CO_2 重整反应向右进行，重整单元元素利用率下降。合成气中 H_2 含量增加，而富氢体系下的合成气更有利于甲醇、二甲醚的合成[7,24]，合成单元元素利用率增大。然而，这会导致甲醇转化成二甲醚过程中产生更多的水，使得水煤气变换反应加剧，增加了合成单元 CO_2 的生成。因此，随着焦炉煤气量的增加，系统 CO_2+CH_4 转化率先升高后降低。重整反应受到抑制，降低了反应所需能量，重整单元能量利用率略有增加。合成单元在富氢体系下，化学品产量增加迅速，化学品的化学能可以弥补合成单元所消耗的能量，合成单元能量利用率增大。由于焦炉煤气量增加，使得去发电单元的未反应弛放气数量相对增加，增加了燃烧过程的不可逆损失。结合图 3-11 分析，满足两个目标函数和系统 CO_2+CH_4

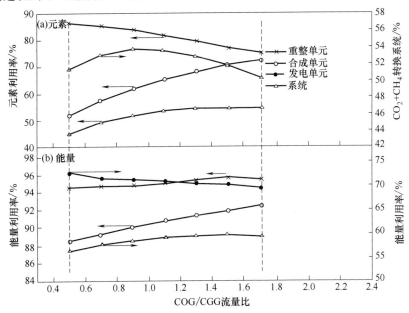

图 3-11 焦炉煤气与气化煤气摩尔流量比对系统整体效率的影响

转化率同时取得最优的焦炉煤气与气化煤气摩尔流量比不存在。在焦炉煤气与气化煤气摩尔流量比为 0.875 时,系统 CO_2+CH_4 转化率取得最大值,约为 54.01%,此时元素利用率为 52.02%,系统能量利用率为 58.46%;当焦炉煤气与气化煤气摩尔流量比为 1.50 时,系统 CO_2+CH_4 转化率降为 51.50%,下降约为 2.50%,系统元素利用率和系统能量利用率此时达到最大值($\pi_{元素}=54.92\%$,$\varepsilon_{能量}=59.80\%$),分别上升 2.90% 和 1.44%。结合系统函数取值权重,此处选取焦炉煤气与气化煤气摩尔流量比 λ^{opt} 为 1.50。

3.6.3.5 未反应气循环倍率的优化

保持 T_r^{opt}、p_r^{opt}、V_r^{opt} 和 λ^{opt} 的初始值不变,通过分析 ω 对目标函数的影响,其结果如图 3-12 所示。随着未反应气循环倍率增加,提高了有效气体 $CO+H_2$ 的利用率,甚至一部分 CO_2 中碳源也转化到化学品中,不仅提高了合成单元元素利用率,也提高了系统 CO_2+CH_4 转化率。那么,剩余未反应气体不仅数量会降低,而且其中燃料气组分 $CO+H_2$ 也会减少,增加了送往重整辅助单元的燃料气体比例,重整单元能耗略有增加。反之,去发电单元的燃料气体减少的数量相对较小,降低了发电单元的燃烧㶲损失,发电单元能量利用率增加。循环倍率的增加,尽管提高了化学品产率,提高了化学能的转化程度,但考虑到未反应气中惰性气体含量较大,惰性气体将会导致循环压缩功耗的增加。因此,在采用未反应气体部分再循环提高转化率和减少压缩功耗以及重整单元能耗之间必然存在一个平衡,也就是说,同时考虑原料利用和能量利用时,存在一个最优的循环倍率。当循环倍率过大,由于气体循环而增加的化学品所含化学能以及减少的发电损耗则不能够补偿循环压缩功耗以及重整能耗,系统的能量利用率反而会降低。结合图 3-12 和以上分析,未反应气循环倍率 ω^{opt} 选取 0.5~0.6。

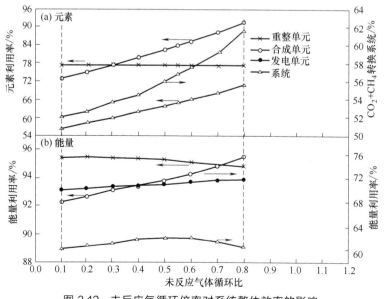

图 3-12 未反应气循环倍率对系统整体效率的影响

3.6.3.6　重整单元 $CO_2 + CH_4$ 转化率对系统效率的影响

"双气头"煤基多联产系统最主要的特点就是通过甲烷重整反应实现焦炉煤气（约 25% CH_4）与气化煤气（约 23% CO_2）的重整，以调节合适的 H/C 比，满足下游合成工序的 H/C 比要求。从前面分析可知，重整单元的性能对于系统的整体效率有很大的影响。要实现将气化煤气富碳、焦炉煤气富氢的特点相结合，需要考虑重整单元所引起的系统能耗是否能真正提高系统的性能，必须对过程本身、燃料性质等方面进行考核，以得出合理的评价。定义重整过程系统能量收益率为 $(E_{收益} - E_{消耗})/E_{收益}$，其中 $E_{收益}$ 来自 CO_2 和 CH_4 的利用，而 $E_{消耗}$ 来自重整单元所导致的过程能耗。

如图 3-13 所示，当 $CO_2 + CH_4$ 的转化率低于 33.62% 时，重整单元对系统的能量利用贡献为零，也就是说此时 $CO_2 + CH_4$ 转化获得的能量不能补偿其所引起的能量消耗。随着 $CO_2 + CH_4$ 转化率的增大，系统能量收益率也增大，但是当 $CO_2 + CH_4$ 转化率增大到一定值（约 66.00%）后，系统能量收益率反而降低，系统通过重整 $CO_2 + CH_4$ 所获得的化学能与重整单元引起的能耗之间的差值逐渐减小。这主要是因为重整单元 $CO_2 + CH_4$ 的转化率是一个多因素的综合体，$CO_2 + CH_4$ 的转化率与重整单元操作参数（如温度、压力、催化剂质量等）有关，操作参数的选择会导致下游工况随之变动，进而影响到整个系统的运行情况。该反应是强吸热反应，热量的供应会影响到系统的整体能量利用过程，过大的转化率会导致整个系统能耗大幅度增加。从前文分析可知，$CO_2 + CH_4$ 的转化率越高，系统的元素利用率可以得到相应提升，但是能量利用效率并不一定越高，甚至会降低。由此可见，在同时考虑系统的元素利用和能量利用过程的情况下，对 $CO_2 + CH_4$ 转化率的选择不能简单地局部考虑而需要结合系统整体分析，由于重整单元本身工艺的局限性和后续工艺的制约性，重整单元 $CO_2 + CH_4$ 的转化率不是越大越好，而是存在一个最佳的范围值，这也与 Gao 等[24] 的研究结论相似，CH_4 部分重整的系统能量利用率更高。结合上述各图分析，此处研究的系统较理想的 $CO_2 + CH_4$ 转化率范围值在 55%～70%。

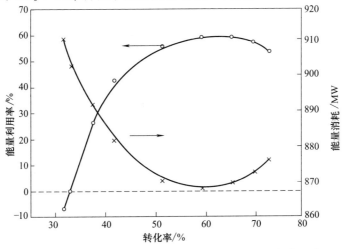

图 3-13　重整单元 $CO_2 + CH_4$ 转化率对系统整体效率影响

3.6.3.7 优化后系统整体性能表现

表 3-3 为系统优化前后性能对比。从表中可以看出，DME 联产系统在优化以后，系统元素利用率从 49.6% 提高到 64.8%、能量利用率从 58.2% 提高到 62.3%，单位时间甲醇和二甲醚产品的产率均得到提高。值得注意的是，优化后重整单元的 CO_2 + CH_4 转化率为 66.6%，比优化前要低 3.5%，但系统 CO_2 + CH_4 转化率却要比优化前高 4.6%，这主要是由于后续合成单元过程中又生成了 CO_2，从而导致了系统 CO_2 + CH_4 转化率的降低，进一步说明局部单元的最优并不能代表系统整体最优，还需要考虑系统整体工艺的限制和耦合，甚至化学品的选择等。

表 3-3 系统优化前后性能对比

项目	DME 和/或 CH_3OH	
	优化之前 （单程）	优化之后 （循环）
气化气进料速度/(kg/s)	113.9	113.9
焦炉煤气进料速度/(kg/s)	37.0	63.4
甲醇生产率/(kg/s)	15.9	37.6
DME 生产率/(kg/s)	23.9	32.8
燃气轮机净功率/MW	224.7	258.7
汽轮机净功率/MW	268.3	346.9
辅助总消费/MW	101.8	189.6
总净功率/MW	391.2	415.9
CH_4+CO_2 重整单元转化率/%	70.1	66.6
CH_4+CO_2 系统转化率/%	52.0	56.6
元素利用率/%	49.6	64.8
能量利用率/%	58.2	62.3

通过对系统整体优化分析，可以清晰地看到单元最优化并不能保证系统整体性能最佳，系统整体集成优化对于提高多联产系统性能至关重要。双气头煤基多联产系统作为煤炭清洁高效利用的一种途径，通过系统整体优化后，使得化工生产过程与动力系统有机耦合，实现了联产系统元素的分级转化，能量的梯级利用，有效地提升了系统整体性能，系统元素利用率与能量利用率分别高达 64.8% 和 62.3%。系统整体综合性能主要是利用焦炉煤气富氢、气化煤气富碳的特点制备合成气，取消水煤气变换单元和 CO_2 分离单元，减少生产过程能量损失和元素损失；通过重整单元实现焦炉煤气与气化煤气的重整，将 CO_2 + CH_4 转化为有效气体 CO + H_2，实现了化学能的转化和梯级利用，减少了燃料气直接燃烧㶲损失。重整单元对系统元素和能量利用过程起着关键作用，其能耗限制了 CO_2 + CH_4 的进一步转化利用，进而影响系统整体效率。对重整单元进行降低能耗，提高催化剂性能，以实现重整单元低温、较高压力、高转化率运行，有助于提升系统整体性能。

进一步地，除了能量利用和元素转化方面的集成优化外，另一个值得研究和优化的目标就是系统经济性。经济效益对于多联产系统的发展和推广起着关键作用，因此，如何使得系统在能量、元素、经济性能方面达到整体最优是将来多联产系统集成优化的核心内容。同时，基于多联产系统高效、清洁、经济的特点，在多联产系统进一步发展和完善过程中，如何有机地将多联产系统与不同的减排控制技术（CCS/CCUS）耦合起来，确定最佳的 CO_2 捕集和转化利用路线，实现低能耗高效率的 CO_2 减排，最终完成多联产系统与污染物控制技术工艺过程的集成革新将是另一个关键点。

参考文献

[1] 金红光，林汝谋，高林，等. 化工动力多联产系统设计优化理论与方法[J]. 燃气轮机技术，2011，24（3）：1-12，20.

[2] 高林. 煤基化工——动力多联产系统开拓研究[D]. 北京：中国科学院工程热物理研究所，2005.

[3] 金红光，高林，郑丹星，等. 煤基化工与动力多联产系统开拓研究[J]. 工程热物理学报，2001，22（4）：397-400.

[4] 林汝谋，金红光，高林，等. 化工动力多联产系统及其集成优化机理[J]. 热能动力工程，2006，21（4）：331-337.

[5] 徐钢. 减排 CO_2 的能源动力系统综合评价与多目标优化[D]. 北京：中国科学院工程热物理研究所，2007.

[6] Jin H，Gao L，Han W，et al. Prospect options of CO_2 capture technology suitable for China[J]. Energy，2010，35（11）：4499-4506.

[7] Hetland J，Anantharaman R. Carbon capture and storage（CCS）options for co-production of electricity and synthetic fuels from indigenous coal in an Indian context[J]. Energy for Sustainable Development，2009，13（1）：56-63.

[8] Suh S W. Theory of materials and energy flow analysis in ecology and economics[J]. Ecological Modelling，2005，189（3/4）：251-269.

[9] Ju F，Chen H，Ding X，et al. Process simulation of single-step dimethyl ether production via biomass gasification [J]. Biotechnology Advances，2009，27（5）：599-605.

[10] Falcke T J，Hoadley A F A，Brennan D J，et al. The sustainability of clean coal technology：IGCC with/without CCS[J]. Process Safety and Environmental Protection，2011，89（1）：41-52.

[11] Ordorica-Garcia G，Douglas P，Croiset E，et al. Techno-economic evaluation of IGCC power plants with CO_2 capture[M]//Greenhouse Gas Control Technologies. London：Elsevier Science，2005.

[12] Oki Y，Inumaru J，Hara S，et al. Development of oxy-fuel IGCC system with CO_2 recirculation for CO_2 capture [J]. Energy Procedia，2011，4：1066-1073.

[13] 郑安庆，冯杰，葛玲娟，等. 双气头多联产系统的 Aspen Plus 实现及工艺过程优化［Ⅰ］模拟流程的建立及验证[J]. 化工学报，2009，61（4）：969-978.

[14] 伏盛世，樊崇，赵天运，等. CO_2 返炉在鲁奇加压气化工艺上的试验[J]. 河南化工，2008，25（7）：31-33.

[15] Yi Q，Feng J，Wu Y，et al. 3E（energy，environmental，and economy）evaluation and assessment to an innovative dual-gas polygeneration system[J]. Energy，2014，66：285-294.

[16] Odeh N A，Cockerill T T. Life cycle GHG assessment of fossil fuel power plants with carbon capture and storage [J]. Energy Policy，2008，36（1）：367-380.

[17] Korre A，Nie Z，Durucan S. Life cycle modelling of fossil fuel power generation with post-combustion CO_2 capture[J]. Energy Procedia，2009，4（2）：289-300.

[18] Corti A，Lombardi L. Biomass integrated gasification combined cycle with reduced CO_2 emissions：Performance analysis and life cycle assessment（LCA）［J］. Energy，2004，29（12-15）：2109-2124.

［19］林湖. 多联产 CCS 的全生命周期综合评价与系统集成研究［D］. 北京：中国科学院工程热物理研究所，2010.

［20］Roddy D J，Younger P L. Underground coal gasification with CCS：a pathway to decarbonising industry［J］. Energy and Environmental Science，2010，3(4)：400-407.

［21］Pehnt M，Henkel J. Life cycle assessment of carbon dioxide capture and storage from lignite power plants［J］. International Journal of Greenhouse Gas Control，2009，3(1)：49-66.

［22］聂会建，李政，张斌，等. 整体煤气化联合循环(IGCC) 全生命周期 CO_2 排放计算及分析［J］. 动力工程学报，2004，24(1)：132-137.

［23］Huang Y，Yi Q，Wei G Q，et al. Energy use, greenhouse gases emission and cost effectiveness of an integrated high-and low-temperature Fisher-Tropsch synthesis plant from a lifecycle viewpoint［J］. Applied Energy，2018，228：1009-1019.

［24］Li S，Gao L，Jin H，et al. Life cycle energy use and GHG emission assessment of coal-based SNG and power cogeneration technology in China［J］. Energy Convers Manage，2016，112：91-100.

［25］Toffolo A，Lazzaretto A，Manente G，et al. A multi-criteria approach for the optimal selection of working fluid and design parameters in organic Rankine cycle systems［J］. Applied Energy，2014，121：219-232.

［26］He C，Feng X. Evaluation indicators for energy-chemical systems with multi-feed and multi-product［J］. Energy，2012，43(1)：344-354.

［27］叶毓琛. 典型煤化工技术全生命周期评价——以煤制甲醇与烯烃为例［D］. 北京：华北电力大学，2014.

［28］钱宇，杨思宇，贾小平，等. 能源和化工系统的全生命周期评价和可持续性研究［J］. 化工学报，2013，24(1)：140-154.

［29］Yang S，Xiao L，Yang S，et al. Sustainability assessment of the coal/biomass to Fischer-Tropsch fuel processes［J］. ACS Sustainable Chemistry and Engineering，2014，2(1)：80-87.

［30］黄毅. 中低阶煤热解焦油制环烷基油品工艺过程系统设计与评价［D］. 太原：太原理工大学，2020.

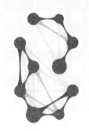

4

煤基多联产系统技术及工程

4.1 热电化多联产工程实例——兖矿集团煤气化发电与甲醇联产系统

多联产的发展以及其自身的优势，促进了各国的能源消费和发展。大力发展多联产技术是未来能源战略的必经之路。多联产技术的日趋成熟，有利的发展环境、优惠的政策使得我国多联产工程项目也取得了很大的发展。

由华东理工大学、兖矿集团有限公司联合开发的具有自主知识产权的多喷嘴对置式气流床气化技术，是世界上最先进的气流床气化技术之一。从 2004 年起步的单炉日处理量750t 的规模开始，经过兖矿集团与国内多家科研机构及高校长期合作，在 2006年建成了煤气化发电与甲醇联产系统示范工程项目，整个工程由新型气化炉及配套工程项目和乙酸项目组成，其中新型气化炉是国家高技术研究发展计划(863)项目，乙酸项目是国内第一个采用具有自主知识产权的低压羰基合成技术建设的项目。该工业示范装置建于山东省滕州市兖矿国泰化工有限公司，目前已经实现了系统长周期稳定运行。

系统设计规模及工艺流程如下：

规模：气化炉煤量 1000t 精煤/d。

主要产品：甲醇 24 万吨/年，发电 76 MW（系统 1）；

乙酸 20 万吨/年，硫黄 2 万吨/年（系统 2）。

兖矿国泰化工有限公司日处理 1000t 煤，多喷嘴对置式新型水煤浆气化炉配套 24万吨甲醇、76MW 燃气发电工程项目，是我国第一个煤气化多联产系统示范工程[1]。

如图 4-1 所示，该工程的工艺装置包括空分、新型气化炉煤气化、甲醇原料气净化、甲醇压缩及合成、甲醇精馏、甲醇罐区、发电燃料气脱硫、硫回收、氨吸收制冷、燃气发电等。

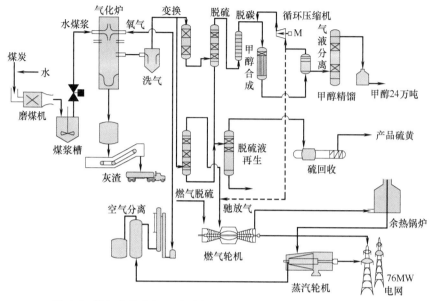

图 4-1　煤气化发电与甲醇联产系统工业示范装置工艺流程示意图

该多联产系统实现了燃气轮机发电与甲醇生产两个运行特性差异特别大的单元间的匹配和能流物流的集成，实现了化工与动力、能量梯级利用与物质高效转化的有机结合。

兖矿集团甲醇、乙酸-电多联产系统示范工程工艺流程如图 4-2 所示。由 $6 \times 10^4 \mathrm{m}^3/\mathrm{h}$ 空分系统产生的氧气经压缩机压缩后送入气化炉。水煤浆经煤浆泵送入多喷嘴对置式气化炉，产生的粗煤气经热回收产生高压饱和蒸汽后被分为两路，其中一路作为燃气-蒸汽联合循环发电的燃料，冷却后的煤气进入净化单元脱除绝大部分硫化物及灰尘等有害杂质，然后进入膨胀机做功，最后进入燃气轮机燃烧室燃烧。燃烧产生的高温高压燃气推动燃气轮机做功后，进入余热锅炉产生蒸汽，蒸汽驱动蒸汽轮机做功发电。另一路合成气先经耐硫变换后，进入聚乙二醇二甲醚（NHD）脱硫及脱碳装置进行脱硫脱碳，然后经蒸汽透平压缩后送入甲醇合成装置合成甲醇。甲醇合成装置的尾气作为燃料送入燃气轮机。产生的甲醇送入甲醇精馏装置获得精甲醇。NHD 脱硫及脱碳装置产生的含硫废液、部分甲醇尾气及来自原化工生产线的酸性废气被送到硫黄回收装置产生硫黄。系统同时生产乙酸，焦炭在造气炉中产生富含 CO 的煤气，经预脱硫后送到气柜存储，从气柜出来的 CO 煤气经 NHD 脱硫脱碳后送入乙酸合成单元，然后与来自甲醇生产线的精甲醇一起进入乙酸精制单元生产冰乙酸。另外，系统中设有一台燃煤循环流化床锅炉用以产生蒸汽，蒸汽用于空分制氧装置、蒸汽透平压缩机及蒸汽轮机发电。

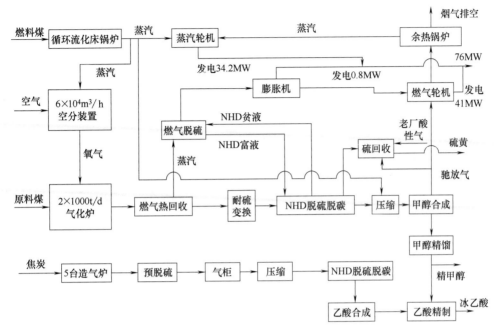

图 4-2 兖矿集团甲醇、乙酸-电多联产系统示范工程工艺流程图

4.1.1 设备装置及关键技术

（1）空分装置[1]

项目选用 1 套法国液空（杭州）有限公司生产的 $6 \times 10^4 \mathrm{m}^3 \mathrm{O}_2/\mathrm{h}$ 液氧泵内压缩空分装置，可连续向气化炉提供 7MPa、$5 \times 10^4 \mathrm{m}^3/\mathrm{h}$ 纯度 98％的氧气。空分装置中的空气压缩机、空气增压机采用 1 台 40MW 全凝式蒸汽轮机驱动。空气压缩机和空气增压机组成单系列空气压缩增压机组，装置的操作负荷调节范围可在 70％～110％内变化。驱动蒸汽压力为 3.8MPa，来自燃气轮机的余热锅炉和燃煤锅炉。该空分装置是我国化工系统中目前投入运行最大的 1 套空分装置。

（2）多喷嘴对置式水煤浆气化技术

煤气化以兖矿高硫煤为原料，采用两台兖矿集团与华东理工大学研发的日投煤 1000t 的新型多喷嘴对置式气化炉，气化压力 4.0MPa。多喷嘴对置式新型水煤浆气化炉系统是该工程的关键技术之一。

气化炉设计为如图 4-3（a）所示的四只喷嘴对置式气流床结构[2]。研究表明，撞击流气化炉流场结构可分为六个区域：射流区、撞击区、撞击流股区（上、下 2 股）、回流区（共 6 个）、折返流区和管流区。

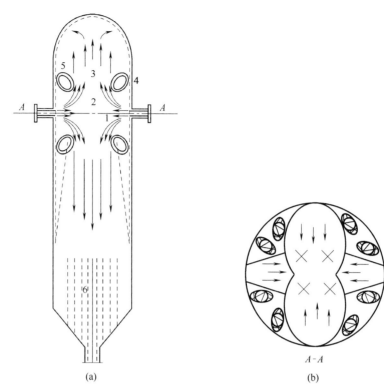

(a)   (b)

图 4-3　多喷嘴对置式气化炉结构及其流场示意图

1—射流区；2—撞击区；3—撞击流股；4—回流区；5—折返流区；6—管流区

多喷嘴对置式气化炉的这种特殊的流场结构[图 4-3(b)]使得流体的湍流强度加大，物流间的混合程度得到加强，物料的浓度分布较为理想，延长了物料的停留时间，提高了原料的转化率。建于鲁南化肥厂的中试装置，其日处理煤 22t，气化压力 1.6～2.0MPa，气化温度 1150～1300℃，采用北宿、落陵、井亭和级索混合煤，煤浆质量分数 61%。该中试装置于 2000 年 10 月通过考核运行，主要性能指标如表 4-1 所示[1,3]。多喷嘴对置式水煤浆气化技术工艺流程如图 4-4 所示[3]。

表 4-1　气化炉主要性能参数[1,3]

项目	参数	项目	参数
气化炉台数/台	2	合成气有效成分($CO+H_2$)体积分数/%	84.9
设计负荷/(t 煤/d)	1150	碳转化率/%	>98
设计压力/MPa	4	水煤浆质量分数/%	约 65
设计气化温度/℃	1300	比氧耗/[$m^3O_2/1000m^3(CO+H_2)$]	309
气化用煤	兖矿北宿煤	比煤耗/[kg 煤$/1000m^3(CO+H_2)$]	535

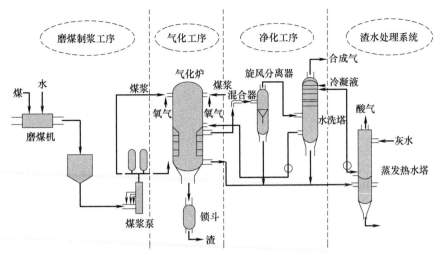

图 4-4　多喷嘴对置式水煤浆气化技术工艺流程图[3]

该过程主要包括四个工序：磨煤制浆工序、多喷嘴对置式水煤浆气化工序、合成气初步净化工序、含渣水处理工序。鉴于水煤浆制备为成熟的工艺技术，研究开发工作及主要的创新点主要集中在后面三个工序。

多喷嘴对置式气化技术与采用同样煤种的兖矿鲁南化肥厂 Texaco 装置制备合成气用于合成甲醇的煤耗相比，每吨甲醇的煤耗减少 100～150kg，这对于大化工装置来说是非常可观的成本优势。该技术与国外水煤浆气化技术相比，既降低了原料煤和氧气的消耗，又大大减少了专利实施许可费，同时具有良好的环保性能。

（3）变换工艺[4-7]

合成气变换工艺流程如图 4-5 所示[8]。

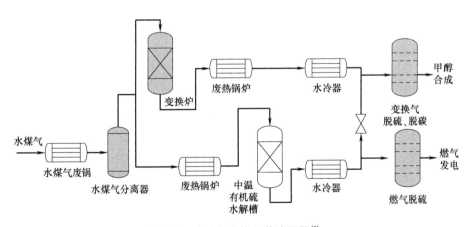

图 4-5　合成气变换工艺流程图[8]

该工艺在原设计（全气量变换）基础上进行了改造，改为部分气量通过耐硫变换工艺，将部分气体通过催化剂床层进行深度变换，然后再与未反应的气体混合，进入脱硫、脱碳工序。这套变换工艺可以较容易地实现 H/C 比的调节，以满足甲醇生产需要的 $n(H):n(C)$ 值为 2.05~2.15，同时回收余热，并使燃气中的绝大部分 COS 水解生成 H_2S，以提高后续脱硫的效果，从而优化 IGCC 联合循环发电的排放指标。

（4）净化工艺及装置

兖矿国泰化工有限公司的"热、电-甲醇"多联产工程自投产以来，采用 NHD 湿法脱硫和 NHD 脱碳净化方式。经过近三年的投入使用证明 NHD 脱硫脱碳工艺净化度高，操作稳定，可以与国外开发的先进净化工艺 Selexol 法和低温甲醇洗法等相抗衡。NHD 脱硫脱碳技术是国内开发的合成气净化工艺，是一种脱除酸性气体的物理吸收方法[3,5]。

① 脱硫工艺[7,9-11]。NHD 脱硫系统分高压系统和低压系统两部分。高压系统为脱硫系统，低压系统为 NHD 再生系统。甲醇净化系统 NHD 脱硫工艺流程如图 4-6。

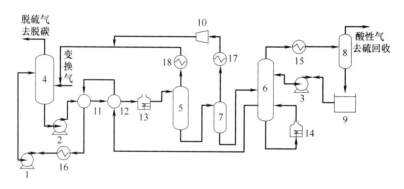

图 4-6　甲醇净化系统 NHD 脱硫工艺流程图[9]

1—脱硫泵；2—脱硫富液泵；3—回流水泵；4—脱硫塔；5—浓缩塔；
6—再生塔；7—闪蒸槽；8—酸性气分离器；9—回流水槽；10—闪蒸气压缩机；
11，12—溶液换热器；13，14—蒸汽加热器；15~18—水冷却器

该公司（兖矿集团）甲醇净化脱硫系统于 2005 年 10 月投入生产，到 2007 年已经超过设计能力，大部分工艺指标优于设计值，脱硫装置运行情况见表 4-2[9]。

表 4-2　脱硫装置运行情况

项　目	设计值	实际值	项　目	设计值	实际值
入塔气量/(m³/h)	125000	128000	再生度/(mg/L)	10	15
溶液循环量/(m³/h)	380	380	水含量/%	5	4
入塔 H_2S/%	1.07	1	甲醇产量/(t/h)	33	36
出塔 $H_2S/\times 10^{-6}$	80	20			

② 脱碳工艺[7,9,10]。NHD 脱碳工艺流程如图 4-7 所示。NHD 脱碳系统生产数据见表 4-3。

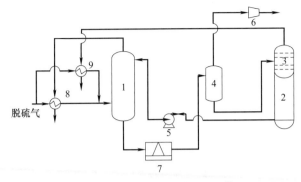

图 4-7　NHD 脱碳工艺流程图[9]

1—脱碳塔；2—气提塔；3—高压闪蒸槽；4—低压闪蒸槽；5—脱碳贫液泵；
6—闪压机；7—氨冷器；8，9—气体换热器

表 4-3　NHD 脱碳系统生产数据[9]

项　目	设计值	实际值	项　目	设计值	实际值
进脱碳塔气量/(m^3/h)	115000	120000	脱碳塔压力/MPa	3.43	3.51
进脱碳塔 NHD 溶液量/(m^3/h)	890	910	脱碳塔出口 CO_2 含量/%	1.67	1.43
脱碳塔溶液温度/℃	−5	−6	甲醇产量/(t/h)	33	36
溶液水含量/%	7	3			

此套工艺的新颖之处在于采用常压解气提塔，省掉富液泵，在设备结构上，设计了新颖的立式常压解吸段（代替低压闪蒸槽），放在气提塔顶部，形成一个整体的常压解气提塔，利用高压闪蒸槽的静压头和位压头，把闪蒸液直接压入低压闪蒸槽，从而去掉富液泵，在实际生产中节约了设备投资，节省了电能消耗，并简化了流程及操作。

（5）甲醇合成与精馏装置

① 粗甲醇合成工艺[7]。甲醇合成采用国际上先进的低压甲醇合成技术，合成塔采用华东理工大学专利技术——绝热管壳复合型甲醇合成反应器。管壳外冷-绝热复合式甲醇合成反应器结构见图 4-8[12]。管壳外冷-绝热复合式固定床催化反应器的这种特殊结构，使得与 Lurgi 合成塔相比，在相同生产规模下，反应器直径减小，节约设备投资[13,14]。另外，反应器对催化剂、进口气体的温度和组成适应性强，操作弹性大；催化剂在床层上具有使用寿命长、易回收、装卸等特点。表 4-4为合成反应器生产实际运行数据[14]。

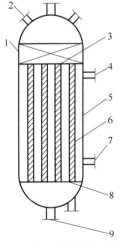

图 4-8　管壳外冷-绝热复合式甲醇
合成反应器结构示意图[12]

1—绝热段；2—反应气进口；3—上管板；
4—沸腾水出口；5—筒体；6—列管；
7—水进口；8—下管板；9—反应气出口

表 4-4　合成反应器生产实际运行数据[14]

日期项目	进口温度/℃	热点温度/℃	床层压差/MPa	系统压力/MPa	汽包压力/MPa	循环量/(m³/h)	新鲜气量/(m³/h)	甲醇产量/(t/d)
2006.10.6	204.9	240.8	0.05	4.26	2.44	317648	93000	907.7
2006.10.7	205.2	240.7	0.05	4.26	2.45	310197	93000	910.2
2006.12.7	203.9	240.7	0.05	4.39	2.44	322251	96300	950.3
2006.12.8	204.6	240.6	0.05	4.4	2.46	335103	95500	944.3
2007.3.18	206.3	241.1	0.05	4.59	2.46	302961	98000	950.2
2007.3.19	206.5	241.1	0.05	4.61	2.47	304375	98000	948.5
2007.4.12	206.7	240.9	0.05	4.57	2.48	332076	97800	938.8
2007.4.13	206.6	240.6	0.05	4.58	2.48	333484	97900	940.2
2007.5.17	206.7	240.9	0.05	4.59	2.49	317564	97900	940.1
2007.5.18	206.8	240.8	0.05	4.56	2.5	310684	98300	945.1

　　兖矿国泰化工有限公司通过与华东理工大学联合研究，目前，该绝热反应器在原有设计基础上进行了结构优化，其综合性能得到进一步提高。该套装置于 2005 年 10 月正式投产，截止到 2007 年 5 月，累计生产甲醇约 40.6 万吨。最高日产达 970t，远远超出其设计能力。反应器运行稳定，经三塔精馏后的精甲醇质量居国内同行业先进水平，其中乙醇含量能够控制在 10mg/kg 之内。粗甲醇合成工艺流程如图 4-9 所示[7]。

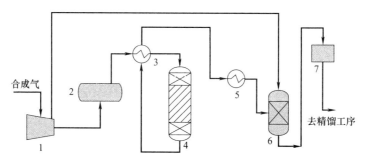

图 4-9　粗甲醇合成工艺流程示意图[7]

1—压缩机；2—缓冲器；3—入塔气预热器；4—甲醇合成塔；
5—甲醇水冷器；6—甲醇分离器；7—甲醇膨胀槽

　　② 甲醇精馏工艺[7]。甲醇精馏采用节能型三塔精馏（精馏塔采用规整填料塔）。图 4-10 为甲醇精馏工艺流程示意图。

　　（6）燃气-蒸汽联合循环发电装置[15,16]

　　燃气轮机是南京汽轮机厂生产的 6B 机组，蒸汽轮机选用武汉汽轮机厂生产的 50MW 双抽冷凝汽式汽轮机。由于合成气的热值较低，并且合成气中的 CO 含量较高（表 4-5），而 CO 的化学反应速率较慢，造成燃烧稳定性比较差。且在低负荷工况下容易发生 CO 燃烧不完全的现象，致使燃烧效率明显下降（有时很难达到 90%），排气中

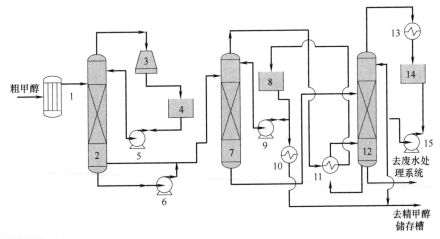

图 4-10　甲醇精馏工艺流程示意图[7]

1—粗甲醇预热器；2—预精馏塔；3—膨胀气冷却塔；4—预塔回流槽；5—预塔回流泵；6—加压塔进料泵；
7—加压精馏塔；8—加压塔回流槽；9—加压塔回流泵；10—精甲醇冷却器；11—常压塔再沸器；
12—常压精馏塔；13—常压冷凝冷却器；14—常压回流槽；15—常压塔回流泵

CO 的含量则将超过环保标准的要求，所以需要对燃烧室、燃料供应系统、保护系统、控制系统进行相应的设计和改造。

表 4-5　合成气的组成[17]

组分	体积分数/%	组分	体积分数/%
CO	47.79	Ar	0.09
H_2	37.28	N_2	0.41
CO_2	14.33	H_2S+COS	0.00016
CH_4	0.06	NH_3	0.03

改造后燃气轮机运行参数见表 4-6。该装置无污染、环保，是煤气化联合循环发电（IGCC）的典型示范装置，是能源领域洁净煤技术的发展方向[16]。

表 4-6　改造后燃气轮机运行参数[18]

项目	参数	项目	参数
燃料气热值/kJ	10056	烟气温度/℃	550
煤气主要成分体积分数/%	约 83	SO_2 排放量/(mg/m^3)	<45
煤气消耗量/(m^3/h)	47000	NO_x 排放量/(mg/m^3)	>90
进口压力/MPa	1.3	燃烧效率/%	98
进口温度/℃	>100	机组热效率/%	>32
燃烧室出口温度/℃	约 1104	联合循环热效率/%	>45
发电功率/kW	42500		

4.1.2 投运情况与经济效益

兖矿集团煤气化发电与甲醇联产系统工业示范装置建于山东省滕州市兖矿国泰化工有限公司，总投资15.8亿元，2003年6月开工建设；2005年7月气化装置一次投料成功，打通工艺流程；2005年10月15日，年产24万吨甲醇装置投入运行，同年12月通过了由中国石油和化学工业协会组织的现场工业运行考核；2007年底，日处理煤1150t的多喷嘴对置式新型水煤浆气化炉投入运行，且实现了带压连投技术。

作为系统核心单元，我国自行研发的多喷嘴对置式水煤浆气化装置经头三年时间的运行，运行初期出现的问题都得到了圆满解决。目前装置处于良好的运行状态，系统运行安全稳定，操作控制手段先进灵活，且各项工艺指标都优于设计值（表4-7），取得了良好的经济效益。

表 4-7 主要技术指标[18]

工况	生产负荷/%	煤浆流量/(m³/h)	氧气流量/(m³/h)	系统压力/MPa
设计工况	100	16.7	6800	3.85
实际工况	100	12.5	5500	3.75

2006年生产甲醇23.4万吨，生产乙酸17.2万吨，上网发电1.84亿千瓦时，实现销售收入13.07亿元，实现利润总额1.4亿元。2007年生产甲醇30万吨，生产乙酸21.6万吨，上网发电3亿千瓦时，实现销售收入20.5亿元，实现利润总额3.18亿元。

4.2 液体燃料及化学品多联产工程实例——"双气头"煤基多联产系统

4.2.1 气化煤气/焦炉煤气合成醇醚燃料流程的经济评价

（1）流程的经济性计算依据

建立以目标产品为二甲醚和电力的"双气头"多联产系统模拟流程，如图4-11所示。该流程包括空分单元、煤气化和净化单元、CH_4/CO_2催化重整单元、液体燃料合成和分离单元、燃气-蒸汽轮机联合循环发电单元。工艺流程设计如下：合成气一次通过合成二甲醚，部分未反应气体燃烧给CH_4/CO_2催化重整反应器供热，其余气体进入燃气轮机联合循环发电[19]。通过对系统的模拟优化，重整反应单元的最佳操作参数为：压力0.1MPa、温度900℃、空速3000L/(h·kg)。一步法二甲醚合成反应单元的最佳操作参数为：压力6MPa、温度260℃、空速5000L/(h·kg)。最佳焦炉煤气和气化煤气摩尔流量比为0.875[20]。

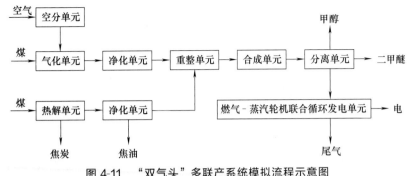

图 4-11 "双气头"多联产系统模拟流程示意图

中试规模的联产系统由于产品规模小、公共设备投资占用比例大等因素，系统的经济性受到一定影响。特别是，如果评价系统包括气化煤气和焦炉煤气的生产，整个联产系统的效益将由于这部分固定资产的投入巨大而无法反映"双气头"多联产系统[2]真实的经济特性，故此处主要对产品合成工段进行经济分析，不考虑气头的生产以及后续燃气轮机联合循环发电单元。评估流程从洁净气化气和焦炉气开始，到分离出二甲醚和甲醇结束。所用流程如图 4-12 所示。

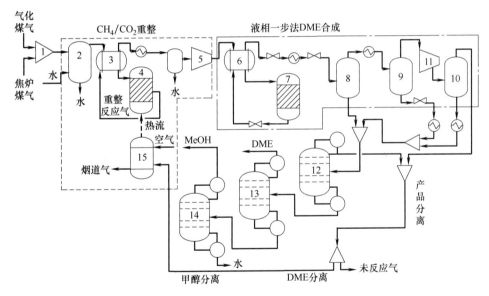

图 4-12 DME 液相合成流程示意图

1—气体混合器；2—饱和精馏塔；3,6—换热器；4—重整反应器；5—压缩机；7—DME 合成反应器；
8～10—闪蒸罐；11—压缩机；12～14—精馏塔；15—燃烧炉

以焦炉煤气和气化煤气为气头，年产 105.714 万吨二甲醚和 4.786×10^9 kW·h 电力的多联产系统工艺流程如下：经过净化的气化煤气和焦炉煤气进入 CH_4/CO_2 重整单元，重整后的合成气经热量回收后进入液相一步法二甲醚合成单元，反应得到的合成产品物流脱除夹带的催化剂颗粒和液滴后，经调整温度和压力后进入产品分离单元，分离出甲醇和二甲醚后，其中一部分未反应合成气燃烧给重整反应器供热，剩余未反应合成气进入燃气-蒸汽轮机联合循环单元发电。在此工艺组合和操作条件下，该流程48.64%的重整合成气用于二甲醚合成，合成气的转化率为35.24%，分离得到的二甲醚纯度为99.65%（质量分数），甲醇纯度为99.93%（质量分数）；51.36%的未反应气中有63.2%用于发电，36.8%用于燃烧供热。净化后的气化煤气和焦炉煤气组成见表4-8。

表 4-8　净化后的气化煤气与焦炉煤气组成[21]

煤气种类	CO	H_2	CH_4	CO_2	N_2
气化煤气（摩尔分数）/%	20.32	30.25	1.4	22.12	25.91
焦炉煤气（摩尔分数）/%	6	59	26	3	6

经济性分析的思路遵循第 3 章 3.3.2.3 节中所提到的经济性评价思路：首先根据设备规格估算出相应设备的采购费用、安装费用和工程费用，从而得到整个项目的静态总投资，之后，根据运行费用和投资折旧及其他财务核算，进一步计算动态经济参数。

利用过程评价软件 Aspen IPE 计算得到如内部收益率、净现值和现金流量图等动态评价结果。选择内部收益率（internal rate of return，IRR）和净现值（net present value，NPV）作为经济性分析的指标。净现值是指投资方案所产生的现金净流量以资本成本为贴现率折现后与原始投资额现值的差额，净现值大于零则方案可行，净现值和内部收益率越大，经济性越好。

经济性分析的基本设定：以年为单位，运行时间定为 6800h/a，工厂寿命为 25a，折旧期限为 15a，折旧方法为直线法，贴现率选用 8%。原料消耗量：$2.040×10^6 m^3/a$ 气化煤气，$1.785×10^6 m^3/a$ 焦炉煤气。所得产品二甲醚的产量为 328t/a，副产品甲醇的产量为 205t/a，原料气和产品信息列于表 4-9。

表 4-9　原料气和产品信息

名　称		原料消耗量和产品产量	与产品的比例
原料气	气化煤气（GCG）	$2.040×10^6 m^3/a$	$6.2125 m^3/kg\ DME$
	焦炉煤气（COG）	$1.785×10^6 m^3/a$	$5.4359 m^3/kg\ DME$
产品	二甲醚（DME）	328372kg/a	$1kg/kg\ DME$
副产品	甲醇	205398kg/a	$0.6255kg/kg\ DME$

将 Aspen Plus 对流程的计算结果调入 Aspen IPE。将过程模拟单元（即模块或子程序）变化为描述更为详细的过程设备模型和相关的包括管道、仪表、绝缘材料与涂料等安装事项的装置整体；然后对设备进行尺寸估算，并在进行修改时重新进行尺寸估算；最后估算项目的投资费用、操作费用和总投资。表 4-10 为各个操作单元的设备固定投资及人工操作费用，其中，各个操作单元设备的固定投资包括该单元所涉及设备的购买费用、运输费用、安装测试费用、管道费用、电费以及隔热和隔音等材料及

设备涂料费用；人工操作费用是指各个单元所涉及设备从购买到安装测试到正常运行所需要投入的人工费用。表 4-11 为系统流程总不变投资。

表 4-10　各个操作单元的设备固定投资及人工操作费用

流程操作单元	设备固定投资费用/元	人工操作费用/元	合计/元
CH_4/CO_2 重整单元	1610011	300389	1910400
二甲醚合成单元	3732758	249642	3982400
产品分离单元	2569520	552480	3122000
合计/元	7912289	1102511	9014800

表 4-11　系统流程总不变投资

项目名称	费用/元	项目名称	费用/元
总直接材料和人工费用	13127600	承包商工程设计费用	711300
材料和人工的 GA 附加管理费和承包商费	770100	间接费用	408900

（2）多联产系统的经济性分析

对于系统的经济性来说，原料气的价格无疑是影响流程经济性的重要因素。考虑到原料气的来源，由多联产流程中煤气化工段提供，或从其他煤气化公司采购，参考国内市场价格，这里取原料气价格为 0.6 元/m^3。图 4-13 中分析了原料气价格对该流程经济性的影响。在其他参数保持不变的情况下，原料气价格提高，净现值和内部收益率均下降，流程的经济效益降低。由原料气价格和净现值的线性关系（$y = -3.5543 \times 10^9 x + 2.42454 \times 10^9$，$R^2 = 1$）可得：当原料气价格为 0.68 元/$m^3$ 时，净现值为零，也就是说该流程经济可行要求原料气价格低于 0.68 元/m^3，此时的内部收益率等于贴现率（12%）。

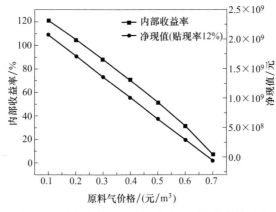

图 4-13　内部收益率和净现值随原料气价格的变化

图 4-14 分析了产品二甲醚售价对流程经济性的影响。在其他参数保持不变的情况下，产品售价提高，净现值和内部收益率均升高，系统流程的经济效益提高。在目前

二甲醚市场售价范围内（3800～4600 元/t），该流程均有经济效益（内部收益率均大于
12%，经济性可接受）。由二甲醚售价和净现值的线性关系（$y = 4.83690 \times 10^5 x - 1.74086 \times 10^9$，$R^2 = 0.99995$）可得：当二甲醚售价为 3599.12 元/t 时，净现值为零，
此时流程内部收益率等于贴现率（12%）。也就是说，该流程在经济上可行要求二甲醚
售价大于 3599.12 元/t。

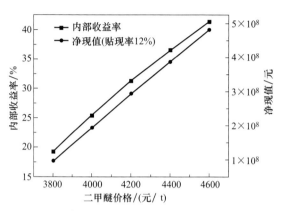

图 4-14　内部收益率和净现值随产品售价的变化

图 4-15 分析了电力价格对流程经济性的影响。在其他参数保持不变的情况下，随
着电力价格的升高，内部收益率和净现值均提高，流程的经济效益提高。由电力价格
和净现值的线性关系（$y = 2.56331 \times 10^9 x - 2.20705 \times 10^8$，$R^2 = 1$）可得：当电力价格
为 0.09 元/(kW·h) 时，该流程净现值为零，此时，流程内部收益率等于贴现率
（12%）。因此，电力价格高于 0.09 元/(kW·h) 时，该流程经济性可行。与山西省发
电企业平均上网电价 0.254 元/(kW·h) 相比，该流程发电单元有较强的市场竞争力，
若进一步考虑多联产系统的二氧化碳减排等环境成本，该系统的竞争力将会进一步
提高。

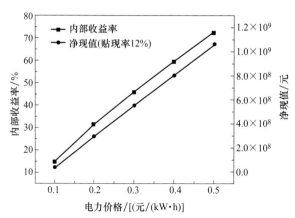

图 4-15　内部收益率和净现值随电力价格的变化

4.2.2 多联产系统和单产系统的经济性比较

对比年产 105.714 万吨二甲醚和 4.786×10^9 kW·h 电力的联产系统（A）、单产 105.641 万吨/年二甲醚系统（B）和单产 4.799×10^9 kW·h 电力的 IGCC 系统（C）的经济性，表 4-12 为三者的比较结果。

表 4-12 联产系统和单产系统的经济性比较

项 目		单产系统		联产系统（A）
		单产醇醚（B）	单产电力（C）	
原料消耗和产品产量	气化煤气消耗/(m³/a)	3.127×10^9	2.661×10^9	3.534×10^9
	焦炉煤气消耗/(m³/a)	2.736×10^9	2.329×10^9	3.092×10^9
	二甲醚产量/($\times 10^4$ t/a)	71.556	—	71.242
	甲醇产量/($\times 10^4$ t/a)	47.422	—	47.961
	折算后二甲醚年产量/($\times 10^4$ t/a)	105.641	—	105.714
电站净输出/(kW·h)		—	4.799×10^9	4.786×10^9
流程静态总投资	总直接材料和人工费用/元	46991500	38730900	68999700
	材料和人工的 G&A 附加管理费和承包商费/元	2544200	2274100	3758100
	承包商工程设计费用/元	880100	917200	1279000
	间接费用/元	470300	474600	694600
	杂项项目补贴/元	806900	634500	1048600
流程动态评价结果	IRR/%	17.71	超出范围	31.28
	NPV/元	102632600	−2354819800	291956000
	DME 生产成本/(元/t)	3338.56	—	2869.29
	上网电价/[元/(kW·h)]	—	1.27	0.09

根据数据可知，在原料和生产规模相同的情况下，A 的静态投资各项均小于 B 和 C 的加和，A 的总直接材料和人工费、材料和人工的 G&A 附加管理和承包商费、承包商工程设计费用、间接费用和杂项项目补贴相对于 B+C 的静态投资各项分别节省了 19.51%、22.00%、28.84%、26.49%、27.25%，A 的流程静态总投资相对于 B+C 的流程静态总投资之和节省了 20.00%。这是因为联产系统的气化单元、气体净化单元服务于两个产品生产，只需采用一套公用设备，节省了公用设备的静态投资。

同时，由表 4-12 可知，在原料气价格为 0.6 元/m³，二甲醚售价为 4200 元/t，电价为 0.2 元/(kW·h)，贴现率为 12% 的情况下，A 的内部收益率最大，是贴现率（12%）的 2.6 倍，其经济效益最佳；B 的内部收益率次之，是贴现率（12%）的 1.5 倍，其经济效益较好；C 的内部收益率已超出运算软件的允许范围，无收益。A 的净现值远大于 B、C 净现值之和（－2252187200）。A 的二甲醚生产成本比单产醇醚系统的二甲醚生产成本低 469.27 元/t，A 的上网电价远小于 C 的上网电价。由此可见，联产系统的经济性最好，单产醇醚燃料系统的经济性次之，单产电力系统的经济性最差。

4.2.3 生产规模对流程经济性的影响

分别设计了相同工艺条件下二甲醚产量为 70 万吨/年、100 万吨/年、140 万吨/年、180 万吨/年和 210 万吨/年五种生产规模，在各个生产规模经济计算的基础上，分析生产规模变化对流程经济性的影响。

4.2.3.1 生产规模与流程固定投资的关系

生产规模和系统流程投资的关系如图 4-16 所示，由此可以看出，随着生产规模的扩大，流程总投资增大。其中，总直接材料和人工费、材料和人工的 G&A 附加管理费和承包商费随生产规模的改变最为显著；间接费用、承包商工程设计费、杂项项目补贴随生产规模的改变基本保持不变。随着生产规模的扩大，单位时间物料的处理量变大，对相关设备的要求也相应提高，如反应器的体积、换热器的换热面积、压缩机的容积、燃气轮机的燃气质量流量等都相应增大，设备安装调试的材料和人工费用也相应增加，显而易见，对于整个流程，总直接材料和人工费相应提高，材料和人工的 G&A 附加管理费和承包商费也相应增加。间接费用是指制造企业各生产单位为组织和管理生产所发生的各种费用，包括生产单位管理人员的工资和福利费、办公费、水电费、机物料消耗费、劳动保护费、机器设备的折旧费、修理费等，涉及材料和人工费用，同样随生产规模的扩大而增加。工程工艺条件一定，则承包商工程设计费一定。生产规模的改变会引起杂项项目补贴的改变，改变量较小。

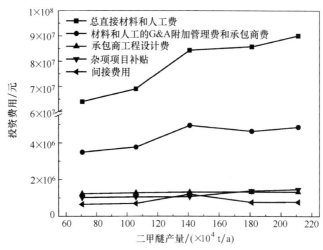

图 4-16 投资费用随生产规模的变化

4.2.3.2　不同生产规模流程的经济性比较

在原料气价格为 0.6 元/m³，产品 DME 售价为 4200 元/t，电价为 0.2 元/(kW·h)，贴现率为 12% 的原始参数设定下，比较流程经济性（内部收益率和净现值）随生产规模的变化，结果如表 4-13 所示。由此可以看出，70 万～140 万吨/年生产规模范围内，流程的内部收益率和净现值随生产规模的扩大而升高，流程经济效益有所改善。140 万～210 万吨/年生产规模范围内，内部收益率和净现值先下降后升高，140 万吨/年生产规模的经济效益最好（内部收益率最大），210 万吨/年生产规模的盈利额最大。

表 4-13　不同生产规模流程经济性比较

项　　目		生产规模(折算后 DME 年产量)/(万吨/年)				
		70.578	105.714	140.849	181.004	211.120
原料消耗和产品产量	气化煤气消耗/(m³/a)	2.356×10^9	3.534×10^9	4.712×10^9	6.058×10^9	7.068×10^9
	焦炉煤气消耗/(m³/a)	2.061×10^9	3.092×10^9	4.123×10^9	5.301×10^9	6.184×10^9
	二甲醚产量/($\times 10^4$ t/a)	47.472	71.242	95.010	122.175	142.548
	甲醇产量/($\times 10^4$ t/a)	32.146	47.961	63.776	81.850	95.405
	电站净输出/kW·h	2.870×10^9	4.786×10^9	7.466×10^9	7.703×10^9	9.077×10^9
静态总投资	总直接材料和人工费用/元	63925300	68999700	84353800	85788900	90122000
	材料和人工的 G&A 附加管理费和承包商费/元	3478600	3758100	4944400	4632000	4858200
	承包商工程设计费用/元	1226500	1279000	1313700	1326100	1325300
	间接费用/元	644700	694600	1204000	767000	782100
	杂项项目补贴/元	1020800	1048600	1069900	1389500	1468500
动态评价结果	IRR/%	23.02	31.28	38.00	34.60	36.64
	NPV/元	129074100	291956000	517473400	502767800	614040300

经过 CH_4/CO_2 重整的合成气，有两大利用途径：一是合成醇醚燃料，用于化学产品的合成；二是进入发电单元燃烧发电。各生产规模下用于化学产品生产的合成气占总合成气的比例大致相同，最大值和最小值相差 0.19%，平均为 48.64%；用于发电的合成气占总合成气的比例先增加后减小，140 万吨/年生产规模的比例最大。70 万吨/年、100 万吨/年、140 万吨/年、180 万吨/年、210 万吨/年合成气转化为产品(化学产品和电)的比例分别为 81.24%、81.11%、87.39%、81.15% 和 81.20%，140 万吨/年生产规模的合成气有效转化比例最大，五种生产规模实际转化量分别为 21295.26kmol/h、31867.53kmol/h、54156.60kmol/h、54622.16kmol/h 和 63756.97kmol/h。综合考虑各生产规模的静态总投资、原料消耗和产品产量，可得出经济效益变化规律。在用于化学产品合成气占总合成气比例相同的情况下，发电所用合成气比例越大，流程的经济效益越好。各生产规模的经济效益由大到小排列如下：140 万吨/年＞210 万吨/年＞180

万吨/年>100万吨/年>70万吨/年。表4-14是不同生产规模的合成气利用情况。

表 4-14 不同生产规模的合成气利用情况

利用情况	生产规模(折算后 DME 产量)/(万吨/年)				
	70.578	105.714	140.849	181.004	211.120
合成气/(kmol/h)	26212.78	39289.27	61971.16	67310.12	78518.44
化学产品/(kmol/h)	12773.37	19126.83	30081.33	32741.16	38186.87
占合成气的比例/%	48.73	48.68	48.54	48.64	48.63
动力发电/(kmol/h)	8520.59	12742.66	24076.82	21882.15	25570.22
占合成气的比例/%	32.51	32.43	38.85	32.51	32.57
重整供热/(kmol/h)	4918.82	7419.78	7819.82	12686.81	14761.36
占合成气的比例/%	18.76	18.89	12.61	18.85	18.80

同时,通过分析不同生产规模下,原料气价格和产品价格对流程经济性的影响,得出当净现值为零时,各生产规模所对应的原料气价格、产品售价以及相应的内部收益率,如表4-15所示。各生产规模在经济上可行,要求原料气价格低于表中对应的原料气价格,二甲醚售价高于表中对应的二甲醚售价。

表 4-15 净现值等于零时各个规模原料气价格和二甲醚售价及内部收益率

生产规模(折算后 DME 年产量)/(万吨/年)	原料气价格/(元/m³)	内部收益率/%	二甲醚售价/(元/m³)	内部收益率/%
70.578	0.65	12.01	3801.2	11.9
105.714	0.68	11.95	3597.2	11.85
140.849	0.71	11.91	3399.82	11.89
181.004	0.68	12.06	3595.65	11.98
211.120	0.69	12	3567.06	12.04

由表4-15可得:70万~210万吨/年生产规模范围内,随着生产规模的扩大,流程的经济效益先提高后降低,与各个生产规模的经济效益变化趋势相吻合,140.849万吨/年生产规模的经济性最优:原料气临界价格最高,DME临界售价最低,市场竞争力强。综上,140万吨/年生产规模的综合经济效益最优。

4.2.3.3 产品生产成本和生产规模的关系

除了系统总投资、内部收益率和净现值可以用来评价流程的经济效益外,产品的生产成本也是实际工程中评价流程经济性的重要因素。产品DME的成本计算依据式(4-1)、式(4-2)[22]。

$$DME 生产成本 = \frac{年投资费 + 年物料费 + 年运行管理费 - 发电年销售收入}{DME 年产量} \quad (4-1)$$

$$年投资费 = 投资费用 \times CRF，CRF = \frac{i}{1 - (1 + i)^n} \qquad (4\text{-}2)$$

式中，i 为贴现率；n 为系统的使用寿命。

当 $i = 12\%$，$n = 25$ 年，则 CRF $= 13\%$。流程中所用原料价格列于表 4-16，年运行管理费用取总投资费用的 $4\%^{[23]}$。

表 4-16　原料价格

原　料	气化煤气(CGG)/(元/m³)	焦炉煤气(COG)/(元/m³)	过程用水/(元/t)	电/[元/(kW·h)]
单位价格	0.6	0.6	3.4	0.2

依据公式，分别对 DME 年产量为 70 万吨/年、100 万吨/年、140 万吨/年、180 万吨/年和 210 万吨/年五种生产规模的 DME 生产成本进行计算。图 4-17 比较了不同生产规模的 DME 生产成本，可以看出，随着生产规模的扩大，产品的生产成本先降低后升高，然后又略有降低，140 万吨/年生产规模的 DME 生产成本最小，100 万吨/年生产规模的 DME 生产成本次之，各生产规模的 DME 生产成本由小到大排列如下：140 万吨/年＜100 万吨/年＜210 万吨/年＜180 万吨/年＜70 万吨/年，同样，140 万吨/年生产规模的综合经济效益最优。

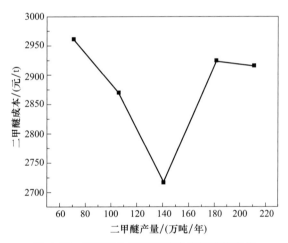

图 4-17　二甲醚生产成本随生产规模的变化

4.2.4　产品生产成本敏感性分析

工厂经济可行性的敏感性关键因素为：原料价格、工厂的生产能力、产品价格和资金成本[24]，前面已讨论过这四种因素和流程经济性的关系，这里主要讨论影响产品生产成本的因素。为研究哪些因素是影响产品生产成本的主要因素，在保持其他参数不变的情况下，改变单一因素来考察其对产品生产成本的影响。影响产品生产成本的主要因素有固定投资成本、原料气的价格和电力价格。通过改变固定投资成本、原料气的价格和电力价格，来分别对这三个参数和 DME 生产成本进行敏感性分析，分析结果见表 4-17，由此可以得到如下结论：a.固定投资成本降低，DME 生产成本降低（降低程度很小），改变固定投资成本，对 DME 生产成本的降低影响较小，提高国产化率可以降低固定投资成本，从而降低总成本；b.原料气价格对产品生产成本的影响最大，说明该流程在原料气价格较低的情况下才有较高的竞争力；c.电力价格对产品生产成本的影响同样比较显著，电力价格的提高有利于增强该产品的市场竞争力。由于计算中电力价格选取 0.2 元/(kW•h)，低于山西省发电企业平均上网电价[0.254 元/(kW•h)]，随着电力价格的提高，本流程的经济效益会有显著提高。

表 4-17　经济评价敏感性分析（DME 生产成本变化）

生产规模(折算后 DME 年产量)/(万吨/年)	DME 生产成本变化/(元/t)		
	固定投资成本降低 30%	原料气价格降低 20%	电力价格提高 20%
70.578	−5.08	−751.07	−162.66
105.714	−3.65	−752.14	−181.07
140.849	−3.36	−752.69	−212.02
181.004	−2.65	−753.06	−170.24
211.120	−2.39	−753.25	−171.99

4.3　其他液体燃料及化学品多联产工程实例

煤基合成油多联产产业化项目一直受到全国上下的密切关注，从国家层面到地方集团都秉承着深入发展煤基合成油，打造高端产业新高地，加快脚步争跨越的理念。作为山西省转型跨越发展的标志性工程集团，早在 2012 年，潞安集团便确定了先进的技术总路线，采用了壳牌的单台日投煤 3000t 的干粉煤气化技术，鲁奇低温甲醇洗技术和中科公司的 F-T 合成油技术等最优组合，做到方案最优，吨油耗水、三废排放和综合能效均达到国际领先水平。2019 年 5 月 19 日，潞安集团合成氨车间各工段开车成功，标志着我国的合成氨技术又向前迈进了一大步。下一步，F-T 合成装置也计划稳步开车，在 F-T 合成反应器升温期间，CO 发生炉装置同步开车，可以为钴基 F-T 合成油装置进行加油、补碳，最终形成油、氨的联产，提升经济效益，有望在国际竞争中占据主动。

焦炉煤气是炼焦工业的副产品，充分利用焦炉煤气中高含量的 H_2、CH_4、CO 可以发展循环经济。焦炉煤气的利用途径主要有：燃料、发电、生产化工产品（氢气、合成氨、甲醇、天然气）。除了当前焦炉煤气的利用方式，焦炉煤气多联产是焦炉煤气资源充分利用，实现效益最大化的方式之一。

① 制氢-发电多联产。焦炉煤气中含有大量的氢气，可以通过变压吸附（PSA）提氢获得高附加值的产品氢气；提氢后解吸气中仍含有大量的 CH_4、CO、C_mH_n 等且热值变化不大，将其应用于发电可以减少能源的浪费，对锅炉的运行负荷影响不大。如南钢集团实际数据：富余焦炉煤气约 $1.27 \times 10^8 m^3/a$，可提纯氢气约 $6.1 \times 10^7 m^3/a$，提氢后焦炉煤气总热量为 $1.3202 \times 10^{13} kJ$，对其配置的两台 50000kW 发电机组负荷影响不大[24]。

② 甲醇-氨多联产。焦炉煤气经变温吸附塔净化与催化转化后进行甲醇的合成，合成甲醇的弛放气中含有大量的氢气，经 PSA 处理后与空分中大量的氮气进入合成氨装置生产液氨。焦炉煤气制甲醇联产合成氨工艺每吨氨成本约为 980 元，比传统合成氨工艺的成本低 1000 元左右，以临沂某化工厂为例，其甲醇联产合成氨装置平均日产甲醇 400t/d，联产液氨 110t/d，目前液氨销售价格基本在 2300 元/t 以上，达到了合理利用废气、降低生产成本、创造经济效益的目的。

③ 液化天然气（LNG）-化学品多联产。焦炉煤气制天然气技术是近年来发展起来的一项焦炉煤气综合利用新技术，国家相继出台多项政策鼓励焦炉煤气制天然气项目的发展。截至 2015 年初，我国已建成焦炉煤气制 LNG 项目总产能约 $1.7 \times 10^9 m^3/a$，在建及拟建焦炉煤气制 LNG 项目约 25 个，合计总产能超过 $3.0 \times 10^9 m^3/a$，占可利用焦炉煤气量约 26%。在经过甲烷化 LNG 工艺后的气体仍具有一定含量的 H_2 和 CO，可以分别通过 PSA-H_2 装置、PSA-CO 装置获得高纯度的 H_2 和 CO，两种气体除了作为副产品使用外，还可以采用低压合成技术、管壳式等温甲醇反应器合成甲醇，甲醇合成后富余的高纯度氢、PSA-CO 装置后的富氮以及制氮设备补充的氮加压后进入氨合成装置生产液氨，利用液氨与 N-甲基二乙醇胺（MDEA）脱碳装置生成的高纯度 CO_2 及从焦炉烟道废气中提取的高纯度 CO_2，在尿素合成装置合成尿素。制 LNG 联产化学品工艺可以通过焦炉煤气获得附加值较高的甲醇、液氨、尿素等化工产品，缓解了高附加值化工产品紧缺的局面，有较好的经济效益[25]。

4.4　多联产系统的概念设计与评价

4.4.1　高低温费-托合成联产系统的概念设计

费-托（F-T）合成技术将合成气转化为烃类产物，是重要的能源转化技术，对未来能源可持续发展具有重要作用。费-托合成产物种类多，单一产物选择性差，目标产物选择性调控是费-托合成面临的科学难题。高温费-托合成提高了产物选择性，但同样面临多产物后续转化利用的现实要求和生产化学品受技术经济性限制的问题。高温与低温费-托多联产技术通过高温费-托合成和低温费-托合成技术耦合，突破了高温费-托合成和低温费-托合成分别生产化学品过程中技术经济的限制,具有耦合生产化学品的优势。

4.4.1.1 高低温费-托合成工艺耦合的基础理论依据

费-托合成是在一定的压力和温度(200～350℃)下,在催化剂的作用下将合成气(CO＋H_2)转化为烃类为主要产物的反应过程。费-托合成主要产物是线性烷烃和烯烃,同时反应过程中可能有水煤气变换反应及生成醇醛等反应,费-托合成产物并不是简单的一种或几种产物,反应产物种类甚至可达百种以上。目标产物选择性调控是费-托合成面临的科学难题。费-托粗油与传统原油的组成如表 4-18 所示。

表 4-18 费-托粗油和传统原油的组成

组成	高温费-托粗油	低温费-托粗油	传统原油
链烷烃	>10%	主产物	主要产品
环烷烃	<1%	<1%	主要产品
烯烃	主产物	>10%	无
芳烃	5%～10%	<1%	主要产品
氧化物	5%～10%	5%～15%	<1%
硫化物	无	无	0.1%～5%
氮化物	无	无	<1%
有机金属化合物	羧酸盐	羧酸盐	卟啉
水	副产物	副产物	0%～2%

低温费-托合成工艺产品以柴油为主,产品中柴油为 75%、石脑油为 20%、液化石油气(LPG)为 5%。高温费-托合成工艺产品以汽油、柴油和烯烃为主,产品中汽油为 33%、柴油为 33%、烯烃为 25%、其他烯烃和含氧有机化合物为 9%。高温费-托合成工艺产品中的含氧有机化合物主要是甲醇、乙醇、丙醇、正丁醇、C_5 以上高碳醇等。

煤间接液化项目投资高,产品种类相对单一,面临石油路线生产油品的竞争,项目盈利能力不足。我国现阶段的煤间接液化技术以低温费托合成技术为主,以液化石油气、石脑油、柴油为主要产品。整体上以燃料为主的产品结构单一,与沙索煤间接液化生产 120 多种产品存在很大的差距。煤间接液化技术属于资金密集型技术,吨油品成本接近 50～80 美元/桶[26]。能量效率和碳效率是费-托合成能量和物质转化效率的重要指标,能量效率是指目标产品的热值和原料的热值比。碳效率是指目标产品碳原子数与原料碳原子数的比。煤经费-托合成生产烃类的反应可表示为:

$$2C + 0.5O_2 + H_2O \longrightarrow (CH_2) + CO_2$$

从上式可看出,费-托合成过程中碳利用效率的理论值为 50%,而实际上煤间接液化项目碳效率在 28%～38%[27]。煤间接液化能量效率的理论值为 50%～

70％[28-30]。兖矿集团采用低温浆态床费-托合成技术的煤间接制油示范项目，项目综合能源利用效率为 45.9％，碳效率在 35％左右[31]。煤液化项目的能量和物质转化仍存在提升的空间。

费-托合成产物种类多，本质上决定了费-托合成可联合生产多种产品。在费-托合成生产油品的同时，低碳数范围（$C_1 \sim C_4$）内的乙烯、丙烯等是重要的石油化工原料，高碳数范围 C_{20+} 可以作为合成蜡产品的原料。费-托合成联产油品和化学品是费-托合成产物提质加工的发展方向。

4.4.1.2　高低温费-托多联产系统目标产品

根据费-托产物组成，费-托化学品主要是烷烃类和烯烃类化学品。在对费-托合成过程分析的文献中，仅有少量文献涉及费-托合成产物生产化学品，化学品往往和交通燃料一起生产。涉及的化学品主要有 $C_2 \sim C_4$ 烯烃[32,33]、蜡[34]。工业生产中低温费-托的化学品主要是烷烃化学品、蜡及溶剂油，在实际工业生产中，有单独以烷烃化学品为目标产品的费-托技术。费-托产品加工精制方案中采用加氢技术生产烷烃化学品的有南非 Sasol 公司在萨索尔堡（Sasolburg）的 Fe 基低温费-托厂，壳牌在马来西亚民都鲁市的 Co 基低温费-托厂和德国 Arge 的 Co 基低温费-托厂。

因此，有研究者提出高低温费-托联产的工艺路线[35]，如图 4-18 所示。低温费-托合成工艺过程产品以直链烷烃为主，而高温费-托合成工艺过程产品选择性更广，不但含有直链烷烃，还含有大量烯烃（主要是 α-烯烃）和含氧有机化合物。高温费-托的化学品主要是烯烃化学品，乙烯、丙烯、α-烯烃、含氧化合物等化学品和汽油、喷气燃料、柴油等油品作为最终产品。费-托凝液通过深冷分离得到乙烯、乙烷、丙烯等产品，油品分馏塔得到的轻石脑油馏分经 C_5、C_6、C_7、C_8 烯烃抽提得到 α-烯烃。Zhou 等[36]讨论了以交通运输燃料为目标产品的低温费-托系统中 CO_2 的捕集对系统经济性的影响。Liu 等[37,38]同样对以交通运输燃料为目标产品的低温费-托系统的全生命周期的温室气体排放进行分析。de Klerk[27,39,40]详细探讨了高温费-托合成产物和低温费-托合成生产汽油、柴油等油品的炼厂设计和相匹配的炼化技术，如加氢技术、低聚技术、异构化技术、重整技术和裂化技术。在工业生产过程中，以油品为目标产品的高温费-托技术有 Hydrocol 的 Fe 基高温费-托技术和 PetroSA 在 Mossgas 的 Fe 基高温费-托技术，采用低聚技术将低碳组分转化为燃料油。以油品为目标产品的高温费-托技术 Co 基 Oryx GTL，中国科学院山西煤化所的 Fe 基低温费-托 CTL 及兖矿集团的 Fe 基低温费-托 CTL，皆采用裂化技术将高碳组分转化为燃料油。为最大量生产油品，将低碳数组分聚合，高碳数组分裂化，碳数向油品中间馏分段集中，同时兼顾产物分子向目标分子定向转化，成为费-托合成产物炼制油品的总体思路。该思路在文献和工业生产中皆有体现。在对煤间接液化、天然气液化等过程进行分析优化研究的文献中，主要基于低温费-托技术，而费-托合成产物的提质加工主要用于生产汽油、柴油等交通运输燃料。

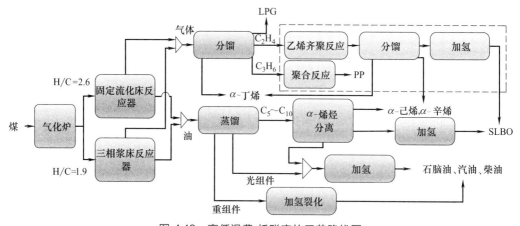

图 4-18　高低温费-托联产的工艺路线图

LPG—液化石油气；PP—聚丙烯；SLBO—合成润滑油基础油

4.4.1.3　高低温费-托联产系统的关键参数影响

基于高温费-托（HTFT）和低温费-托（LTFT）的产品分布不同，为了获得 HTFT-LTFT 联产系统的最佳操作参数，对单独 LTFT 系统Ⅰ/Ⅱ（无/有乙烯低聚和丙烯聚合单元）和单独 HTFT 系统Ⅰ/Ⅱ（无/有乙烯低聚和丙烯聚合单元）四种方案进行了比较。对总规模为 500 万吨产品的费托合成工厂进行研究。HTFT 与 LTFT 规模的比值（R）会对最终产品的规模和分布产生影响，从而影响联产系统的经济性能。此外，原油价格（COP）作为另一个影响因素，也因其显著的影响而被研究[41]。从长期来看，煤炭、天然气等其他能源或化工产品价格的波动通常伴随着国内原油价格的波动。图 4-19 表示联产系统Ⅰ和Ⅱ的总投资分布情况。显然，联产系统Ⅱ的总投资高于联产系统Ⅰ的总投资，这主要是由于乙烯低聚和丙烯聚合的延长工艺增加了资本成本。然而，联产系统Ⅱ可以产生更多的附加值化学品，如 α-丁烯、α-己烯和 α-辛烯等，因此可以获得更多的利润。结果表明，与联产系统Ⅰ相比，联产系统Ⅱ表现出更好的经济性能。不同 R 和 COP 下联产系统Ⅰ和Ⅱ的经济评价［净现值（NPV）和年均投资回报率（ROI）］如图 4-20 所示。R 值设置为 0∶5、1∶4、2∶3、1∶1、3∶2、4∶1 和 5∶0。高温 F-T 合成产物中 α-烯烃含量高于低温 F-T 合成产物。在低油价下，R 值越高，利润越大，因为 α-烯烃的高附加值化学品与其他常规燃料如汽油和柴油相比可以带来更高的利润，因此最佳 R 值接近 4∶1，ROI 和 NPV 可以获得最大值。相反，在高油价下，以汽油和柴油为主要产品是一个很好的选择，而 α-烯烃深加工的利润由于额外的投资和能源损失等原因不会表现出明显的优势，因此，在这种情况下，最佳 R 值将向低比率发展。联产系统Ⅰ的 NPV 和 ROI 最高时的 COP 为 0.57 美元/L，而联产系统Ⅱ的 NPV 和 ROI 最高时的 COP 为 0.5 美元/L，以上联产系统对应的 R 值为联产系统Ⅰ的 2∶3 和联产系统Ⅱ的 3∶2。考虑到根据美国能源信息署（EIA）的年度能源展望[35]，中长期油价将维持在 70～100 美元/桶的合理区间，且该区间内的油价变化对组合系统Ⅰ、Ⅱ没有明显影响。因此，将研究组合系统Ⅰ和Ⅱ（R＝2：3和3：2）作为最优方案。上述数据表明，合理利用气态烯烃和α-烯烃是扩大产品范围、提高终端产品价值的关键。

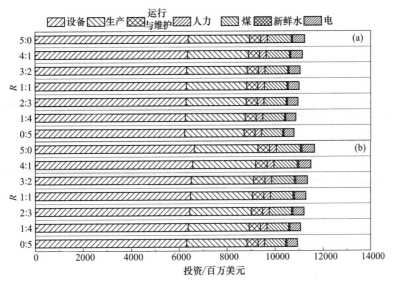

图 4-19　联产系统Ⅰ（a）和Ⅱ（b）的总投资分布情况

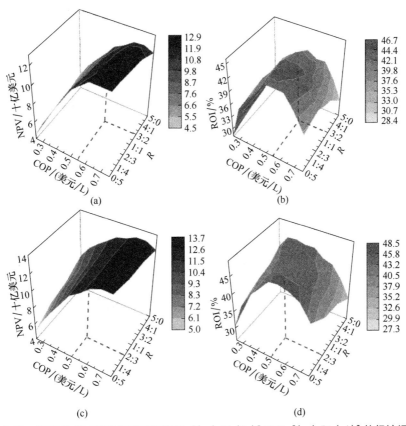

图 4-20　不同 R 和 COP 下联产系统Ⅰ[（a）和（b）]和Ⅱ[（c）和（d）]的经济评价

4.4.1.4 高低温费-托联产系统全生命周期评价

比较研究了三种可行的费-托合成系统，即 HTFT、LTFT 和 HTFT-LTFT 联产系统，同时选取石化炼厂作对比分析。前面的工作中已经讨论了联产系统中 HTFT/LTFT 的规模比，HTFT-LTFT 的最佳规模比是 3∶2，因此，此处选取该比例进行分析[41]。

三个 F-T 合成系统及炼油厂的全生命周期能源消耗如图 4-21 所示。三种系统的能源效率差别不大，比石化炼厂低 30% 左右。三个工厂（即 HTFT、LTFT 和 HTFT-LTFT）的单位产品能耗（EUPUP）是炼油厂的 20 倍左右。尽管 F-T 合成工艺在单位利润的生命周期能源利用方面取得了较好的结果，但与石化炼油相比仍处于较高水平。在三个系统中，HTFT-LTFT 联产系统的单位利润能耗（LCEU）最低，为 44.1MJ/美元，这意味着通过将 HTFT 和 LTFT 联合生产高附加值产品，可以获得更多利润。然而，HTFT-LTFT 联产系统的生产链相对较长，与炼油厂相比，能耗较高。因此，有必要重视空分、气化等关键技术的节能降耗和效率提升。进一步完善涉及能源梯级利用和整个生产系统耦合程度的系统工程。

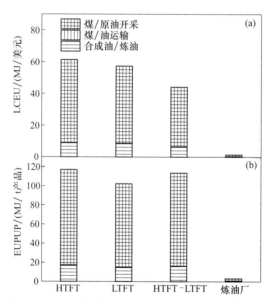

图 4-21　三个 F-T 合成系统及炼油厂的全生命周期能源消耗

三个 F-T 合成系统和炼油厂单位利润（LCGHG）的温室气体排放量见图 4-22（a），单位产品（GHGUP）的温室气体排放量见图 4-22（b）。HTFT-LTFT 联产系统的生产链更长，能源消耗也更大，与 LTHT（5.30t CO_2 eq/t 产品）和 HTFT（6.01t CO_2 eq/t 产品）相比，该系统的温室气体排放量最高，为 6.16t CO_2 eq/t 产品。相反，炼油厂的简单过程温室气体排放量低，为 1.01tCO_2 eq/t 产品。尽管如此，HTFT-LTFT 联产系统在 LCGHG 方面表现最佳，二氧化碳排放量仅为 2.4kg CO_2 eq/美元。

HTFT 和 LTFT 的 LCGHG 排放量分别为 3.14kg CO_2 eq/美元和 2.98kg CO_2 eq/美元。结果表明,与其他系统相比,HTFT-LTFT 联产系统方案具有更大的经济效益。此外,HTFT-LTFT 系统可以实现《巴黎协定》中承诺的二氧化碳减排目标,即以单位国内生产总值的碳排放量作为评价标准。因此,HTFT-LTFT 系统成为我国煤制油同时满足石油安全和二氧化碳减排要求的一种潜在途径。

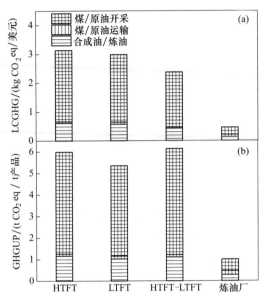

图 4-22   三个 F-T 合成系统及炼油厂的全生命周期温室气体排放量

三个 F-T 合成系统及炼油厂的单位投资和成本分布情况如图 4-23 所示,包括固定成本和可变成本,可变成本主要有煤炭/原油成本、运输成本、运行与维护成本、劳动力成本和资本成本。F-T 合成系统的资本成本大约是炼油厂的 3～6 倍。三个 F-T 合成系统的年投资(TAC)分别为 35.6 亿美元/a(HTFT)、34.0 亿美元/a (LTFT) 和 35.4 亿美元/a (HTFT-LTFT)。与 HTFT-LTFT 工厂相比,炼油厂的 TAC 略高,达到 353 万美元/a。很明显,原料成本占炼油厂总投资的大部分。尤其是原油成本占炼油厂年总成本的 84%,而固定成本占到了 F-T 合成总投资的近 1/3。

图 4-23 (a) 显示了三个 F-T 合成系统和炼油厂的当量生产成本(PEC)和投资回报率 (ROI),分别为 623.9 美元/t 和 26.8% (HTFT)、680.2 美元/t 和 26.3% (LTFT)、462.1 美元/t 和 36.5% (HTFT-LTFT) 以及 705.8 美元/t 和 31.0% (炼油厂)。很明显,LTFT 和 HTFT 的 PEC 仅比炼油厂低 20～80 美元/t,说明 LTFT 和 HTFT 与炼油厂相比都没有明显的经济优势。在 LTFT-HTFT 联产系统中,乙烯聚合反应生成 C_4、C_6 和 C_8 α-烯烃的终产物,即使油价较低,α-烯烃和合成润滑油也能缓解经济效益变低的情况。与独立的 LTFT 和 HTFT 工厂相比,HTFT-LTFT 系统显示出强大的市场竞争力和广阔的市场前景。然而,突破关键技术,提高能源利用效率,降低资金成本和燃料成本,对于降低未来该技术应用的投资风险至关重要。

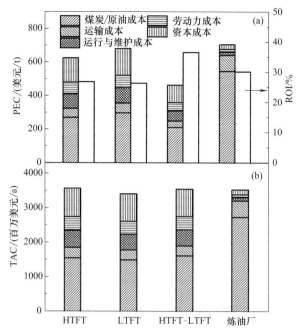

图 4-23　三个 F-T 合成系统及炼油厂的单位投资和成本分布情况

4.4.2　煤热解焦油与制取合成气一体化（CCSI）的概念设计与评价

陕西延长石油（集团）有限责任公司碳氢高效利用技术研究中心自主研发的煤提取煤焦油与制合成气一体化（CCSI）技术，该技术可在一个反应器内完成煤的热解反应和气化反应，直接将煤炭转化成煤焦油和粗合成气，最大化地提高了煤炭资源的利用率、转化效率和附加值[41]。

4.4.2.1　反应机理

CCSI 技术是在同一个反应器内，将粉煤的快速热解反应及半焦的高效气化反应有机耦合，利用反应器中两个流化场、两个温度场和流道构型设计以及高温固体颗粒的循环，实现煤粉、半焦粉、煤灰三类固体颗粒的循环，形成良好的温度梯度，使气化-热解反应耦合组成一个循环封闭体系，两者之间的物料和热能相互利用，反应体系达到自热平衡。在加氢、加压气氛下，实现粉煤的快速热解，气相停留时间短，有效提高了煤焦油的产率和品质，提高了能源转化效率。

4.4.2.2　工艺流程

合格原料粉煤输送至反应器的热解段进行快速热解反应，热解产生的半焦返回至气化段，与气化剂（空气/氧气、水蒸气）发生气化反应，产生的合成气进入到热解段，作为热载体和输送介质。携带少量细灰的合成气进入净化洗涤系统，经过净化、洗涤，将残余细灰捕集，合成气依次通过冷却除油系统、气液分离系统、尾油回收系统，得到高品质的煤焦油和合成气。CCSI 工艺流程示意图见图 4-24。

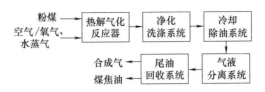

图 4-24　CCSI 工艺流程示意图

该工艺具有以下工艺特点：a. 原料优势。CCSI 技术以粉煤为原料，解决了煤炭开采过程中产生的约 70% 粉煤的资源化综合利用问题。b. 加氢、快速热解。粉煤进行快速加氢热解，降低二次反应强度，提高焦油产率。c. 独创"一器三区"煤热解-气化一体化反应器。该反应器由上部恒温热解区、中部过渡区、下部流化床气化区以及内外置分离器、内外置多路径循环返料通道组成，热解与气化耦合组成循环封闭体系，保证半焦的合理利用，提高资源利用率。d. 工艺过程高能效。合成气潜热为热解提供能量，减少高温合成气的显热损失，提高能源转化效率。e. 单炉处理能力高。采用高固体循环倍率的流化床反应器，可以大幅度提高单炉的处理能力。f. 多技术衔接，解决焦油品质问题。通过高效的气-固分离和气-液分离系统，保证煤焦油、合成气的产率和品质。g. 工艺环保。不产生半焦，焦油回收过程以油洗代替水洗，废水排放量少。

2016 年 12 月 3 日至 2016 年 12 月 5 日，中国石油和化学工业联合会组织专家组对 CCSI 工业试验装置进行了 72h 连续运行考核和标定，标定结果显示空气气化条件下的平均负荷在 85% 以上，焦油产率 17.12%（平均值），有效气（$CO+H_2+$ 烃类）体积分数 35.10%，煤气热值 $5013.56kJ/m^3$，能源转化效率 82.75%。

4.4.2.3　应用前景

（1）基于 CCSI 技术的油、电跨界耦合新模式

基于空气气化 CCSI 技术的油、电产业技术路线示意图见图 4-25。CCSI 技术与清洁燃气发电相结合，在制取煤焦油的同时，将合成气送至燃气锅炉或燃气轮机进行超净发电，构建集煤炭清洁高效转化-煤焦油深加工-绿色发电一体化的新型煤、电、油多联产模式，减少粉尘、SO_2、NO_x 等污染物的排放。CCSI 技术制取的煤焦油具有高产率、低成本等优势，与悬浮床加氢技术相衔接，可制备汽油、柴油等油品，提高附加值，实现经济效益和环境保护的协同发展。

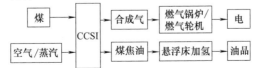

图 4-25　基于空气气化 CCSI 技术的油、电产业技术路线示意图

（2）基于 CCSI 技术的新型煤制油模式

基于氧气气化 CCSI 技术的新型煤制油技术路线示意图见图 4-26。CCSI 产生的合成气通过 F-T 合成反应生产汽油、柴油等油品，或可制取甲醇等化工产品，与下游碳一化工产业链耦合；产生的煤焦油与悬浮床加氢技术相衔接，可制备汽油、柴油等油品，实现"两端见油"。

图 4-26　基于氧气气化 CCSI 技术的新型煤制油技术路线示意图

4.4.3　固体热载体褐煤热解-气化多联产系统概念设计与评价

4.4.3.1　褐煤固体热载体热解-气化耦合系统简介

根据褐煤提质和煤炭资源分级炼制的利用思想，结合褐煤资源的自身特点，提出了褐煤固体热载体热解-气化耦合工艺，旨在找到一条褐煤资源清洁高效利用的有效途径，使褐煤资源得到充分合理的利用。

褐煤固体热载体热解-气化耦合工艺充分考虑了两种煤化工技术的优势和不足，实现了二者优势互补、取长补短的目的，其主要表现在以下 3 个方面：a. 褐煤热解通常以获得单一产品（焦油或者煤气）为目标，忽视了半焦产品的利用问题，褐煤固体热载体热解-气化耦合工艺解决了褐煤单独热解以后优质半焦产品（热值集中、碳含量高）的利用问题，优质半焦在耦合工艺中作为气化原料被气化产生更易灵活应用的煤气，煤气可以作为化工原料去合成化工产品，也可作为燃气去燃烧发电；b. 耦合工艺通过前面褐煤热解阶段可提前将褐煤中富氢、富氧且高附加值的焦油资源提取出来，提高了褐煤资源的经济价值，同时也充分实现了褐煤资源元素利用的最大化，相比较褐煤单独气化而言，可以有效降低气化废水中有机污染物的含量，大幅降低气化装置的后续去污装置的负担；c. 褐煤自身的一大特点是含水量高，而气化单元又需要大量水作气化剂，该耦合工艺充分利用了褐煤这一特点，将褐煤热解产生的酚水和干燥出来的水分作为气化单元的气化剂，不仅可以节约大量的水资源，而且优先利用热解产生的酚水，并利用气化单元的高温条件将其分解，减少了污水的排放，降低了褐煤资源利用过程中对水资源的依赖。通过将褐煤固体热载体热解技术与气化技术耦合，可以实现褐煤自身资源禀赋的逐级转化，系统内能量与元素最佳匹配利用，有效控制污染物排放。图 4-27 形象直观地表达出了该耦合工艺的基本思路。

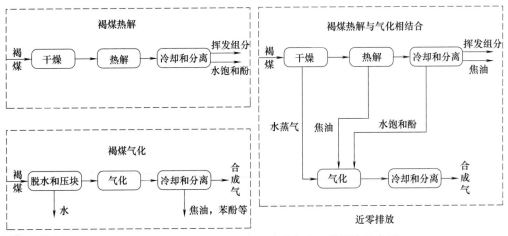

图 4-27　褐煤固体热载体热解-气化耦合工艺思路示意图

　　为了寻求褐煤高能效、低污染、少排放、多途径的灵活生产模式，从而实现系统内部资源"吃干榨尽"，系统外部"近零排放"的目标。根据组分对口转化、能量梯级利用的原理，设计了褐煤固体热载体热解-气化耦合一体化工艺流程。褐煤固体热载体热解-气化耦合工艺由5个操作单元组成：干燥、热解、分离、气化和燃烧。其中热解和气化单元为核心，干燥和燃烧单元为辅助单元。褐煤的一大特点是水分含量高，在进入热解单元之前必须通过干燥过程把水分去除，否则在热解过程中，水分的蒸发需要消耗大量的能量，将延长褐煤在热解单元的停留时间，同时蒸发出来的水分同挥发分混在一起，增加了后续冷却系统的负担，影响挥发分的后续利用，也不利于焦油的收集；此外，干燥出来的水分和热解出的水分可以直接作为气化剂通入气化炉加以利用，节约水资源。燃烧单元的作用是为整个工艺提供能量，通过燃烧热解出来的挥发分和热解出来的一定比例的半焦产品，实现固体热载体的再生，固体热载体在燃烧单元获得能量后进入到热解和干燥单元以满足两单元的能量需求。原煤首先进入干燥单元，通过固体热载体提供能量，将褐煤加热到130℃左右，达到将煤干燥的目的，干燥出来的水蒸气进入气化单元作气化剂，干燥后的干煤随后进入热解单元，通过与固体热载体充分混合以获取能量，进而发生热解反应，产生挥发分和半焦。挥发分再经过一个换热过程，将焦油和水冷凝成液体，经过一个油水分离过程，分离出来的酚水作为气化剂，焦油作为产品回收，不可凝气体进入燃烧单元燃烧，热解出来的半焦一部分进入气化单元作为气化原料进行气化产生可灵活应用的煤气，剩余部分进入燃烧单元，与热解所得煤气同时烧掉，为固体热载体提供热量，实现固体热载体的再生。图4-27中虚线为固体热载体的循环路径：从燃烧单元出来的高温固体热载体首先进入热解单元，为热解反应提供能量，从热解单元出来的固体热载体一部分进入干燥单元，为干燥单元提供能量，其余的固体热载体与从干燥单元出来的热载体再一同进入燃烧单元重新获取能量再生，实现固体热载体的循环利用。

　　固体热载体首先进入燃烧单元，获取热量以后经过旋转筛与灰分分离，随即被斗式提升机送入到热解单元，通过螺旋混合器与煤充分混合为热解单元提供能量，热解反应完成以后，通过旋转筛与热解反应生成的半焦分离，分离出来的热载体一部分被送到干燥单元为干燥过程提供能量，剩余的固体热载体与从干燥单元分离出来的固体热载体一同再次进入燃烧单元完成一次循环。

4.4.3.2 褐煤固体热载体热解-气化耦合系统工艺条件分析与选择

褐煤固体热载体热解-气化耦合工艺是一个整体，各个操作单元之间不是相对独立的个体，彼此之间有着紧密的联系，其中某个操作条件或者参数的改变都会引发系统整体工况的改变。通过分析热解单元的热解温度，气化单元的气化炉型，固体热载体的比热容，以及褐煤水分含量和灰分含量等关键单元工艺条件和参数对系统的影响进行考察，有利于发现系统存在的需要完善和改进的地方，从而进一步推进系统的发展。

（1）热解温度对焦油产率的影响

热解温度是热解单元最关键的工艺参数，不同热解温度对产物的分布有很大影响，为了确定最佳的热解温度，以焦油产率为目标函数，考察了热解温度在400℃、450℃、500℃、550℃、600℃时，焦油产率的变化规律，如图4-28所示。从图中可以看到，当热解温度为550℃时，焦油的产率最高。褐煤热解-气化耦合工艺的主旨在于把褐煤资源中富氢、富氧的焦油资源提取出来，不但可以提高褐煤的经济利用价值，同时也大大减少了后续气化单元气化废水的有机污染物，变废为宝，避免了资源浪费，实现褐煤资源元素利用的最大化，在该系统研究过程中确定热解温度为550℃。

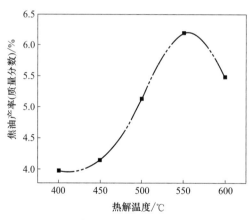

图 4-28　热解温度对焦油产率的影响

（2）气化炉型对耦合系统的影响

为了探究气化单元选用不同的气化技术对系统的影响，此处分别选择了 Texaco、Shell、Lurgi、BGL、U-Gas 五种气化技术做气化炉型的灵敏度分析。图4-29表示的是不同的气化炉型的制氧能耗、水耗以及气化炉温和选用不同的气化炉时系统的热效率和产气的热值以及气化炉的碳转化率。综合分析不同气化炉的各项指标，BGL 气化炉的表现都位于前列，当选用 BGL 气化炉时，其碳转化率最高，产气的热值最高，系统的热效率也最高，故在褐煤固体热载体热解-气化耦合工艺中的气化单元选取 BGL 气化炉。

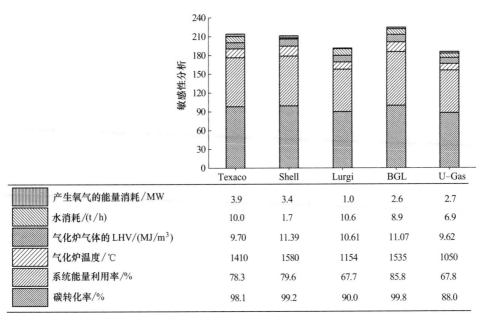

	Texaco	Shell	Lurgi	BGL	U-Gas
产生氧气的能量消耗/MW	3.9	3.4	1.0	2.6	2.7
水消耗/(t/h)	10.0	1.7	10.6	8.9	6.9
气化炉气体的 LHV/(MJ/m³)	9.70	11.39	10.61	11.07	9.62
气化炉温度/℃	1410	1580	1154	1535	1050
系统能量利用率/%	78.3	79.6	67.7	85.8	67.8
碳转化率/%	98.1	99.2	90.0	99.8	88.0

图 4-29　不同气化炉型的操作条件和性能

（3）固体热载体比热容对耦合系统的影响

褐煤固体热载体热解-气化耦合工艺中，干燥单元与热解单元是用固体热载体作为热量的载体，原料煤通过与固体热载体按照一定的质量比充分混合获取能量，以达到干燥和热解的目的。显然，工艺中引入固体热载体主要利用的是固体热载体的蓄热和放热功能，以达到传递热量的目的，而固体热载体的蓄热能力与其比热容息息相关，不同的固体热载体的比热容也不相同，进而影响到固体热载体的用量，系统消耗的机械能耗也随之发生变化。本研究分别考察了选用赤泥、陶瓷球、橄榄石、石英砂、煤矸石作为固体热载体时，焦油的产率、各自的用量及系统的机械能耗，以确定选用哪种固体热载体最合适。

从图 4-30 可以看出，赤泥的摩尔比热容最小，其用量和系统机械能是最大的，橄榄石的摩尔比热容虽然最大，但由于其摩尔质量大，其用量及系统机械能耗仅次于赤泥，陶瓷球的用量和系统机械能耗最低。机械能耗与固体热载体的用量是正相关的关系。蓄热能力强的物质，导热不一定快，即热导率与比热容不存在必然联系。固体热载体用量也不是越少越好，必须保持物料与固体热载体的一定比例来确保物料与固体热载体充分混合，确保足够大的传热面积，达到既快又均匀的传热效果，由于不同固体热载体比热容的不同导致其用量的不同，进而影响褐煤与固体热载体充分混合后的传热面积不同，导致传热总速率不同，从而影响到了焦油的产率。因此，对于固体热载体的选取，要充分考虑其比热容、用量以及传热效果对系统的影响。实验验证和上述模拟分析都可以得到，当选用石英砂作为固体热载体时，传热效果最好，焦油产率最高。

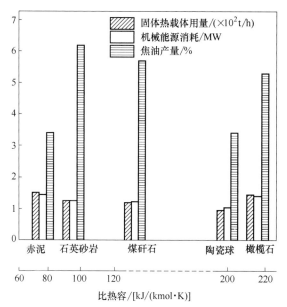

图 4-30　固体热载体比热容的灵敏度分析

（4）褐煤含水量对耦合系统的影响

褐煤含水量是制约褐煤利用的不利因素，是影响褐煤品质的主要因素。褐煤固体热载体热解-气化耦合工艺，干燥单元和热解单元的能耗都与褐煤的含水量有直接关系，间接影响了半焦的燃烧比例，进而对整个系统的热效率产生影响。针对这个问题，分别考察了褐煤含水量为 20％、25％、30％、35％、40％时，对热解单元和干燥单元能耗、燃烧半焦的比例以及系统热效率的影响规律。从图 4-31 可以看出，随着褐煤含水量的增加，干燥单元的能耗逐渐增大，热解单元的能耗逐渐降低，但干燥和热解单元的总能耗呈上升趋势，需要燃烧的半焦的比例也因总能耗的增加而增大，系统的热效率呈下降趋势，由此可以得出，褐煤含水量的降低，有利于减少半焦的燃烧比例，对于提高系统的整体热效率具有重要作用。

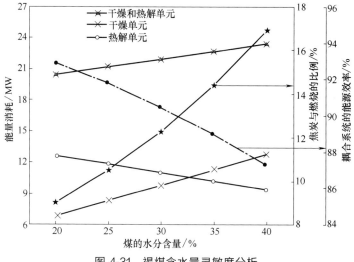

图 4-31　褐煤含水量灵敏度分析

（5）褐煤灰分对耦合系统的影响

褐煤资源属于低阶煤，灰分含量高是褐煤资源的一大特点。褐煤灰分含量对褐煤的干燥和热解也会产生影响，本研究分别考察了当褐煤的灰分脱除率为100%、80%、60%、40%、20%、0%时，对干燥单元能耗和热解单元能耗的影响规律，结果见图4-32。从该图可知，随着灰分脱除率的逐渐降低，干燥单元、热解单元以及系统总能耗都逐渐升高，系统热效率逐渐降低。可见，灰分的存在是褐煤利用过程的不利因素，所以，在褐煤的利用过程中，适当脱除灰分，不但可以提高褐煤的能源效率，而且可以提高热解单元焦油的品质，大大减少焦油中的杂质含量，同时也可以降低气化单元煤气与飞灰的分离负荷。

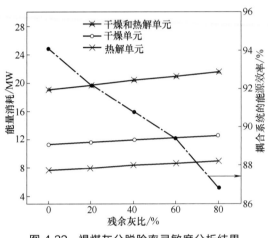

图 4-32 褐煤灰分脱除率灵敏度分析结果

4.4.3.3 褐煤固体热载体热解-气化耦合系统经济性分析

根据研究[12]，可得耦合系统经济评估数据如表4-19所示，处理规模为1000t/d的褐煤固体热载体-气化耦合工艺净利润是1660万元/a，投资利润率为16.6%，投资回收期为8a，根据查阅的化工及相关行业的经济评价参数，煤炭行业平均的投资利润率为14%～18%，投资回收期为9～11a，可见，该耦合工艺在经济上是可行的。

表 4-19 耦合系统经济评估数据

项目		参数
项目总投资/万元	固定资产投资	10726
	建设期贷款利息	950
	流动资金	1608.9
	总计	13284.9

项目		参数
产品成本/万元	生产成本 原材料费用	6600
	生产成本 燃料及动力费	960
	生产成本 工资及福利费	770
	生产成本 制造费用	1182.5
	生产成本 总计	9512.5
	管理费用	856.1
	财务费用	950
	销售费用	1730.4
	总计	13049
销售收入/万元		17304
利润/(万元/a)	毛利润	4335
	销售利润	2321.9
	实际利润	2213
	净利润	1660
投资利润率/%		16.6
投资回收期/a		8

4.4.3.4 褐煤固体热载体热解-气化耦合系统综合性能评价

比较褐煤固体热载体热解-气化耦合工艺与褐煤单独热解和褐煤单独气化工艺综合性能指标，结果见表4-20，在相同的煤炭输入量（41.7t/h）情况下，耦合系统废水排放最少，仅为3.59t/h，而热解和气化的废水排放量分别达到5.21t/h和12.22t/h。同时，耦合系统的CO_2排放量为0.42t/t煤，比单独热解（0.31t/t煤）和气化过程（0.13t/t煤）CO_2排放量总和少0.02t/t煤。更重要的是，耦合工艺无须从外界提供水资源作气化剂，通过耦合过程，褐煤自身携带的水分可以完全满足气化单元的气化剂用水需求，节约了大量水资源，而单独的气化过程则需额外提供水蒸气8.5t/h。褐煤单独气化系统造成大量的机械能耗（1.5MW），比单独的热解和热解-气化耦合系统都要高出0.3MW。除此之外，热解-气化耦合系统能源利用率高达85.8%，比单独气化过程高出2.2%，比单独热解过程仅仅低0.7%。

表 4-20 耦合系统与单独生产过程指标对比

项目		热解	气化	热解-气化耦合
输入	原煤/(t/h)	41.7	41.7	41.7
	水蒸气/(t/h)	0	8.5	0
	氧气/(t/h)	0	12.4	9.8
	空气/(t/h)	79.2	0	79.2
	热量/MW	0	17.1	2.8
	机械能耗/MW	1.2	1.5	1.21

项目		热解	气化	热解-气化耦合
输出	焦油/(t/h)	1.6	0	1.6
	半焦/(t/h)	21.3	0	0
	粗煤气/(t/h)	0	27.7	25.7
	尾气/(t/h)	85.2	0	85.2
其他	CO_2 排放/(t/t 煤)	0.31	0.13	0.42
	污水排放/(t/h)	5.21	12.22	3.49
	能量利用效率/%	86.5	83.6	85.8

当前，燃气轮机联合循环发电效率达到了 55%～60%[42,43]，蒸汽轮机的发电效率大约为 35%～38%，如果燃气轮机联合循环发电效率按 55% 计，蒸汽轮机的发电效率按 35% 计，则系统发电功率达 67.4MW。如果将整个耦合系统看成是焦油与电的联产系统，系统的热效率为 48.3%，即使用先进的超临界发电技术，褐煤直接燃烧发电效率在 38% 左右，可见，褐煤固体热载体热解-气化耦合工艺相对于褐煤直接燃烧发电，将褐煤的发电效率提高了 6 个百分点[44]。

4.4.4 煤化学链气化多联产系统概念设计与评价

4.4.4.1 煤化学链气化多联产系统简介

要在社会经济正常增长的同时降低二氧化碳排放，一方面需要研发新型的清洁能源转化技术，另一方面要大力发展二氧化碳资源化利用技术。煤化学链气化多联产系统是实现能源清洁高效利用、获取高附加价值产品和实现温室气体二氧化碳资源化利用的重要途径。

化学链气化技术（chemical looping gasification，CLG）源于化学链燃烧过程，是一项清洁、高效的能源转化利用技术（图 4-33），该技术核心是采用载氧体晶格氧代替分子氧实现燃料的部分氧化过程制取高品质合成气[45]。

由图 4-33 可以看出，CLG 系统包括两个连接的流化床反应器：空气反应器（air reactor，AR）和燃料反应器（fuel reactor，FR）。载氧体（Me_xO_y）在两个反应器之间循环。燃料首先进入燃料反应器与载氧体中晶格氧反应生成以 H_2/CO 为主的合成气，燃料反应器反应完毕后，被还原的载氧体（Me）进入到空气反应器中恢复晶格氧，反应循环持续进行。载氧体在反应中起到传递晶格氧和反应热的作用。其反应式如下：

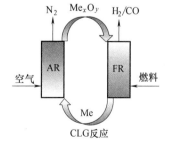

图 4-33 化学链气化反应过程示意图

$$Me_xO_y + yCH_z \Longrightarrow xMe + \frac{yz}{2}H_2 + yCO \qquad (4\text{-}3)$$

$$xMe + \frac{y}{2}O_2 \Longrightarrow Me_xO_y \qquad (4\text{-}4)$$

由此可以看出，化学链气化反应过程采用载氧体晶格氧代替分子氧实现燃料的部分氧化制备合成气过程，无须空分及水蒸气锅炉等高能耗设备来获得气化介质，也避免了传统空气气化过程中惰性气体（N_2）对合成气产物的稀释。同时部分多功能载氧体在气化过程中可实现对焦油副产物的催化裂解，从而降低合成气产物的焦油含量[46,47]。此外，该化学链反应过程将常规一步进行的气化反应分为两步进行，根据热力学第二定律，可以降低过程㶲损，提高系统能源整体转化效率；而更为重要的是，该系统可耦合其他转化过程实现多联产，达到多能互补，取长补短，在能源清洁高效转化的同时获得高附加值产品。

煤化学链气化多联产研究当前已有开展，主要涉及煤化学链气化联产发电、煤化学链气化联产制氢气、煤化学链气化联产液体燃料等。此外，基于现有研究基础，煤化学链气化裂解 CO_2 联产 CO 过程从理论上来说也具有一定的可行性，有望实现煤炭资源清洁转化同时直接利用温室气体 CO_2。

4.4.4.2　煤化学链气化联产电力系统

当前已有研究表明，耦合化学链转化过程与发电过程，可以有效降低系统能耗，提高系统整体能源利用效率。德国的柏林工业大学 Petrakopoulou 等[48]研究证实了这一点，文中通过㶲分析方法对比了具有 CO_2 捕集系统和没有 CO_2 分离系统的电厂来评估化学链燃烧系统的经济效益和环境效益，发现电厂燃烧 CO_2 捕集成本达 24%，而采用化学链燃烧耦合燃气轮机循环发电过程不仅可以降低发电成本，提高整体效率，还能减少对环境的污染。

日本东京工业大学的 Masaru Ishida[49]也发现将化学链系统燃烧和燃气轮机结合可使系统效率达 55.1%，同时指出该系统可以通过回收和利用副产物二氧化碳来解决环境问题。

国内中国科学院工程热物理研究所 Fan 等[50]从热力学和环境影响两个方面对生物质与煤化学链气化燃烧联合制冷、供热和发电多联产系统开展了详细研究。结果表明煤化学链气化多联产系统可以联产电力、热量和冷量，在反应过程中添加生物质作为混合燃料不仅可以利用可再生能源，还大幅降低温室气体排放量。化学链燃烧在不增加能量损失的情况下可以实现 CO_2 内在分离，在相应设计条件下，该系统夏季能源效率和㶲效率分别可达到 60.16% 和 22.16%，当生物质量占比超过 15% 时，该多联产系统全周期碳排放为负值。

4.4.4.3　煤化学链气化氢气/电力联产系统

煤化学链气化（燃烧）系统不但可以单独与燃气轮机结合实现气化发电联产，还可以通过设置化学链制氢反应器，使得载氧体先与水蒸气反应生成高纯氢气，之后再到空气反应器煅烧完全恢复晶格氧，放出反应热，实现氢电联产。

国内东南大学 Chen 等[51]采用 Aspen Plus 分析软件构建了煤化学链气化制氢（CLHG）耦合高温固体氧化物燃料电池（SOFC）系统，并采用铁基载氧体分析了整个化学链耦合反应系统的运行参数，结果显示整个系统可以实现自热运行，发电效率可以达到 41.59%，CO_2 分离效率可达 100%，系统产 H_2 平衡浓度为 48.2%，提升 SOFC 反应温度，有利于提高整个系统的净发电效率。

Xiang 等[52]也提出具有 CO_2 内在捕捉特性的煤化学链气化耦合燃气轮机循环氢电联产三反应器系统。该系统核心为三个化学链反应器，包括燃料反应器、空气反应器和蒸气反应器，载氧体颗粒在三个反应器之间循环。该系统采用煤作为燃料，$Fe_2O_3/FeAl_2O_4$ 作为载氧体在该系统实现氢电联产，研究结果表明该系统运转良好，在 CO_2 排放量为 238.9g/(kW·h)，氢压缩至 6MPa，CO_2 压缩至 12.1MPa 的情况下，系统发电效率为 14.46%，产氢效率为 36.93%，CO_2 捕集效率为 89.62%。该系统显示了较高的能量转化效率与较低的 CO_2 排放量，具有潜在的应用前景。

4.4.4.4 煤化学链气化氢气/电力/化学品多联产系统

煤化学链气化系统在发电、制氢同时还可与费托合成系统集成构建多联产系统，进一步降低㶲损，实现能源分级利用及优势互补，提高系统整体转化效率并获取电力、氢气及化学品等高附加值产物。美国俄亥俄州立大学 Fan 等[53]提出了煤化学链气化发电、制氢及液体化学品多联产反应系统，并针对其在商业化过程中的优势和存在的挑战进行了分析。该系统由气化反应器、氧化反应器、还原反应器、费托合成反应器及产物分离裂解反应器等单元构成。煤在气化反应器中产生的合成气含 H_2 浓度大约 30%～40%，经水煤气变换提高浓度后进入费托合成反应器，大约 60%～85% 的合成气在该反应器被转化为一系列烃类产物，未转化的合成气及气态烃类产物被当作费托合成副产物进入燃烧反应器产生电力同时还原载氧体（Fe），使其在氧化反应器与水反应产生高纯 H_2。研究结果证实化学链气化制氢系统煤到氢最大转化效率超过 80%（0.18kgH_2/kg 煤），所得氢气经净化后可获得 99.999% 高纯燃料氢，而化学链气化多联产反应系统可以显著提高传统钴基费托合成工艺产物产量（约 10%），同时具有更高的热回收效率和更低的碳排放（约 19%），显示了较好的商业化优势和潜力。

此外，安徽大学 Xiang 等[54]也设计了煤制甲醇耦合化学链制氢/化学链空分多联产系统，以实现煤炭高效转化、降低二氧化碳排放和甲醇多联产。该系统由煤气化过程、化学链空分过程、酸性气体脱除过程、甲醇合成过程、化学链制氢过程等单元操作构成，主要优点为将煤气化技术与不同化学链反应过程耦合起来，无须水气变换系统，可以大幅降低燃料消耗。采用该多联产系统生产 1t 甲醇，煤消耗量为 1.45t，而在优化操作条件下煤消耗量可以减少到 0.75t。另该反应系统将化学链制氢中的氢用于甲醇合成，使得系统碳利用效率由 38.4% 提高到 56.1%，CO_2 产率由 1.47kmol/kmol 甲醇降低到 0.71kmol/kmol 甲醇，因此，该多联产工艺在经济效益方面也具有良好的发展前景。

4.4.4.5　煤化学链气化耦合温室气体 CO₂ 裂解联产合成气及 CO 系统

已有煤化学链气化多联产系统分析证实该多联产系统可以提高系统整体能源利用效率，降低碳排放量，还可以联产不同高附加值产物，在经济效益方面也具有较好的应用前景。此外，煤化学链气化耦合 CO₂ 裂解制氢和高纯 CO 过程（图 4-34）也从理论上显示了较好的可行性，该联产反应过程利用载氧体中晶格氧实现煤炭的部分氧化制取合成气，之后采用 CO₂ 作为氧化介质与气化反应后载氧体反应生成 CO，载氧体晶格氧被部分恢复，最后中间价态载氧体进入空气反应过程完全再生晶格氧，反应循环持续进行。该反应过程无须空分过程，也不需要特定的 CO₂ 裂解催化剂，可以高效、清洁地将煤炭资源转化为高品质合成气同时实现温室气体 CO₂ 资源化利用。此外，在化学链气化阶段未反应完全的煤焦在后续 CO₂ 裂解阶段还可以继续与 CO₂ 反应生成 CO，因此该化学链耦合反应过程相比单独化学链气化过程具有更好的碳转化效率。

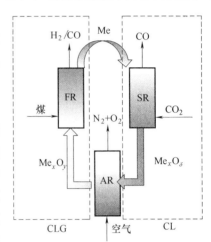

图 4-34　煤化学链气化耦合 CO₂ 裂解联产合成气及 CO 系统

当前针对煤化学链气化耦合 CO₂ 裂解联产系统的研究还相对较少，但采用气态燃料构建化学链重整耦合 CO₂ 裂解反应系统已有报道，可以从理论上证实该反应系统的可行性。中国科学院广州能源研究所 Huang 等[55] 较早地开展了甲烷化学链重整耦合 CO₂ 裂解实验研究，构建了 NiFe₂O₄ 高反应活性复合载氧体，通过固定床实验研究及多维分析表征手段证实，NiFe₂O₄ 在化学链重整阶段可以被甲烷还原为 Fe-Ni 合金同时生成合成气，之后载氧体与 CO₂ 反应生成 CO，载氧体混合物经空气氧化后恢复晶格氧。此外，美国北卡罗来纳州立大学 Li 等[56] 报道了采用铁基复合钙钛矿载氧体化学链重整甲烷耦合裂解 CO₂ 实验研究，结果表明甲烷化学链重整阶段可以获得 96% 合成气选择性，而 CO₂ 裂解阶段几乎可以实现完全转化，载氧体材料显示了优异的反应特性和循环稳定性。东南大学 Ma 等[57] 证实采用 Co、Mn 修饰的钙钛矿载氧体可以实现氢气化学链转化耦合 CO₂ 裂解反应过程，650℃ 时 CO 产率可达 8.8mmol/g。意大利 Farooqui 等[58] 基于铈基载氧体设计了甲烷化学链重整耦合 CO₂ 裂解反应过程并将其应用于燃烧发电系统，研究发现裂解单元效率可达 42.8%，系统整体效率可达 50.9%，该联合系统可以使电厂碳捕集能耗降低 7.5%。因此，煤化学链气化耦合 CO₂ 裂解联产合成气及 CO 系统理论上已经具有较好的可行性，有望将煤炭资源清洁、高效、低成本地转化为高品质合成气，同时实现温室气体 CO₂ 资源化利用。

综上，煤化学链气化多联产系统不但可以清洁、高效、低成本地将煤炭资源转化为合成气，还可以实现能源、资源分级利用，提高系统整理效率，获取多种高附加值产物，同时降低过程碳排放，是煤炭资源清洁高效利用的重要途径，具有较好的商业化应用前景。

4.4.4.6 氧化钼辅助煤化学链气化联合循环发电系统

将氧化钼（MoO_3）作为载氧体用于固体燃料转化过程是一种新型的化学链技术，也被称为"气态氧化物辅助化学链"（gaseous oxides assisted looping，GOAL）技术，此概念最早由美国南伊利诺伊大学卡本代尔分校的 Tomasz Wiltowski 等提出[59]。GOAL 技术的突出特点在于利用物质 MoO_3 在高于约 760℃ 的环境中能够剧烈升华，并生成稳定的气态低聚物（MoO_3）$_x$（$x = 2 \sim 4$）的特性[60]，以 MoO_3 的气态升华物替代传统的固体载氧体，目的在于加快固体燃料直接与载氧体接触反应的动力学。

根据研究[61]，提出了 GOAL 技术直接应用于煤的热转化过程（图 4-35）。在此过程中，燃料反应器中，MoO_3 的升华物参与煤的氧化反应，并被还原为 Mo 和 MoO_2。还原态的载氧体与煤灰一同被输送到空气反应器中，载氧体被再次氧化并生成固态的 MoO_3。空气反应器出口的固体混合物进入电加热炉，其中的固态 MoO_3 受到电阻丝加热并发生升华相变，实现与煤灰的分离，生成的 MoO_3 升华物进入下一轮循环。与传统的化学链技术中采用固体金属氧化物作为载氧体相比[62]，钼基载氧体能够更容易地实现其与煤灰的分离，且由于不需要惰性物质作为载体，钼基载氧体具有更大的储放氧能力（对 MoO_3/MoO_2 和 MoO_3/Mo 的比值分别等于 0.11 和 0.33）。此外，采用气态的钼基载氧体也可能会解决一些固体载氧体在化学链循环过程中存在的工艺问题，如积炭、烧结和机械强度下降等。

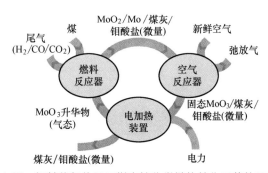

图 4-35　钼基载氧体用于煤直接化学链热转化工艺的示意图

钼基煤直接化学链气化体系中的能量循环有别于传统的双反应器化学链系统[62]，对此，太原理工大学李文英课题组[61]提出了将该体系与固体燃料电池-蒸汽轮机（SOFC-ST）耦合发电系统（图 4-36），并对该系统进行了热力学可行性评估。

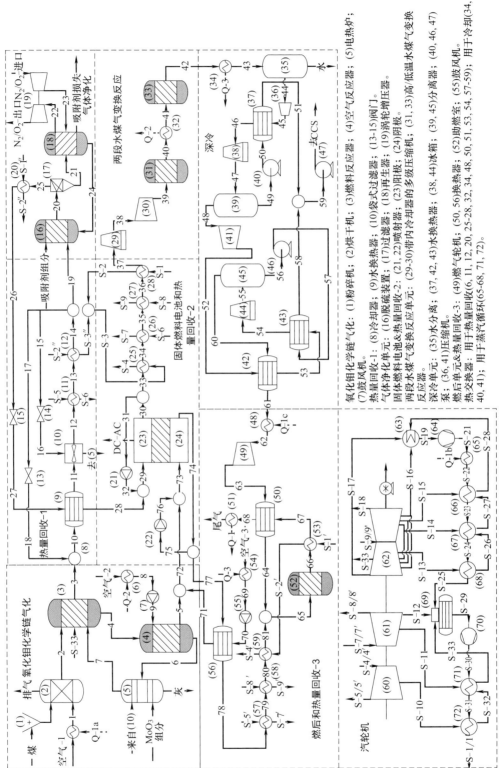

图 4-36　氧化钼辅助煤化学链气化联合循环发电系统

氧化铝化学链气化：(1)粉碎机；(2)烘干机；(3)燃料反应器；(4)空气反应器；(5)电热炉；(7)鼓风机。
热量回收-1：(8)冷却器；(9)水换热器；(10)袋式过滤器；(13-15)阀门。
气体净化单元：(16)脱硫装置；(17)过滤器；(18)再生器；(19)涡轮增压器。
固体燃料电池和热量回收-2：(21,22)喷射器；(23)阴极；(24)阴极。
两段水煤气变换反应器的多级压缩机：(31,33)高/低温水煤气变换反应器。
深冷单元：(35)水分离；(37,42,43)换热器；(38,44)冰箱；(39,45)分离器；(40,46,47)。
泵：(36,41)压缩机。
燃后单元&热量回收-3：(49)燃气轮机；(50,56)换热器；(52)助燃室；(55)鼓风机。
热交换器：用于热量回收(6,11,12,20,25-28,32,34,48,50,51,53,54,57-59)；用于冷却(34,40,41)；用于蒸汽循环(65-68,71,72)。

170　煤基多联产系统技术

利用 Aspen Plus 流程模拟软件对该系统进行分析，该系统的净能量效率为 39.38%（LHV），单位发电量的煤耗和 CO_2 排放量分别为 351.03g/(kW·h) 和 25.87g CO_2/(kW·h)。煤化学链气化单元中的燃料、空气反应器及电加热炉的㶲效率分别为 94.44%、82.85% 及 73.95%，整体高于煤直接气化过程。此外，电加热炉的电-热转化效率（70%）较低时，系统中最大能量损耗和㶲损均发生在电加热炉中，随着其电热转化效率（85%～90%）提高，电加热炉所需电能能够完全由 SOFC 提供，系统整体效率提升幅度超过 3.45%。该研究论证了固体燃料电池-蒸汽/燃气轮机循环发电体系与 GOAL 技术相互嵌合，并能够有效地降低系统的㶲损，以及减少 CO_2 的排放。钼基 GOAL 技术的实现还需进一步研究 MoO_3 升华物与固体燃料的非均相反应机理及动力学。

4.4.5 煤焦油精制燃料和化学品联产系统概念设计与评价

航空燃料油作为航空工业的主要消费部分，对油品性能指标要求与汽柴油相比相对较高。2019 年中国民用航空业航煤消费量为 3684 万吨，同比增长 6.4%，民航运输业航煤消费量占全国航煤表观消费量的 95.7%。预计 2025 年市场消费量将近 5000 万吨。随着航空航天技术的快速发展，石油基喷气燃料已难以满足新一代高速飞行器的使用要求。当温度超过 290℃时，链烷烃容易发生热氧化和热分解反应从而产生沉积物，由此，迫切需要一种具有较大的比热容，能够吸收发动机产生的大量的热，且其本身温度没有明显升高的新型燃料，美国将这种新型喷气燃料命名为 JP-900[62]。国内外对煤基航空煤油工艺研发的研究机构主要有中国国能集团、美国宾夕法尼亚大学、俄罗斯科学院和南非 Sasol 公司等[63-66]。许多研究者已经证实了一些能够耐 482℃高温的化学品，主要为氢化芳烃和环烷烃[67]，这样的化学品在煤直接转化液体中含量较高。

4.4.5.1 工艺流程

Schobert 教授的研究团队发现 JP-900 的制备原料有两种，一种为轻循环油（light cycle oil）（176～410℃馏分段），另一种为炼焦副产品高温煤焦油（168～478℃馏分段），体积比为 1∶1[66]。后续研究发现煤焦油和石化的轻循环油比例与喷气燃料产生的热稳定性没有对应关系，与加氢处理的深度密切相关[68,69]。理化性能测试表明，JP-900 中氮含量和硫含量都很低，具有较高的闪点和较低的冰点，密度（0.87g/cm³）比传统喷气燃料密度高。

南非 Sasol 公司开发了全煤基喷气燃料工艺路线[70]，通过将煤焦油与费托合成油分别加氢炼制，最后混合制备喷气燃料。此种煤基全合成喷气燃料的理化性能、热稳定性、材料相容性、燃烧性能相比于传统石油基喷气燃料 JetA-1，其多项性能指标相似或更优。

4.4.5.2 主要单元

煤焦油精制高性能喷气燃料和化学品工艺主要包括分离（萃取化学品）、加氢精制[加氢饱和、加氢脱杂（硫、氮、氧、金属等）、加氢异构]等单元。

① 分离单元。基于离子液体、低共熔溶剂的优良特性，以及低共熔溶剂相对价廉，已运用在煤直接转化液体中含氧化合物，如苯酚和二甲醚；含硫化合物，如二苯并噻吩和噻吩；含氮化合物，如吡咯、吡啶、吲哚、喹啉；芳烃和脂肪烃，如苯和正己烷。低共熔溶剂（DESs）在煤直接转化液体分离应用中的发展历程可归纳为图4-37，历经12年，低共熔溶剂从发现到应用于煤直接转化液体提酚、萃取脱硫、萃取脱氮、芳烃和脂肪烃分离，基本尝试了煤直接转化液体中各组分的分离。

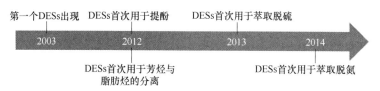

图 4-37　低共熔溶剂在煤直接转化液体分离应用中的发展历程[71]

② 加氢精制单元。a.加氢饱和反应，实现化合物单烯烃、双烯烃、芳烃等中双键的饱和；b.加氢脱硫反应，对硫醇、硫醚、噻吩、苯并噻吩、二苯并噻吩等化合物中硫原子的加氢反应脱除；c.加氢脱氮反应，对苯胺、吡咯、吡啶、喹啉等化合物中氮原子的加氢反应脱除；d.加氢脱氧反应，对酚类、苯并呋喃等化合物中氧原子的加氢反应脱除；e.加氢脱金属反应，对煤焦油中铁、钙、镁、钠、钾、铝和镍等金属有机化合物中金属原子的加氢反应脱除；f.加氢异构反应，对加氢饱和的化合物进一步异构化反应。

通过热力学计算，苯加氢饱和与噻吩加氢脱硫的临界温度区间不同，分别为250～300℃和高于300℃。温度升高对氮杂环化合物的加氢饱和不利，但对氮杂环化合物的氢解和脱氮反应在这一温度范围则属于热力学有利的。加氢饱和与加氢脱杂的临界温度区间不同，需综合考虑各个不同类型反应的相互影响。

加氢脱硫：煤焦油中的含硫化合物种类复杂，主要分为噻吩、苯并噻吩、萘并噻吩等噻吩型与硫醇、硫醚和二硫化物非噻吩型硫化物，且大多处于重馏分中，涉及的加氢脱硫反应多种多样，难以用准确的化学反应网络和动力学表达式对其过程进行描述，通常采用集总的方式对含硫化合物进行划分，典型加氢脱硫反应方程式如下：

$$RSH + H_2 \longrightarrow RH + H_2S$$

$$\text{(苯并噻吩)} + 3H_2 \longrightarrow \text{(乙苯)}-C_2H_5 + H_2S$$

$$\text{(二苯并噻吩)} + 2H_2 \longrightarrow \text{(联苯)} + H_2S$$

加氢脱氮：煤焦油中含氮化合物大多以碱性含氮化合物的形式存在。在加氢脱氮反应过程中，一般可分为加氢饱和和C—N键氢解反应，煤焦油重组分中的含氮化合物相对于加氢脱硫来说更难脱除，典型加氢反应方程式如下：

$$RNH_2 + H_2 \longrightarrow RH + NH_3$$

加氢脱氧：中低温煤焦油中含氧化合物含量较大，一般可达到 20%～30%，主要含氧化合物为酚类和呋喃类。酚类脱氧反应主要分为两种类型：一种为苯环先进行饱和然后再脱氧；另一种方式为直接脱氧。相对于第二种加氢方式第一种则比较缓和。苯并呋喃的加氢脱氧机理与苯并噻吩加氢脱硫机理相像。但是由于C—O键的键能大于C—S键，苯并呋喃的加氢脱氧通常是从含氧五元环的加氢饱和开始的，典型加氢反应方程式如下：

芳烃加氢饱和：煤焦油中含有较多的芳烃，随着环数的增多，完全加氢饱和的难度越大。典型加氢反应方程式如下：

加氢脱金属：煤焦油中的金属元素通过物理过滤分离过程，仍有少量需要通过加氢反应脱除。在加氢环境下，将金属化合物在催化剂表面催化分解，使金属沉积在脱金属催化剂上，得以脱除。

4.4.5.3　系统评价

煤基液体精制化学品和燃料能源系统，相对于传统石油炼化系统来说具有更多的过程单元，更加复杂的反应工艺，以及换热网络、水网络和公用工程。煤基液体精制化学品和燃料能源系统优势在于原料成本相对较低，具有生产特殊燃料油品和高附加值化学品的原生物质结构潜能。通过对整个生产系统的热、水的集成能够大大提高整体能源效率，降低投资成本。同时，煤基化学品和燃料能源系统的设计具有很高的灵活性，根据具体的设计目标，可以获得多种不同的工艺配置和不同的能量和经济成效。

表 4-21 显示了三个煤焦油加氢工厂在能源使用效率、温室气体排放量和经济效益等指标的对比。从表中可以看到，萃取精馏脱酚耦合加氢精制（PS-TH）工厂在年平均投资回报率（ROI）和生产当量成本（PEC）方面的经济表现最好，但总资本成本相对较高。全馏分加氢（FFTH）工艺较为简单，总固定投资较低，而总年成本（TAC）较高，因为其加氢过程消耗较多的氢气。雷达图常用来表示指标，综合比较不同煤焦油加氢工艺的综合性能。为了使各指标标准化，根据公式计算了指标的相对值。

$$Y_{a,b} = \frac{y_{a,b} - W\{a\}}{W\{a\} - B\{a\}}$$

式中，$Y_{a,b}$ 表示加氢工艺 b 的指标相对值，且该指标的值在 [0，1] 范围内变化，指标值越大，可行性越好；$y_{a,b}$ 表示 b 过程中指标 a 的实际值；$W\{a\}$ 和 $B\{a\}$ 分别代表工艺 b 中指标 a 表现的最差值和最佳值[72-74]。

表 4-21　三种煤焦油加氢工艺的综合性能分析对比

项目	PSDC-TH	FFTH	PS-TH
总投资/亿元	1153	980	1189
总年成本/(亿元/a)	2073	2156	2111
新鲜水耗成本/(百万元/a)	6.93	5.28	4.29
电耗成本/(百万元/a)	111.0	103.7	106.4
CO_2 排放量/(kg CO_2eq/元)	3.04	2.35	2.71
生命周期用能/(MJ/元)	15.97	14.50	8.19
投资回报率/%	16.5	16.4	30.3
生产当量成本/(元/t)	3157	3511	3141

图 4-38 显示了三种煤焦油加氢工艺评估雷达图。酚类提取耦合延迟焦化加氢（PSDC-TH）工艺在单位利润能耗（LCEU）、单位利润的生命周期温室气体排放量（LCGHG）和 ROI 方面表现较差；FFTH 工艺由于其工艺简单，在固定投资方面具有优势，但是其工艺耗氢较高，因此在 PEC 方面表现不佳。PS-TH 工艺的工艺最复杂，因此其 TCI 是最高的，但是在运行成本能耗、投资回报率方面表现较好。PS-TH 工艺作为一种能源战略和安全储备技术，应成为煤基航天燃料的良好选择。尽管如此，开发高效、低成本的煤焦油加氢技术，以减少能源消耗、投资和污染物排放仍需更加努力。

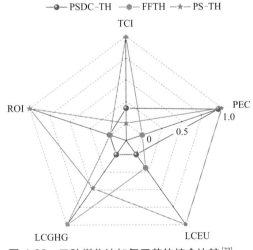

图 4-38　三种煤焦油加氢工艺的综合比较[73]

参考文献

[1] 张彦, 孙永奎. 煤气化发电与甲醇联产工程项目建设和运行总结 [J]. 煤化工, 2007(5): 9-12.

[2] 骆仲泱, 王勤辉, 方梦祥, 等. 煤的热电气多联产技术及工程实例 [M]. 北京: 化学工业出版社, 2004.

[3] 李伟锋, 于广锁, 龚欣, 等. 多喷嘴对置式煤气化技术 [J]. 氮肥技术, 2008, 29(6): 1-5, 41.

[4] 张雷, 陆丽萍. 浅谈 IGCC 联产甲醇变换与燃气热回收工艺的选择 [J]. 大氮肥, 2008, 31(5): 23-26.

[5] 张雷, 陆丽萍. IGCC 联产甲醇变换工艺的选择 [J]. 燃气轮机技术, 2008, 21(3): 8-10.

[6] 张雷, 陆丽萍. NHD 在甲醇工业生产中脱硫、脱碳的应用 [J]. 化工设计通讯, 2008, 34(1): 18-20.

[7] 朱敏, 孙西英, 孙永奎, 等. 对置式四喷嘴气化炉生产甲醇工艺 [J]. 现代化工, 2006, 26(8): 48-51.

[8] 张雷, 鲁宜武, 陆丽萍. IGCC 联产甲醇变换与燃气热回收工艺的选择 [J]. 化工设计通讯, 2008, 34(1): 18-20.

[9] 秦旭东, 李正西, 宋洪强, 等. NHD 气体净化技术在甲醇生产的应用 [J]. 化肥设计, 2008, 46(4): 53-56.

[10] 张雷, 程建光, 王洪记. 浅谈 NHD 脱硫、脱碳在甲醇工业生产中的应用 [J]. 山东煤炭科技, 2008(4): 51-52.

[11] 刘文秋, 张浩. NHD 脱硫工艺的影响因素分析 [J]. 山西化工, 2007, 27(1): 50-51, 64.

[12] 应卫勇, 张海涛, 房鼎业. 管壳外冷-绝热复合式甲醇合成反应器及其应用 [J]. 中氮肥, 2008(6): 6-9.

[13] 马文起, 范红霞, 范春荣. 几种低压甲醇合成反应器在实际生产中的应用 [J]. 化工文摘, 2008(5): 48-50.

[14] 胡召芳, 董正庆, 孙永奎. 绝热管壳复合型甲醇合成反应器的应用 [J]. 安徽化工, 2007, 33(5): 42-43.

[15] 徐纲, 房爱兵, 雷宇, 等. 燃气轮机中热值合成气燃烧室改造技术一现场调试与考核 [J]. 工程热物理学报, 2007, 28(6): 1043-1046.

[16] 罗方涛, 陈建利. PG6581B 型燃气轮机调试运行中故障分析及处理 [J]. 燃气轮机技术, 2007, 20(2): 53-55.

[17] 张彦, 徐纲. 煤气化多联产中燃气轮机的改造与运行 [J]. 燃气轮机技术, 2008, 21(1): 54-59.

[18] 程建光, 孙西英. 煤气化甲醇-发电联产生产工艺的优化组合 [J]. 煤化工, 2007(4): 12-15.

[19] 张玉卓. 从高碳能源到低碳能源——煤炭清洁转化的前景 [J]. 中国能源(4): 22-24, 39.

[20] 谢克昌. 煤炭的低碳化转化和利用 [J]. 能源与节能, 2009(1): 1-3.

[21] 郑安庆. 双气头多联产系统的模拟与评价 [D]. 太原: 太原理工大学, 2008.

[22] Li Z, Hu S, Li Y, et al. Study on co-feed and co-production system based on coal and natural gas for producing DME and electricity [J]. Chemical Engineering Journal, 2008, 136(1): 31-40.

[23] 麻林巍, 倪维斗, 李政, 等. 以煤气化为核心的甲醇、电的多联产系统分析 (下) [J]. 动力工程学报, 2004, 24(4): 603-608.

[24] 李立业, 黄世平. 焦炉煤气高效多联产利用技术 [J]. 燃料与化工, 2018, 49(3): 46-49.

[25] 朱炳利, 高守东, 王万和. 焦炉煤气甲醇驰放气综合利用的有效途径——韩城黑猫焦炉气甲醇弛放气综合利用项目介绍 [J]. 化工设计通讯, 2012, 38(6): 19-23.

[26] Haarlemmer G, Boissonnet G, Peduzzi E, et al. Investment and production costs of synthetic fuels—A literature survey [J]. Energy, 2014, 66: 667-676.

[27] de Klerk A. Fischer-Tropsch refining[M]. New York: John Wiley & Sons, 2012.

[28] de Klerk A. Indirect liquefaction carbon efficiency[J]. ACS Symposium Series, 2011, 1084: 215-235.

[29] Steynberg A P, Nel H G. Clean coal conversion options using Fischer-Tropsch technology [J]. Fuel, 2004, 83(6): 765-770.

[30] Sudiro M, Bertucco A, Ruggeri F, et al. Improving process performances in coal gasification for power and synfuel production[J]. Energy and Fuels, 2008, 22(6): 3894-3901.

[31] 孙启文. 煤炭间接液化 [M]. 北京: 化学工业出版社, 2012.

［32］ Onel O，Niziolek A M，Elia J A，et al. Biomass and natural gas to liquid transportation fuels and olefins（BGTL ＋ C2 ＿ C4）：process synthesis and global optimization ［J］. Industrial and Engineering Chemistry Research， 2015，54(1)：359-385.

［33］ Xiang D，Qian Y，Man Y，et al. Techno-economic analysis of the coal-to-olefins process in comparison with the oil-to-olefins process[J]. Applied Energy，2014，113：639-647.

［34］ Maqbool W，Park S J，Lee E S. Gas-to-liquid process optimization for different recycling configurations and economic evaluation[J]. Industrial and Engineering Chemistry Research ，2014，53(22)：9454-9463.

［35］ Huang Y，Chu Q，Yi Q，et al. Feasibility analysis of high-low temperature Fischer-Tropsch synthesis integration in olefin production[J]. Chemical Engineering Research and Design，2018，131：92-103.

［36］ Zhou L，Chen W Y，Zhang X L，et al. Simulation and economic analysis of indirect coal-to-liquid technology coupling carbon capture and storage[J]. Industrial and Engineering Chemistry Research，2013，52（29）： 9871-9878.

［37］ Liu G，Larson E D. Comparison of coal/biomass co-processing systems with CCS for production of low-carbon synthetic fuels：Methanol-to-gasoline and Fischer Tropsch[J]. Energy Procedia，2014，63：7315-7329.

［38］ Liu G，Larson E D，Williams R H，et al. Making Fischer-Tropsch fuels and electricity from coal and biomass： performance and cost analysis ［J］. Energy and Fuels，2011，25(1)：415-437.

［39］ de Klerk A. Fischer-Tropsch fuels refinery design[J]. Energy and Environmental Science，2011，4（4）： 1177-1205.

［40］ de Klerk A. Fischer-Tropsch refining：technology selection to match molecules[J]. Green Chemistry，2008，10 （12）：1249-1279.

［41］ 王宁波，黄勇. 粉煤加压热解-气化一体化技术（CCSI）的研究开发及工业化试验[J]. 煤化工，2018，46(1)： 6-9.

［42］ 徐明. 燃气轮机联合循环热电冷三联产热经济性分析[J]. 湖北电力，2008，32(增刊)：110-118.

［43］ 刘贺，贺江颂. 燃气-蒸汽联合循环发电设备运行特点[J]. 内蒙古电力技术，2006，24(增刊)：14-19.

［44］ 于强，顾玮伦. 超临界燃褐煤塔式锅炉技术[J]. 能源研究与信息，2012(1)：24-29.

［45］ Wei G，Wang H，Zhao W，et al. Synthesis gas production from chemical looping gasification of lignite by using hematite as oxygen carrier[J]. Energy Conversion and Management，2019，185：774-782.

［46］ Nam H，Wang Z，Shanmugam S R，et al. Chemical looping dry reforming of benzene as a gasification tar model compound with Ni- and Fe-based oxygen carriers in a fluidized bed reactor[J]. International Journal of Hydrogen Energy，2018，43(41)：18790-18800.

［47］ Huang Z，Zheng A，Deng Z，et al. In-situ removal of toluene as a biomass tar model compound using $NiFe_2O_4$ for application in chemical looping gasification oxygen carrier[J]. Energy，2020，190：116360.

［48］ Petrakopoulou F，Boyano A，Cabrera M，et al. Exergoeconomic and exergoenvironmental analyses of a combined cycle power plant with chemical looping technology[J]. International Journal of Greenhouse Gas Control，2011，5(3)：475-482.

［49］ Masaru Ishida H J. A new advanced power-generation system using chemical-looping combustion ［J］. Energy， 1994，19(4)：415-422.

［50］ Fan J，Hong H，Zhu L，et al. Thermodynamic and environmental evaluation of biomass and coal co-fuelled gasification chemical looping combustion with CO_2 capture for combined cooling，heating and power production ［J］. Applied Energy，2017，195：861-876.

［51］ Chen S Y，Hu J，Xiang W G. Process integration of coal fueled chemical looping hydrogen generation with SOFC for power production and CO_2 capture ［J］. International Journal of Hydrogen Energy，2017，42（48）：

28732-28746.

[52] Xiang W G, Chen S Y, Xue Z P, et al. Investigation of coal gasification hydrogen and electricity co-production plant with three-reactors chemical looping process[J]. International Journal of Hydrogen Energy, 2010, 35 (16): 8580-8591.

[53] Fan L, Li L F, Ramkumar S. Utilization of chemical looping strategy in coal gasification processes [J]. Particuology, 2008, 6(3): 131-142.

[54] Xiang D, Li P, Yuan X, et al. Highly efficient carbon utilization of coal-to-methanol process integrated with chemical looping hydrogen and air separation technology: Process modeling and parameter optimization[J]. Journal of Cleaner Production, 2020, 258: 120910.

[55] Huang Z, Jiang H Q, He F, et al. Evaluation of multi-cycle performance of chemical looping dry reforming using CO_2 as an oxidant with Fe-Ni bimetallic oxides[J]. Journal of Energy Chemistry, 2015, 25 (1): 1-9.

[56] Zhang J S, Haribal V, Li F X. Perovskite nanocomposites as effective CO_2-splitting agents in a cyclic redox scheme[J]. Science Advance, 2017, 3 (8): e1701184.

[57] Ma L, Qiu Y, Li M, et al. Spinel-structured ternary ferrites as effective agents for chemical looping CO_2 splitting[J]. Industrial and Engineering Chemistry Research, 2020, 59 (15): 6924-6930.

[58] Farooqui A, Bose A, Boaro M, et al. Assessment of integration of methane-reduced ceria chemical looping CO_2/H_2O splitting cycle to an oxy-fired power plant[J]. International Journal of Hydrogen Energy, 2020, 45(11): 6184-6206.

[59] Zhang Q, Rakhshi A, Dasgupta D, et al. Gaseous state oxygen carrier for coal chemical looping process [J]. Fuel, 2017. 202: 395-404.

[60] Gulbransen E A, Andrew K F, Brassart F A. Vapor pressure of molybdenum trioxide [J]. Journal of the Electrochemical Society, 1963, 110(3): 242-243.

[61] Li F Z, Kang J X, Song Y C, et al. Thermodynamic feasibility for molybdenum-based gaseous oxides assisted looping coal gasification and its derived power plant[J]. Energy, 2020, 194: 226830.

[62] Hossain M M, de Lasa H I. Chemical-looping combustion(CLC) for inherent CO_2 separations—A review[J]. Chemical Engineering Science, 2008. 63(18): 4433-4451.

[63] Wang W C, Tao L. Bio-jet fuel conversion technologies[J]. Renewable and Sustainable Energy Reviews, 2016, 53: 801-822.

[64] Balster L M, Corporan E, De Witt M J, et al. Development of an advanced, thermally stable, coal-based jet fuel [J]. Fuel Processing Technology, 2008, 89(4): 364-378.

[65] Rudnick L R, Gül Ö, Schobert H H. The effect of chemical composition of coal-derived jet fuels on carbon deposits[J]. Energy and Fuels, 2006, 20: 2478-2485.

[66] Burgess C E, Schobert H H. Direct liquefaction for production of high yields of feedstocks for specialty chemicals or thermally stable jet fuels[J]. Fuel Processing Technology, 2000, 64(1): 57-72.

[67] Clifford C, Boehman A, Song C, et al. Refinery integration of by-products from coal-derived jet fuels[R]. Pennsylvania State University, 2008.

[68] Gül Ö, Rudnick L R, Schobert H H. Effect of the reaction temperature and fuel treatment on the deposit formation of jet fuels[J]. Energy and Fuels, 2008, 22(1): 433-439.

[69] Gül Ö, Rudnick L R, Schobert H H. The effect of chemical composition of coal-based jet fuels on the deposit tendency and morphology[J]. Energy and Fuels, 2006, 20(6): 2478-2485.

[70] Moses C A, Roets P N J. Properties, characteristics, and combustion performance of sasol fully synthetic jet fuel[J]. Journal of Engineering for Gas Turbines Power, 2009, 131 (4): 1-17.

［71］易兰，李文英，冯杰. 离子液体/低共熔溶剂在煤基液体分离中的应用［J］. 化工进展，2020，39（6）：2066-2078.

［72］Huang Y，Li W Y，Wu G S，et al. Comparative analysis of typical low rank coal pyrolysis technology based on a nonlinear programming model［J］. Energy and Fuels，2017，31(11)：12977-12987.

［73］Yang S，Xiao L，Yang S，et al. Sustainability assessment of the coal/biomass to Fischer-Tropsch fuel processes ［J］. ACS Sustainable Chemistry and Engineer，2014，2(1)：80-87.

［74］黄毅. 中低阶煤热解焦油制环烷基油品工艺过程系统设计与评价［D］. 太原：太原理工大学，2020.

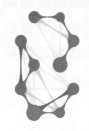

5

煤炭资源低碳化利用技术

5.1 低碳经济提出的背景和意义

随着全球人口和经济规模的不断增长，工业化进程的加快，人类社会正面临着有史以来最严重的气候变化问题。目前，气候变暖的趋势仍在进一步加剧。专家认为，工业化生产过程中化石燃料燃烧和土地利用变化等人类活动所排放的温室气体（主要包括 CO_2、CH_4 和 N_2O 等）导致大气中温室气体浓度积聚，将可能导致全球气候变化。为应对全球气候变化，2015 年 12 月，在法国巴黎一致通过《巴黎协定》。根据该协定，各方将加强气候变化威胁的全球应对，把全球平均气温较工业化前水平升高控制在 2 ℃之内，并为把升温控制在 1.5 ℃之内而努力。但是，根据《2019 年全球气候状况声明》，2019 年为史上第二的最热年份，当前全球平均温度相较于工业化前水平已经上升了 1.1 ℃，逐渐逼近《巴黎协定》拟定阈值。根据世界气象组织以及《中国气候变化蓝皮书（2019）》发布的最新信息显示，相较于 1981～2010 年三十年间的平均气温，2019 年的全球平均气温高出 0.51 ℃。同时表明，2015～2019 年是完整气象观测纪录以来最暖的五年，根据美国宇航局和美国海洋与大气管理局的独立分析，2019 年全球变暖接近破纪录。而全球气温的持续攀升被认为与二氧化碳等温室气体排放有关，并且随着排放量增大，将可能引发暴风雨雪、海冰持续流失、海平面上涨等自然灾害。同时，1870～2018 年，全球平均海表温度呈现较为显著的上升趋势；2019 年全球海洋温度又创历史新高，2019 年海洋温度比 1981～2010 年间海洋的年平均温度高出约 0.075 ℃，这种变暖"极可能是不可逆的"。同时，冰川、积雪、海冰等呈现减少趋势。因此，应对全球气候变暖趋势，世界各国任重道远。

根据国家统计公报数据分析，2022 年煤炭在一次能源消费结构中占比为 56.2%，尽管可再生能源及其他低碳能源的消费量呈现逐年递增的趋势，但是化石能源的消费依旧是主体。根据中国碳交易网站提供的数据，煤炭的二氧化碳排放为每吨标准煤 2.66t，原油为每吨标准煤 2.11t，油田天然气为每吨标准煤 1.63t。2019 年二氧化碳排放增长率放缓为 0.6%，低于 2017 年的 1.5% 和 2018 年的 2.1%；但从总量看，2022 年全球化石燃料使用以及工业活动排放的二氧化碳总量约为 36.8Gt，创下历史新高；如不加以控制，到 2050 年碳排放将达到 62Gt。虽然可再生能源的碳排放系数比化石能源小，但化石能源的禀赋特点和可再生能源的现状决定了即使到 2050 年，化石能源被可再生能源替代的比例也不会很大。随着二氧化碳排放引起的气候变化以及极端恶劣天气情况的出现，越来越多的国家致力于减少二氧化碳排放，参与全球气候治理体系。中国在这场气候的攻坚战中积极应对，根据预测，在目前政策、工业等多方努力的作用下，预计在 2030 年前后可实现二氧化碳排放峰值，并继续严加管控，期望在 2050 年实现更低的碳排放[1,2]。

因此，在人类社会面临巨大危机的背景下，"低碳经济"在 2003 年被首次提出，并很快成为全球热点。低碳经济是以低能耗、低污染、低排放为基础的经济模式，即含碳燃料所排放的二氧化碳显著降低。其实质是保持经济社会发展的同时，实现能源高效利用；核心是能源技术和减排技术创新、产业结构和制度创新以及人类生存发展观念的根本性转变[3]。

面对这场来自技术与经济的根本性变革，我国作为国际负责任大国，始终在响应全球气候变化的同时创新生产模式、生活方式以及价值观念，提出"绿水青山就是金山银山"的生态文明建设发展理念，促进我国经济高质量发展，力求发展低碳经济，实现经济发展与环境保护相协调[4]。

发展低碳经济是人类生态社会建设的必然选择。但是，发展低碳经济并不意味着降低经济发展速度或者更多地减少和控制高能耗产业，而是力求通过技术创新实现更高的能源效率。因此，低碳经济的核心是低碳能源技术，后者的基础是传统化石能源的洁净高效利用和可再生能源等新能源的开发利用，即构建低碳型新能源体系。由于工业化社会的经济结构特征是高能耗、重污染的化工业占主导地位，能源结构特征是高碳性的化石能源占主导地位，导致全球碳排放的增加，进而影响全球气候变化。

中国作为世界上最大的产煤国和煤炭消费国，煤炭是主要的能源支柱。2022 年的能源生产结构中，原煤依旧是主力，占到 67.4%。同时，煤炭消费占比尽管有所下降但是依旧是消费结构中的主体，占到 56.2%，其中主要应用于发电（52%）、钢铁（17%）、化工（7%）、民用及其他（11%）。根据《中国电力行业年度发展报告 2019》数据，2018 年 64% 的电力来自煤炭的火力发电。2022 年火力发电装机容量仍占全国总容量的 52%，同比下降 5.4%。2025 年前，煤电还将有所增加，但之后缓慢下降，其发电量占比在 2030 年后将低于 50%。其他行业包括化工原料、工业燃料、民用燃料等超过半数均依靠煤炭（随着"煤改电""煤改气"政策的推行，民用燃料中煤炭用量在下降）。因此燃煤引起的污染排放（包括 SO_x、NO_x、CO_2 和粉尘）问题十分严重[5]。根据《2050 年世界与中国能源展望》（2019 版），尽管到 21 世纪中叶，煤炭和石油在能源消费结构占比中将会显著降低，但是基于中国能源结构特点，煤炭依旧是中国能源消费主体，同时又是大气污染的主要污染源。解决这一矛盾的唯一途径是实现煤炭的清洁高效利用，通过将煤转化为合成气和相应的下游化工动力产品[6-8]。除此之外，应该积极探索创新能源转化体系。一方面使用更低碳的资源作为能源供给原料，另一方面在消费传统能源中不断发展新的多联产系统[9]，充分发挥多联产技术协同转化、捕集 CO_2 的优势，实现煤炭高效、低耗利用。同时，积极应对互联网时代发展，逐渐在能源体系中引入智能控制与管理模式，不断促进和发展多学科交叉领域，丰富和完善能源发展结构[10]。

5.2 CO_2 减排方案

CO_2 的产生在工业生产，特别是碳质资源利用过程中是不可避免的。面对日趋严峻的 CO_2 减排压力，为实现全球减排目标，世界各国竞先发展各种技术，期望在生产过程中避免、减少 CO_2 排放或者捕集更多的 CO_2，例如用可再生能源替代化石燃料并提高效率，在燃料、塑料和建筑材料的生产中捕获和使用已排放的 CO_2 以及通过负排放技术去除空气中的 CO_2。当前，最具潜力的 CO_2 减排措施可分为三类：避免碳排放、碳捕集与封存和碳清除。2020 年 7 月英国帝国理工学院 Jenny Nelson 等提出碳减排能量（carbon abatement energy，CAE）指标，并根据能源使用情况评估了不同的减排方案[11]。研究结果显示：与现有的方案相比，许多尚未部署的减排方案具有相对较高的能源成本，例如在发电中采用可再生能源替代化石燃料。就能源而言，直接空气捕获来制备 CH_3OH 并不是一个好主意。相反，使用可再生能源的节能措施和脱碳电能具有很高的吸引力，应优先考虑。就低 CAE（尤其是可再生能源的电解）而言，H_2 是很有前途的，并具有可再生能源本身无法提供的长期存储、加热和运输选择的优势。从理论上讲，脱碳 H_2 已经可以提供 $1Gt\ CO_2$ 减排。另外，如果更广泛地用作燃料，脱碳 H_2 可以提供更大的减排潜力。

5.2.1 避免 CO_2 排放

在避免碳排放方面，替代技术既消除了对传统做法所依赖的矿物原料或矿物燃料的需要，又提供相同的产品或服务。例如，用可再生发电技术（例如太阳能和风能）

取代化石燃料发电，用可再生能源生产的其他燃料（例如氢气和氨）取代汽车的碳氢燃料。相比于低碳能源发电，提高隔热和照明效率的一些措施，不但可以减少能源和相关的排放，而且不会产生更多的低碳能源。

5.2.2 CO_2 捕集与封存

CO_2 捕集与封存（carbon capture and storage，CCS）技术的主要目标是捕获来自发电厂和工业过程等所产生的 CO_2 排放，以阻止其排放至大气中[12]。

5.2.2.1 CO_2 捕集

CO_2 捕集主要分为燃烧前捕集、燃烧后捕集、富氧燃烧以及化学链燃烧[13,14]。

燃烧前捕集是指在燃料掺混空气进行彻底燃烧之前将 CO_2 分离出来，主要运用于整体煤气化联合循环（IGCC）发电系统中。此外，在合成氨的工艺中，也涉及对反应过程中产生 CO_2 的去除。但是，对于 IGCC 的多联产系统中，涉及多种气体的分离，而通常情况下，包括了化学吸收以及膜分离等技术[15]。不论采用何种分离与捕集技术，对于整个系统而言是增加能耗的一个重要部分。

燃烧后捕集是指将碳质资源在转化过程中产生的 CO_2 从废气中分离。主要包括发电厂、水泥工业、燃料燃烧、钢铁行业以及化学品生产等行业的 CO_2 捕集[14]。反应后的捕集方法包括化学溶剂的吸收法、吸附法（变温、变压）、物理吸附法以及膜分离等方法[16,17]。然而在诸多的反应后 CO_2 捕集技术中，各自有其适用性。因为反应后捕集中，经常会涉及在复杂混合气体中的分离和捕集，由于燃烧生成的 CO_2 浓度比较低，因此导致了捕集过程的复杂从而提高了成本[18]，例如被广泛研究和应用的乙醇胺吸收技术，能耗高，在水泥厂的 CO_2 捕集过程中经济性较差[16]。也正是因为 CO_2 浓度不高导致捕集成本的提高，众多学者研究如何提高反应后 CO_2 的浓度，其中包括了化学链燃烧技术等[19]。因此，在多联产系统中，CO_2 捕集技术于经济性而言也是一个必须考量的内容。

用比空气含氧浓度更高的富氧空气进行燃烧，被称为富氧燃烧[20]。该燃烧技术具有提高火焰温度、加快燃烧速度、促进燃烧完全、降低燃料的燃点温度，同时，减少燃尽的时间、降低过量空气系数以及减少燃烧后烟气量等优点。富氧燃烧的过程中将会产生高浓度的 CO_2，因此，可以有效地减少分离所导致的高能耗。为了降低燃料的温度，同时提高 CO_2 的体积分数，将反应后的烟道气进行回炉处理，重新注回燃烧炉从而达到目的。但是因为氧气昂贵，导致该过程缺点也较为明显。也正是因此而限制了富氧燃烧的大规模应用，若后续工业发展中可降低制取氧气的成本，该技术可能会获得有效推广。

化学链燃烧是一种用于捕集 CO_2 的清洁能源技术，该技术分别使用空气和燃料对氧载体进行周期性氧化和还原，以实现无焰燃烧和产生规模分离的 CO_2[21]。

化学链燃烧通过利用氧载体中的晶格氧代替气体氧，在因减少空分装置带来降低能耗的优点的同时，可以增大反应后 CO_2 的浓度，从而使得后续气体分离的成本降低。使用化学链燃烧的手段通过载氧体代替氧气是一种较好的解决办法，而化学链燃烧中因为载氧体的用量以及循环过程中导致的灰与固体分离等问题而面临挑战[21,22]。

对于 CO_2 捕集而言，因为该单元的增加，会增加整个系统的能耗。而能量大多是来源于化石能源等的燃烧，也就意味着将会产生更多的氮硫氧化物，这无疑对于环境而言将产生更大的压力。而在捕集之后需要对 CO_2 进行高浓度压缩，导致整个流程对于设备的要求也将更高，这些都将是增加经济成本的具体体现[23]。在面对 CO_2 减排重大压力的今天，开发一种低能耗、低腐蚀性的 CO_2 分离和捕集技术，探索一种具有封存容量大、安全系数高的封存手段是相当必要的。但是，探索 CO_2 的有效利用途径将会对于减少 CO_2 排放压力以及缓解全球气候变暖更为有利[19]。

5.2.2.2 CO_2 封存

将捕集后的 CO_2 进行压缩，存储在地下、海洋或者以矿物碳酸盐的形式保存[22]。 CO_2 的封存主要包括地质封存、海洋封存、化学封存三种方式[23]。其中地质封存是指 CO_2 在深层地质介质和海洋中的储存，深度在 $800\sim1000m$ 之间[20]，该深度所处的温度和压力可使 CO_2 保持在超临界状态。尽管目前认为 CO_2 的地质封存是最有效的一种储存手段，但是，由于人们对地质层的认识缺少，所以 CO_2 地质层储存的安全性具有不确定性。根据文献报道，因地质结构具有不同的渗透性或者断层以及缺陷等，导致所封存的 CO_2 渗漏率在 $0.00001\%\sim1\%$ 之间[24]。海洋封存，用管道或者船舶等运输将 CO_2 存储于深海海洋水或者深海床上[25]。海底有大量的 CO_2 存储能力，但是目前并未实现大规模使用，最主要的原因依旧是担心泄漏，而其一旦泄漏将导致巨大危害。化学封存则是经过一系列的复杂化学反应将 CO_2 转化为矿物质碳酸盐，也被认为是一种 CO_2 封存与利用技术。

CO_2 在石油的开采过程中拥有较大的应用潜力，主要表现为可以用 CO_2 进行驱油[26]。 CO_2 的驱油技术主要分为 CO_2 混相驱替和 CO_2 非混相驱替。前者利用 CO_2 将原油中的轻质组分萃取或气化，从而形成了 CO_2 与原油中轻质烃的混合相，降低界面张力从而提高原油采收率；而后者则是利用 CO_2 溶解于原油中降低原油黏度，导致原油膨胀，降低界面张力使得原油具有很好的流动性，从而提高了采收率。目前而言主要还是混相驱替占据主导地位[27]。由于中国的原油埋藏地质结构特点，导致驱油技术的有效利用受限。 CO_2 的驱油技术相较于传统的水驱油技术有明显的优势，但是 CO_2 的储存安全性亦需要慎重考虑，因此该技术的应用还需研究者们在中国自身的地质特征以及应用背景下不断深入探究。

5.2.3 碳清除

避免碳排放和 CO_2 捕集封存技术[28] 都可以减少 CO_2 排放，但不能导致净负排放。碳清除方法可吸收大气中的 CO_2，包括增强自然生态系统的固碳能力的方法（例如，通过植树造林、绿化或土壤碳封存）和负排放技术[29]。关于负排放技术，目前科学界广泛讨论的是生物质能发电/制燃料结合碳捕集存储（bioenergy for electricity or fuel together with carbon capture and storage，BECCS）和直接空气捕获结合碳存储（direct air capture combined with carbon storage，DACCS）。BECCS 涉及生物质（如生物能源作物、木材等）的生产，随着农作物的生长从大气中吸收 CO_2，并且燃烧这种生物质以获取能源或生产液体燃料时可隔离或存储至少一部分由此产生的 CO_2。而 DACCS 可通过不同途径实现，Fasihi 等[30] 对 DACCS 技术及其系统描述做了详尽的综述，例如使用化学药品（例如胺或强碱溶液）对大气中的 CO_2 进行脱除，捕获到的 CO_2 被收集并压缩以用于长期存储。

英国帝国理工学院 Jenny Nelson 等使用 CAE 指标分析了各种技术，并根据能源使用情况评估了不同的减排方案[11]。他们通过计算碳减排的能源成本（消耗 1kg CO_2 当量的千瓦时，kW·h/kg CO_2 eq）来评估几种 CO_2 减排措施的相对有效性，并考虑了能效措施，对电、热、化学物质和燃料进行脱碳，并从空气中捕获 CO_2。在所有考虑路线中，转用可再生能源技术（0.05～0.53kW·h/kg CO_2 eq）比碳捕集和碳清除方法更加节能，碳捕集（0.99～10.03kW·h/kg CO_2 eq）或碳清除方法（0.78～2.93kW·h/kg CO_2 eq）耗能更大。作者最后提出，改善建筑照明的节能措施是节能减排的最佳解决方案。展望未来大规模 BECCS 和 DACCS 的部署，以及其他负排放技术，原则上可能会对可持续发展目标产生不利影响，因为这些技术会带来重要的权衡。在 CO_2 去除仍然是高昂能源成本的情况下，CO_2 去除技术可能不会在全球范围内部署。而且如果气候政策主要基于假定的此类服务，那么全球变暖很可能超过 2℃。

5.3 煤基多联产中 CO_2 的转化利用

CO_2 的利用应基于其独特的物理和化学性质，目前，其主要有以下三种利用方式[31,32]（图 5-1）：a. 用作溶剂或工作流体；b. 作为植物光合作用的原料；c. 作为生产各种高附加值化学品的原料。首先，CO_2 在直接利用方面具有巨大潜力，如 CO_2 代替 N_2 作为燃气轮机的工作介质将提高发电效率。其次，作为保障未来能源供应和碳减排的手段，工业界和相关政府部门广泛支持通过植物的光合作用吸收 CO_2，将太阳能转化为生物质能，进而再由生物质生产各种可再生燃料。最后，CO_2 可以通过热化学、生物化学、电化学或光化学过程转化为其他有用的化学品，如合成气、甲酸、甲烷、乙烯、甲醇和 DME[33,34]。

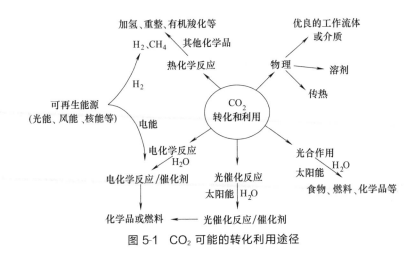

图 5-1 CO$_2$ 可能的转化利用途径

CO$_2$ 是稳定的氧化物，它的转化反应在热力学上是不利的[35]，因此，CO$_2$ 的化学转化过程通常需要使用催化剂并且会消耗大量的能量。下面分别对可能与煤基多联产系统相结合的 CO$_2$ 转化利用途径进行介绍。

5.3.1　CO$_2$ 作为气化剂生产合成气

在煤或生物质气化过程中，使用 CO$_2$ 代替或部分代替水蒸气作为气化剂进行气化反应[36-38]，是 CO$_2$ 的潜在应用之一。虽然相同条件下 CO$_2$ 的气化反应速率低于水蒸气的气化反应速率[39]，但是 CO$_2$ 作为气化剂仍具有以下优势[40]：a. 产生具有更高活性的焦炭，从而提高气化过程中焦炭的转化率；b. 与水蒸气相比，对设备的腐蚀性更小；c. 提高了合成气生产的灵活性，使其更便于后续工艺的利用；d. 节约了水资源。此外，由于 CO$_2$ 的加入促进了 Boudouard 反应（CO$_2$ + C $\longrightarrow$ 2CO）和逆水煤气反应（CO$_2$ + H$_2$ $\longrightarrow$ CO + H$_2$O），将使得合成气中 CO 的浓度升高 H$_2$ 的浓度下降。从目前的研究来看，无论是 IGCC 还是多联产系统，在其 CCS 过程中都存在以下共性问题：CCS 技术能耗大且设备投资高，因此，如果在上述化工生产过程中将系统产生的 CO$_2$ 作为气化剂返回到气化炉内重新转化，无疑将降低能耗并节约成本。Jillson 和 Oki 等[41,42]设计了基于 IGCC 的 CO$_2$ 循环作为气化剂的富氧燃烧系统，新系统不仅合成气产量增加，而且在实现 CO$_2$ 捕集的同时，能量效率仍可以维持在 IGCC 水平（约 40%），整个系统不需要额外的 CO$_2$ 富集分离单元。在甲醇生产过程中，将 CO$_2$ 作为气化剂返回到气化炉可以有效实现 CO$_2$ 的转化，增加有效气的含量，这样就降低了甲醇合成反应的循环量，进而减少了合成气机组的水蒸气消耗[43]。

5.3.2 CO₂ 加氢转化

有研究表明[44]，CO_2 的催化加氢是一种有效转化 CO_2 的方式，依据不同的反应条件，以金属为催化剂的非均相加氢反应可以将 CO_2 转化为有用的燃料或化学品，如甲醇、二甲醚、甲酸等，但由于 CO_2 的加氢反应是一个低温放热过程，因此为了实现经济效益必须对低温废热进行热集成[45,46]。

甲醇是一种常用溶剂，也是多种化学品的生产原料，它同时也是将 CO_2 大规模转化为其他高附加值产品的重要中间体之一。在适当条件下，可以通过 CO_2 加氢反应合成甲醇［式(5-1)］，该过程同时伴随着逆水煤气变换反应的发生［式(5-2)］，Ma 等[47]认为，在甲醇生产过程中，使用 CO_2 代替 CO 进行加氢反应是一种有效的 CO_2 利用途径。然而，在相同的温度和压力条件下，CO_2 转化法的甲醇产率远低于合成气转化法[48]，因此，催化剂的开发是 CO_2 转化制甲醇技术发展的关键。目前常用的催化剂仍以 Cu 和 Zn 为主要成分，其余部分（如黏结剂和载体）——基质材料，通常由难熔性无机氧化物或其混合物和黏土组成[49]，其中 $Cu/ZnO/ZrO_2$ 催化剂以其高活性和高选择性而受到研究者的推崇[34,50]。

$$CO_2 + 3H_2 \Longrightarrow CH_3OH + H_2O \qquad (5\text{-}1)$$

$$CO_2 + H_2 \Longrightarrow CO + H_2O \qquad (5\text{-}2)$$

二甲醚作为清洁燃料正日益受到重视，成为近年来国内外竞相开发的性能优越的碳一化工产品。作为柴油发动机的理想燃料，与甲醇燃料汽车相比，二甲醚不存在汽车冷启动问题，在燃烧过程中不会产生硫氧化物（SO_x）和颗粒物（PM），其氮氧化物（NO_x）和 CO_2 的排放量也低于石油燃料，有望成为清洁的新燃料。通过 CO_2 加氢生产二甲醚的方法有两种：第一种是两步法［式(5-1)和式(5-3)］，即在金属催化剂上合成甲醇，然后在酸催化剂上进行甲醇脱水生成二甲醚；第二种是由 CO_2 和 H_2 直接合成二甲醚，该法需要借助双功能催化剂。与两步法相比，一步法的优点是热力学限度较低。

$$2CH_3OH \longrightarrow CH_3OCH_3 + H_2O \qquad (5\text{-}3)$$

甲酸作为基础有机化工原料之一，广泛地应用于农药、皮革、医药、橡胶等行业，也可以作为生产多种化学物质（如纤维、甜味剂）的原料，与国民经济紧密相关。自 20 世纪 90 年代初以来，人们对 CO_2 加氢制甲酸越来越关注[51]，这是因为由 CO_2 直接加氢合成甲酸［式(5-4)］操作简单，原料利用率高，具有原子经济性，符合当代绿色化学发展趋势。

$$CO_2 + H_2 \longrightarrow HCOOH \qquad (5\text{-}4)$$

CO_2 合成甲酸最早是由 Farlow 和 Adkins[52]提出的，1935 年，他们采用雷尼镍作为催化剂，首次通过 CO_2 加氢反应合成了甲酸（盐）。但是从热力学分析来看，该反应

的 ΔG_f 为正值，在热力学上极为不利，要想使该反应发生，关键在于寻求合适的催化剂以及如何及时地移去反应产物。目前，国内外对于 CO_2 加氢合成甲酸的研究主要集中于均相反应体系，催化剂以 Ru、Rh 等过渡金属配合物和第Ⅷ族非贵金属的配合物为主[53,54]。

煤基多联产系统中引入催化加氢单元是一种非常有效的 CO_2 转化途径，但该项技术的主要缺点是需要大量的氢气[55,56]。一般可通过非碳能源（如太阳能、风能、核能等）发电并通过电解水制氢，这种多能耦合的方式最引人注目的特点是使用不含碳的可再生能源实现了煤基多联产系统产生的 CO_2 的转化利用，因此，这些非碳能源以化学能的形式存储在合成的化学品或燃料中以供进一步利用，同时，由于化石燃料产生的 CO_2 几乎完全固定在碳氢化合物中，所以整个碳资源转化过程的 CO_2 排放接近于零。文献中已经报道了大量将 CO_2 回收转化制甲醇、DME 等液态燃料的技术途径。Graves 等[57]提出了一种利用可再生能源将 CO_2 转化为碳氢化合物的技术途径，该技术最初从大型工厂（如铝厂）中捕获 CO_2，但是要保持该系统长期运行，就需要从大气中捕获 CO_2 来保证整个碳循环的正常运行。Van-Dal 等[58]提出了一种通过化学吸收法从燃煤电厂烟气中捕集 CO_2 生产燃料级甲醇的技术，其中甲醇的生产提供了 CO_2 捕集所需热能的 36%，大大降低了 CO_2 的捕获成本。

5.3.3　CO_2/CH_4 重整制合成气

甲烷的 CO_2 重整（也称为干重整）是 Fischer 和 Tropsch 于 1923 年首次提出的一种以 CO_2 和 CH_4 为原料生产合成气的技术，它的反应方程式如式（5-5）所示，该过程产生的低 H_2/CO 比（约为 1）的合成气，可直接作为深度转化的羰基合成或费托合成的理想原料，弥补了甲烷水蒸气重整反应只能产生高 H_2/CO 比（$\geqslant 3$）的不足。

$$CH_4 + CO_2 \Longrightarrow 2CO + 2H_2 \qquad (5\text{-}5)$$

干重整反应是强吸热反应，该反应只有在较高温度时才有合成气生成，研制高活性、高选择性和高稳定性的催化剂是推广干重整反应在工业上应用的关键因素之一，也是该领域研究的重点。干重整反应的催化剂一般采用第Ⅷ族过渡金属作为活性组分，这些贵金属（Pt、Pd、Rh 和 Ir）制成的催化剂，具有较高的催化活性和不易积炭的特点[59,60]，其中 Rh 是公认的活性最好并且稳定性最高的金属。然而，由于贵金属资源有限且价格昂贵，国内研究者对该反应的研究主要集中于使用非贵金属（Ni、Co、Cu、Fe）催化剂，尤其是负载型 Ni 基催化剂和 Co 基催化剂。Ni 基催化剂具有相对较高的催化活性、稳定性和较低的成本，成为国内研究最多的活性组分，但它的主要缺点是容易积炭并且催化剂的活性组分易流失，需要通过载体改性、添加助剂或改进制备方法等途径来提高催化剂的性能。

CO_2 和 CH_4 可以通过化学方法转化为有价值的碳源，从而实现碳基燃料及其衍生的碳氢化合物的碳中性利用，这无疑将使整个生产系统的能源利用效率提高和 CO_2 排放降低。在工业生产中，除了可直接通过干重整反应转化富 CO_2 的天然气或者富 CO_2 的气化产气外，还可将化工、电力生产过程中捕集的 CO_2 与富 CH_4 的气体混合进行干重整，这里的富 CH_4 气体通常指天然气（NG）、非常规天然气（UNG）以及焦炉煤气（COG）。煤矿开采过程中通常将产生的页岩气、煤层气等 UNG 排放到大气中或直接烧掉（工业炼焦中产生的焦炉煤气也存在类似的处理方式），这不仅增加了温室气体排放，而且是氢资源的巨大浪费。这些富 CH_4 气体如果应用到煤基多联产系统中与 CO_2 进行综合重整，不仅可以解决煤转化过程中"富碳缺氢"问题，而且提高了 CH_4 资源的利用率，实现 CO_2 的循环利用。Xie 等[61,62]提出了一种利用焦炉煤气和煤气化产气的多联产系统，该多联产系统在 Aspen Plus 软件上的运行结果表明，化学能、内部收益率和功率输出分别增加了 11.5%、1.3% 和 8.4%，CO_2 的排放减少了 33.8%。Lim 等[63]提出了 CH_4-CO_2 干重整与甲烷-水蒸气重整相结合的工艺方案，并得出结论：与单一水蒸气重整工艺相比，该工艺可使 CO_2 净排放降低 67%，总之，煤化工生产中将系统内的 CO_2 再循环与富 CH_4 气体混合转化是解决 CO_2 减排效率低、投资成本高等问题的一个很好的选择。

5.3.4 CO_2 制羧酸

作为 CO_2 在有机合成应用方面的主要产物，羧酸类化合物广泛存在于自然界中，且是人体内的重要代谢产物之一，羧酸类骨架是许多天然产物以及药物分子的重要组成成分，例如常用的解热镇痛药物阿司匹林（乙酰水杨酸）以及止痛药物布洛芬等均是羧酸类化合物。合成羧酸类化合物的方法有多种，其中直接利用 CO_2 作为羧化试剂进行羧化反应是最为直接的途径。作为碳的最高价态氧化物，CO_2 在热力学上是很稳定的，这就导致其参与化学反应时活性较低，为了解决此类问题，CO_2 的羧化反应一般选用具有亲核性的有机试剂如有机硼、有机锌等[64,65]作为反应物。在众多 CO_2 参与的羧化反应方法中，C—H 键直接与 CO_2 进行羧化反应是目前研究的热点之一，这类反应具有良好的原子经济性。C—H 键与 CO_2 发生缩合反应主要通过 sp、sp^2 和 sp^3 三种杂化方式进行，但是由于含 C—H 键的化合物在反应中往往表现出惰性，和 CO_2 反应制取羧酸仍是一项具有挑战性的任务。近年来，随着催化技术的发展，新的催化剂不断涌现，在较温和条件下利用过渡金属有机配合物作为催化剂催化 C—H 与 CO_2 的羧化反应已经逐步得到实现，这些金属有机配合物的金属中心主要是 Cu、Ag、Au、Rh、Pd、Ni 等金属[66,67]。

利用 CO_2 合成有机化学品可以有效地促进清洁合成工艺的发展以及减少 CO_2 的排放。图 5-2 是利用 CO_2 生产有机化学品的途径总结，这些可能的途径为煤基多联产系统转化利用 CO_2 提供了巨大的潜力。

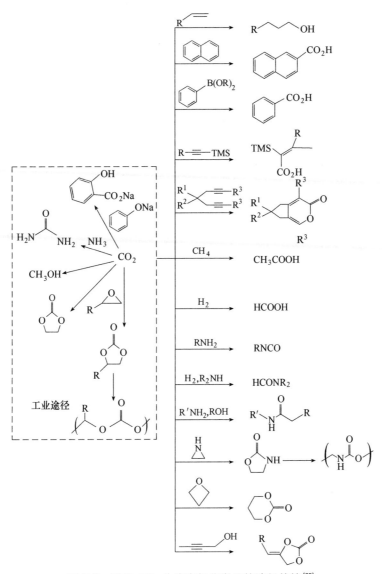

图 5-2　利用 CO_2 生产有机化学品的途径总结[68]

5.4　多能耦合减排 CO_2 系统

我国作为世界能源消费大国，受制于相对"富煤、贫油、少气"的资源禀赋特点、使用习惯和技术依赖等因素，煤炭、石油、天然气等化石能源在一次能源消费结构中长期占主导地位[69]。据国家统计公报，我国 2022 年能源消费总量为 54.1 亿吨标准煤，其中煤炭消费量占 56.2%，石油消费量占 17.9%，天然气、水电、核电、风电、太阳能发电等清洁能源消费量占 25.9%，能源结构进一步优化。根据《2050 年世界与中国能源展望》（2019版），到2035年和2050年，中国非化石能源占比分别升至28％和37.8％，煤炭占一次能源需求的比重分别降至40.5％和30.7％。油气占比在2035年后基本保持在31.5％左右；2035年，石油和天然气占比分别为17.4％和14.2％；2050年，石油和天然气占比分别15.2％和16.5％；呈现非化石、煤炭、油气三足鼎立态势。能源相关CO_2排放在2030年前达峰值，之后逐步回落，2050年较峰值水平下降32％左右。展望期内，碳排放强度下降较快，2035年和2050年较2015年水平分别下降65％和85％以上。目前，中国煤炭需求已进入峰值平台期，2025年后随着工业用能及电煤需求达峰，煤炭需求量将逐步下降。2035年和2050年煤炭需求仅是2018年的82％和61％，但因中国煤炭需求基数大，以煤为主的资源禀赋特征决定了中国长期内是世界最重要的煤炭需求市场。将煤和石油等高含碳资源与核能和可再生能源等低/无碳资源进行耦合，通过其物质流、能源流和信息流的集成，提高系统能效和碳转化率并实现CO_2减排与资源化利用，使其成为中国未来能源发展的战略解决方案。

可再生能源指消耗后可得到恢复补充，不产生或极少产生污染物的能源，主要包括风能、水能、生物质能、地热能、海洋能、氢能和太阳能等[70]。可再生能源的基本特点是能量密度低、分散性和随机性大、不可控因素多。此外，这些能源利用也和一个国家、一个地区的经济、资源分布、人口分布、人均占有量、用能形式、技术水平等有十分紧密的关系[71]。

可再生能源通过与电力系统、热力系统等多能源系统之间协调运行，使得能源供应中原本由化石能源承担的部分被可再生能源所代替，减少了化石能源的消耗，降低了碳排放；另一方面，通过不同能源系统之间的协调运行，可以减小电力系统的调峰容量，提高了发电机组的利用效率，也带来了碳排放量的降低[72,73]。

除水能外，已知的可再生能源，例如风能和太阳能等，其固有的间歇性和波动性，对电网的冲击很大，导致我国风电和光伏发电未并网比例高，弃风/弃光严重，从而造成发电系统投资较高，系统不稳定，与现有电力系统的衔接还需要相当长的发展时间。庆幸的是，我国的可再生能源具有大规模发展的资源基础，煤炭资源也较为丰富，在煤炭就地转化过程中使用可再生能源电力，不仅可以节约燃料煤的使用，还可以使用电解水产生的氢气来调节氢气与一氧化碳比例，从而降低二氧化碳的排放，将是煤炭洁净转化的可行路径之一[74]。在此基础上，构建生物质能-煤基低碳能源系统、风能/光能-煤（生物质）基低碳能源系统、核能-煤基低碳能源系统[75]。

5.4.1 生物质能-煤基低碳能源系统

生物质燃料是一种CO_2排放为中性的可再生能源，因此生物质发电的碳排放是按照"零排放"计算的[76]。生物质直接利用存在能量密度低、不易储存和运输、利用效率低等问题，而与煤混合利用可以有效解决这个问题。在煤炭转化过程中，多数情况下是"缺氢"过程，需要用"碳"与水发生水煤气变换反应得到氢气。而生物质则是

"富氢"物质，可以作为煤的供氢剂，两者结合不但可以提高煤的转化率，降低生产成本，而且可以有效提高资源的整体利用率。常见的发电技术主要有 3 种方式：直接混烧耦合发电技术、分烧耦合发电技术及生物质气化与煤混烧耦合发电技术[77,78]。在燃煤火电厂中实现煤和生物质混烧的部分技术途径如图 5-3 所示。

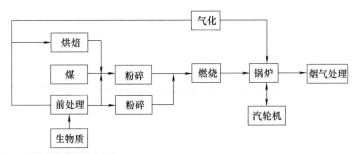

图 5-3　燃煤火电厂中实现煤和生物质混烧的部分技术途径

据报道，目前，全世界共有大容量燃煤电厂实行生物质耦合混烧发电 150 多套，其中 100 多套在欧盟国家[78]。英国 Drax 电厂是世界上装机容量最大的生物质混烧燃煤电厂，其生物质的混烧比例为 10%，生物质混烧每年减排 CO_2 量为 200 万吨，相当于 500 座最大的风电机组达到的 CO_2 排放量；芬兰 Lahti 电厂 200 MW 循环流化床锅炉生物质气化/煤粉混烧后整个电厂的 CO_2 减排量为 10%[76]。

为了降低煤电碳排放强度，"十三五"期间，国家将力推煤电＋生物质（农林残余物）耦合发电，积极开展试验示范，探索利用高效清洁燃煤电厂的管理和技术优势，掺烧消纳秸秆和农林废弃物、污泥、垃圾等燃料的有效途径。

5.4.2　风能/光能-煤基低碳能源系统

风能/光能和煤基甲醇生产集成系统是可再生能源与煤炭转化技术结合的体现（图 5-4）。该技术的主要思想是将非并网风电电解水产生氧气和氢气，氧气作为气化介质送入煤炭气化炉，而氢气与气化炉生产的富碳合成气掺混，调整至甲醇生产的合适比例，提高甲醇的转化效率。这种方式和单纯煤基甲醇生产系统相比，一方面省略了空分装置，另一方面氢气用于掺混富碳合成气进行调比同时根据煤种进行少量的变换过程，大大减少富碳合成气的变换量，进而有效减排二氧化碳[79]。在风能/光能-煤基低碳耦合能源系统中，10% 的风渗透可以促使二氧化碳减排 12%，NO_x 排放减少 13%，SO_2 排放减少 8%，颗粒物排放减少 11%[80]。

此外，利用风能/光能-生物质能低碳耦合也可进行甲醇的生产，降低 CO_2 的排放，技术路线见图 5-5。

我国是一个以火电机组发电为主的国家，且太阳能资源十分丰富。因此在我国进行太阳能与常规燃煤机组混合发电方式的研究具有一定的意义。在太阳能-煤炭混合发电系统中，利用太阳能集热器收集太阳能热量并用于燃煤机组做功工质的部分加热，

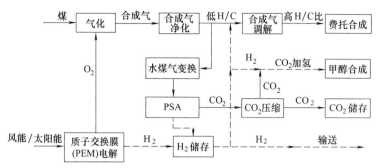

图 5-4　风能/光能-煤基低碳耦合能源系统技术路线

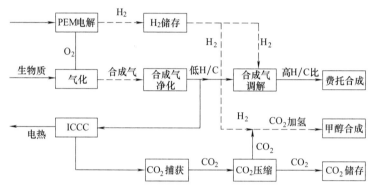

图 5-5　风能/光能-生物质能低碳耦合能源系统技术路线

是目前在实际工程应用中的一种可行方式。在这种方式中，两种一次能源各有特点，充分发挥各自的优势达到优势互补、综合利用，可以很好地实现这种系统的应用及推广，并且已经在国外并展示范[81]。

5.4.3　核能-煤基低碳能源系统

利用核能产生的高温或电能分解水制氢是一个非常活跃的研究领域，有报道称最高能效可达到 60% 以上。产生的氢气可以与煤化工结合，提高了煤炭的利用率并减少了 CO_2 的排放[71]，技术路线见图 5-6。

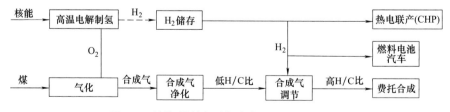

图 5-6　核能-煤基低碳耦合能源系统技术路线

参考文献

[1] Fang K, Tang Y Q, Zhang Q F, et al. Will China peak its energy-related carbon emissions by 2030 Lessons from 30 Chinese provinces [J]. Applied Energy, 2019, 255: 113852.

[2] Liu J, Wang K, Zou J, et al. The implications of coal consumption in the power sector for China's CO_2 peaking target [J]. Applied Energy, 2019, 253: 113518.

[3] 赵娜, 何瑞, 王伟, 等. 英国能源的未来——创建一个低碳经济体 [J]. 现代电力, 2005, 22: 90-91.

[4] 程瑶, 周墨. 低碳经济的发展模式研究 [J]. 时代金融, 2018(4): 10, 32.

[5] Mckechnie J, Saville B, Maclean H L, et al. Steam-treated wood pellets: Environmental and financial implications relative to fossil fuels and conventional pellets for electricity generation [J]. Applied Energy, 2016, 180: 637-649.

[6] 刘永健, 吴秀章, 王鹤鸣, 等. 煤制天然气联产化学品工艺路径探讨与分析 [J]. 化工进展, 2019, 38(7): 3111-3116.

[7] 刘伟, 周明灿, 赵文婷, 等. 新型煤炭清洁利用项目 CO_2 减排策略探讨 [J]. 化工设计, 2018, 28(2): 7-11.

[8] 吴彦丽, 李文英, 易群, 等. 中美洁净煤转化技术现状及发展趋势 [J]. 中国工程科学, 2015, 17(9): 133-139.

[9] 倪维斗. 以煤气化为核心的多联产能源系统——资源/能源/环境整体优化与可持续发展 [C] //中国工程院院士大会, 2007.

[10] 岑可法. 煤炭高效清洁低碳利用研究进展 [J]. 科技导报, 2018, 36(10): 66-74.

[11] Babacan O, Causmaecker S D, Gambhir A, et al. Assessing the feasibility of carbon dioxide mitigation options in terms of energy usage [J]. Nature Energy, 2020, 5(9): 720-728.

[12] Cuéllar-Franca R M, Azapagic A. Carbon capture, storage and utilisation technologies: A critical analysis and comparison of their life cycle environmental impacts [J]. Journal of CO_2 Utilization, 2015, 9(1): 82-102.

[13] Rizwan M, Lee J H, Gani R, et al. Optimal processing pathway for the production of biodiesel from microalgal biomass: A superstructure based approach [J]. Computers and Chemical Engineering, 2013, 58: 305-314.

[14] Singh B, Strømman A H, Hertwich E G, et al. Comparative life cycle environmental assessment of CCS technologies [J]. International Journal of Greenhouse Gas Control, 2011, 5(4): 911-921.

[15] Kuramochi T, Ramírez A, Turkenburg W, et al. Comparative assessment of CO_2 capture technologies for carbon-intensive industrial processes [J]. Progress in Energy and Combustion Science, 2012, 38(1): 87-112.

[16] Krishnamurthy S, Rao V R, Guntuka S, et al. CO_2 capture from dry flue gas by vacuum swing adsorption: A pilot plant study [J]. AIChE Journal, 2014, 60(5): 1830-1842.

[17] 陈新明, 史绍平, 闫姝, 等. 燃烧前 CO_2 捕集技术在 IGCC 发电中的应用 [J]. 化工学报, 2014, 65(8): 3193-3201.

[18] Yi Q, Li W, Feng J, et al. Carbon cycle in advanced coal chemical engineering [J]. Chemical Society Reviews, 2015, 44(15): 5409-5445.

[19] Skorek-Osikowska A, Janusz-Szymańska K, Kotowicz J, et al. Modeling and analysis of selected carbon dioxide capture methods in IGCC systems [J]. Energy, 2012, 45(1): 92-100.

[20] 苏俊林, 潘亮, 朱长明, 等. 富氧燃烧技术研究现状及发展 [J]. 工业锅炉, 2008, 3: 1-4.

[21] Najera M, Solunke R, Gardner T, et al. Carbon capture and utilization via chemical looping dry reforming[J]. Chemical Engineering and Design, 2011, 89(9): 1533-1543.

[22] Zapp P, Schreiber A, Marx J, et al. Overall environmental impacts of CCS technologies—A life cycle approach [J]. International Journal of Greenhouse Gas Control, 2012, 8: 12-21.

[23] 潘一, 梁景玉, 吴芳芳, 等. 二氧化碳捕捉与封存技术的研究与展望 [J]. 当代化工, 2012, 41(10):

1072-1078.

[24] Pehnt M，Henkel J. Life cycle assessment of carbon dioxide capture and storage from lignite power plants [J]. International Journal of Greenhouse Gas Control，2009，3(1)：49-66.

[25] 康丽娜，尚会建，郑学明，等. CO_2 的捕集封存技术进展及在我国的应用前景 [J]. 化工进展，2010，29：24-27.

[26] 钱伯章. 碳捕捉与封存(CCS)技术的发展现状与前景 [J]. 国外环保，2008，12：57-60.

[27] 王立辉. 二氧化碳驱油在我国的发展现状及应用前景 [J]. 科技专论，2014，13：368.

[28] 李新春，孙永斌. 二氧化碳捕集现状和展望 [J]. 能源技术经济，2010，22(4)：21-26.

[29] Creutzig F，Breyer C，Hilaire J，et al. The mutual dependence of negative emission technologies and energy systems [J]. Energy and Environmental Science，2019，12：1805-1817.

[30] Fasihi M，Efimova O，Breyer C，et al. Techno-economic assessment of CO_2 direct air capture plants [J]. Journal of Cleaner Production，2019，224：957-980.

[31] Darensbourg D J，Andreatta J R，Moncada A I，et al. Carbon dioxide as chemical feedstock [M]. Weinheim：Wiley-VCH Verlag GmbH &Co. kGaA，2010.

[32] Halmann M M，Steinberg M. Greenhouse gas carbon dioxide mitigation：Science and technology [M]. Boca Raton：CRC press，1998.

[33] Ma S，Kenis P J. Electrochemical conversion of CO_2 to useful chemicals：Current status，remaining challenges，and future opportunities [J]. Current Opinion in Chemical Engineering，2013，2(2)：191-199.

[34] Olah G A，Goeppert A，Prakash G S，et al. Chemical recycling of carbon dioxide to methanol and dimethyl ether：from greenhouse gas to renewable，environmentally carbon neutral fuels and synthetic hydrocarbons [J]. The Journal of Organic Chemistry，2009，74(2)：487-498.

[35] Ravanchi M T，Sahebdelfar S，Zangeneh F T，et al. Carbon dioxide sequestration in petrochemical industries with the aim of reduction in greenhouse gas emissions [J]. Frontiers of Chemical Science and Engineering，2011，5(2)：173-178.

[36] Butterman H C，Castaldi M J. Influence of CO_2 injection on biomass gasification [J]. Industrial and Engineering Research，2007，46(26)：8875-8886.

[37] Kajitani S，Suzuki N，Ashizawa M，et al. CO_2 gasification rate analysis of coal char in entrained flow coal gasifier [J]. Fuel，2006，85(2)：163-169.

[38] Thanapal S S，Annamalai K，Sweeten J M，et al. Fixed bed gasification of dairy biomass with enriched air mixture [J]. Applied energy，2012，97：525-531.

[39] Svoboda K，Pohořelý M，Jeremiáš M，et al. Fluidized bed gasification of coal-oil and coal-water-oil slurries by oxygen-steam and oxygen-CO_2 mixtures [J]. Fuel Processing Technology，2012，95：16-26.

[40] Chaiwatanodom P，Vivanpatarakij S，Assabumrungrat S，et al. Thermodynamic analysis of biomass gasification with CO_2 recycle for synthesis gas production [J]. Applied energy，2014，114：10-17.

[41] Jillson K R，Chapalamadugu V，Ydstie B E. Inventory and flow control of the IGCC process with CO_2 recycles [J]. Journal of Process Control，2009，19(9)：1470-1485.

[42] Oki Y，Inumaru J，Hara S，et al. Development of oxy-fuel IGCC system with CO_2 recirculation for CO_2 capture [J]. Energy Procedia，2011，4：1066-1073.

[43] 伏盛世，樊崇，赵天运，等. CO_2 返炉在鲁奇加压气化工艺上的试验 [J]. 河南化工，2008(7)：31-33.

[44] Wang W，Wang S P，Ma X B，et al. Recent advances in catalytic hydrogenation of carbon dioxide [J]. Chemical Society Reviews，2011，40(7)：3703-3727.

[45] Budzianowski W M. Experimental and numerical study of recuperative heat recirculation [J]. Heat Transfer

Engineering, 2012, 33(8): 712-721.

[46] Budzianowski W M. Thermal integration of combustion-based energy generators by heat recirculation [J]. Energy, 2010, 50: 4.

[47] Ma J, Sun N, Zhang X L, et al. A short review of catalysis for CO_2 conversion [J]. Catalysis Today, 2009, 148(3): 221-231.

[48] Gnanamani M K, Jacobs G, Pendyala V R R, et al. Hydrogenation of carbon dioxide to liquid fuels [J]. Green Carbon Dioxide, 2014, 2: 99-118.

[49] Jadhav S G, Vaidya P D, Bhanage B M, et al. Catalytic carbon dioxide hydrogenation to methanol: a review of recent studies [J]. Chemical Engineering Research and Design, 2014, 92(11): 2557-2567.

[50] Shi Y, Li S, Hu H, et al. Studies on pyrolysis characteristic of lignite and properties of its pyrolysates [J]. Journal of Analytical and Applied Pyrolysis, 2012, 95: 75-78.

[51] Higuchi K, Haneda Y, Tabata K, et al. A study for the durability of catalysts in ethanol synthesis by hydrogenation of carbon dioxide [J]. Studies in Surface Science and Catalysis, 1998, 114: 517-520.

[52] Farlow M W, Adkins H. The hydrogenation of carbon dioxide and a correction of the reported synthesis of urethans [J]. Journal of the American Chemical Society, 1935, 57(11): 2222-2223.

[53] Jessop P G, Ikariya T, Noyori R, et al. Homogeneous catalytic hydrogenation of supercritical carbon dioxide [J]. Nature, 1994, 368(6468): 231.

[54] Leitner W, Dinjus E, Gaßner F, et al. Activation of carbon dioxide: IV. Rhodium-catalysed hydrogenation of carbon dioxide to formic acid [J]. Journal of Organometallic Chemistry, 1994, 475(1-2): 257-266.

[55] Bhosale R R, Shende R V, Puszynski J A, et al. Thermochemical water-splitting for H_2 generation using sol-gel derived Mn-ferrite in a packed bed reactor [J]. International Journal of Hydrogen Energy, 2012, 37(3): 2924-2934.

[56] Chen S, Mi J, Liu H, et al. First and second thermodynamic-law analyses of hydrogen-air counter-flow diffusion combustion in various combustion modes [J]. International Journal of Hydrogen Energy, 2012, 37(6): 5234-5245.

[57] Graves C, Ebbesen S D, Mogensen M, et al. Sustainable hydrocarbon fuels by recycling CO_2 and H_2O with renewable or nuclear energy [J]. Renewable and Sustainable Energy Reviews, 2011, 15(1): 1-23.

[58] Van-Dal É S, Bouallou C. Design and simulation of a methanol production plant from CO_2 hydrogenation [J]. Journal of Cleaner Production, 2013, 57: 38-45.

[59] Wang R, Liu X B, Chen Y X, et al. Effect of metal-support interaction on coking resistance of Rh-based catalysts in CH_4/CO_2 reforming [J]. Chinese Journal of Catalysis. , 2007, 28(10): 865-869.

[60] Gheno S M, Damyanova S, Riguetto B A, et al. CO_2 reforming of CH_4 over Ru/zeolite catalysts modified with Ti [J]. Journal of Molecular Catalysis A: Chemical, 2003, 198: 263-275.

[61] Yi Q, Feng J, Li W Y, et al. Optimization and efficiency analysis of polygeneration system with coke-oven gas and coal gasified gas by Aspen Plus [J]. Fuel, 2012, 96: 131-140.

[62] Xie K, Li W, Zhao W, et al. Coal chemical industry and its sustainable development in China [J]. Energy, 2010, 35(11): 4349-4355.

[63] Lim Y, Lee C J, Jeong Y S, et al. Optimal design and decision for combined steam reforming process with dry methane reforming to reuse CO_2 as a raw material [J]. Industrial and Engineering Research, 2012, 51(13): 4982-4989.

[64] Correa A, Martin R. Metal-catalyzed carboxylation of organometallic reagents with carbon dioxide [J]. Angewandte Chemie International Edition, 2009, 48(34): 6201-6204.

［65］ Correa A，Martin R. Palladium-catalyzed direct carboxylation of aryl bromides with carbon dioxide ［J］. Journal of the American Chemical Society，2009，131(44)：15974-15975.

［66］ Ackermann L. Transition-metal-catalyzed carboxylation of C—H bonds ［J］. Angewandte Chemie International Edition，2011，50(17)：3842-3844.

［67］ Yu D，Teong S P，Zhang Y，et al. Transition metal complex catalyzed carboxylation reactions with CO_2 ［J］. Coordination Chemistry Reviews，2015，293-294：279-291.

［68］ Riduan S N，Zhang Y. Recent developments in carbon dioxide utilization under mild conditions ［J］. Dalton Transactions，2010，39(14)：3347-3357.

［69］李虹，董亮，段红霞，等. 中国可再生能源发展综合评价与结构优化研究 ［J］. 资源科学，2011，33(3)：431-441.

［70］张玉卓. 中国清洁能源的战略研究及发展对策 ［J］. 中国科学院院刊，2014，29(4)：429-436.

［71］倪维斗. 我国的能源现状与战略对策 ［J］. 山西能源与节能，2008(2)：1-5.

［72］程耀华，张宁，康重庆，等. 低碳多能源系统的研究框架及展望 ［J］. 中国电机工程学报，2017，37(14)：4060-4069.

［73］许剑. 国际能源转型的技术路径与中国的角色 ［J］. 云南大学学报（社会科学版）2017，17(3)：136-143.

［74］韩永滨，曹红梅. 我国化石能源与可再生能源协同发展的技术途径与政策建议 ［J］. 中国能源，2014，36(4)：25-29.

［75］唐志永，孙予罕，江绵恒，等. 低碳复合能源系统——中国未来能源的解决方案和发展模式？［J］. 中国科学：化学，2013，43(1)：116-124.

［76］毛健雄. 燃煤耦合生物质发电 ［J］. 分布式能源，2017，2(5)：47-54.

［77］何选明，潘叶，陈康，等. 生物质与低阶煤低温共热解转化研究 ［J］. 煤炭转化，2012(4)：11-15.

［78］高金锴，瑶佟，王树才，等. 生物质燃煤耦合发电技术应用现状及未来趋势 ［J］. 可再生能源，2019，37(4)：501-506.

［79］倪维斗，高健，陈贞，等. 用风电和现代煤化工的集成系统生产"绿色"甲醇/二甲醚 ［J］. 中国煤炭，2008(12)：5-11.

［80］牛叔文. 中国能源系统转型及可再生能源消纳路径研究 ［D］. 兰州：兰州大学，2017.

［81］崔映红，杨勇平，张明智，等. 太阳能-煤炭互补的发电系统与互补方式 ［J］. 中国电机工程学报，2008，28：102-107.